1984 年 11 月，时任团中央书记的胡锦涛同志在郑州市公交公司视察

2000年春运期间，交通部部长黄振东同志在郑州长途汽车站检查指导工作

zhengzhou Daolu Yunshu

郑州道路运输

郑州市交通运输管理处 编

人民交通出版社

内容提要

本书分为道路客运、货运、服务业、市场管理、企业发展、大事记、附录等篇章，主要记述郑州地区道路运输形成、发展的沿革情况，透过不同时期道路运输发生变化的历史过程，反映其对本地区社会政治、经济、文化生活所起的作用，展现道路运输经营者及管理者的精神风貌。本书资料丰富，专业性强，可读性高，可供从事道路运输经营与管理人员学习参考。

图书在版编目（CIP）数据

郑州道路运输/郑州市交通运输管理处编.-北京：人民交通出版社，2002.3
ISBN 7-114-04202-7

Ⅰ.郑… Ⅱ.郑… Ⅲ.公路运输-概况-郑州市
Ⅳ.F542.861.1

中国版本图书馆 CIP 数据核字（2002）第 011846 号

郑州道路运输

郑州市交通运输管理处 编

正文设计：孙立宁 责任校对：刘晓方 责任印制：张 凯

人民交通出版社出版发行

（100013 北京和平里东街 10 号 010-84255909）

各地新华书店经销

北京牛山世兴印刷厂印刷

开本：850×1168 1/32 印张：15.125 彩插：9 字数：397 千

2002 年 4 月 第 1 版

2002 年 4 月 第 1 版 第 1 次印刷

印数：0001~10100 册 定价：42.00 元

ISBN 7-114-04202-7

U · 03078

《郑州道路运输》编委会及编写组成员名单

编　委　会

主　任：党普选

副主任：王水洲　姚明辉

成　员：杨晓琴　郝占元　任卫东　娄和新
李明光　夏晓兰　陈伟强　李纪亭
庄进喜　范群生　杜玉清　巴振东
吕佩义

顾问组：柳荣三　周凤荣　马保全　黄则孔

编　写　组

组　长：姚明辉（兼编审）

副组长：郝占元（策划与编审）

成　员：马亚超　方　明　王玉彬　冯国全
石顺旺　张国才　谭笑风　程新萍
孙清河

编　撰：谭笑风　程新萍

插　图：段文斌

主要工作人员：李雅峰　李燚杰　孙　源
帖　霆　何　柳

目　录

序

综述……………………………………………………………（1）

第一篇　道路客运 …………………………………………（13）

第一章　道路客运的形成与发展 …………………………（13）

第一节　客运机具沿革 ……………………………………（14）

第二节　道路的发展 ………………………………………（16）

第三节　道路客运的兴起 …………………………………（30）

第二章　长途道路客运 ……………………………………（34）

第一节　国有企业道路客运 ………………………………（35）

第二节　社会道路客运 ……………………………………（38）

第三节　县、乡道路客运……………………………………（43）

第四节　高速道路客运 ……………………………………（48）

第五节　客运汽车站 ………………………………………（50）

第六节　郑州长途客运市场管理 …………………………（62）

第三章　城市公交客运 ……………………………………（67）

第一节　城市公交客运的形成与发展 ……………………（68）

第二节　郑州市公交企业 …………………………………（73）

第三节　县（市）城区公交客运 ……………………………（81）

第四章　出租汽车客运 ……………………………………（83）

第一节　城市出租汽车客运的兴起 ………………………（84）

第二节　城市出租汽车管理机构 …………………………（86）

第三节　县（市）出租汽车客运 ……………………………（90）

第二篇　道路货运 …………………………………………（92）

第一章　郑州市搬运业兴起与发展 ………………………（92）

第一节　城市搬运业的形成 ………………………………（93）

第二节　城市搬运组织 …………………………………… (94)
第三节　城市搬运形式 …………………………………… (99)
第二章　道路货运的形成……………………………………… (104)
第一节　道路货运机具的发展沿革………………………… (104)
第二节　道路货运市场的兴起……………………………… (112)
第三章　道路货运的发展……………………………………… (116)
第一节　主要道路货物运输方式…………………………… (117)
第二节　城市货物运输……………………………………… (122)
第三节　县(市)、区货物运输 …………………………… (125)
第四节　货物运输场站……………………………………… (132)
第五节　郑州市主要货物运输企业………………………… (141)
第六节　郑州货物运输市场管理…………………………… (148)
第三篇　运输辅助业……………………………………… (158)
第一章　运输服务业………………………………………… (158)
第一节　运输服务业发展概况……………………………… (158)
第二节　运输服务业行业管理……………………………… (161)
第三节　运输服务业市场管理……………………………… (169)
第四节　运输服务业价格…………………………………… (172)
第五节　运输服务业主要企业……………………………… (174)
第六节　从业人员培训……………………………………… (185)
第二章　汽车维修与管理…………………………………… (189)
第一节　汽车维修发展沿革………………………………… (189)
第二节　汽车维修管理机构………………………………… (194)
第三节　汽车维修行业管理………………………………… (194)
第四节　高科技在维修行业中的应用……………………… (204)
第三章　汽车驾驶员培训学校与管理……………………… (207)
第一节　驾驶员培训学校管理机构………………………… (207)
第二节　汽车驾驶员培训学校行业管理…………………… (208)
第四篇　企业发展………………………………………… (213)
第一章　专业客运企业……………………………………… (214)

第一节　河南省郑州汽车客运总公司……………………（215）
第二节　河南宇通快运股份有限公司……………………（225）
第二章　客货兼营运输企业……………………………（232）
第一节　河南省郑州联开运输总公司……………………（233）
第二节　郑州市第一、二、三交通运输公司与出租汽车公司……………………（245）
第三章　郑州市公共交通总公司…………………………（257）
第一节　立足公交　服务大众……………………………（258）
第二节　加快集团式发展步伐……………………………（262）
第三节　深化改革　加强经营管理………………………（268）
第四节　把社会效益放在重要位置………………………（273）
第四章　郑州宇通客车股份有限公司……………………（275）
第一节　郑州客车厂时期…………………………………（275）
第二节　客车厂改制与宇通公司发展……………………（279）
第三节　推行现代化企业管理……………………………（282）
第四节　科技创新与技术改造……………………………（286）
第五篇　道路运输管理……………………………………（291）
第一章　组织机构…………………………………………（291）
第一节　市交通行政管理部门……………………………（291）
第二节　市道路运政管理机构……………………………（302）
第三节　交通战备组织……………………………………（313）
第二章　县(市)、区道路运政管理机构 ……………………（315）
第一节　巩义市运政机构发展……………………………（315）
第二节　登封市运政机构发展……………………………（318）
第三节　新密市运政机构发展……………………………（320）
第四节　新郑市运政机构发展……………………………（323）
第五节　荥阳市运政机构发展……………………………（324）
第六节　中牟县运政机构发展……………………………（325）
第七节　二七区运政机构发展……………………………（326）
第八节　管城区运政机构发展……………………………（328）

第九节　金水区运政机构发展…………………………（329）
第十节　邙山区运政机构发展…………………………（331）
第十一节　上街区运政机构发展………………………（333）
第十二节　中原区运政机构发展………………………（334）
第十三节　市运管处直属运管所………………………（336）
第三章　运输市场管理……………………………………（339）
第一节　运输规费……………………………………（339）
第二节　运输价格……………………………………（344）
第三节　运输票证……………………………………（348）
第四节　新技术的应用………………………………（352）
第五节　运输车辆管理………………………………（356）
第六节　道路运输市场管理…………………………（362）
大事记……………………………………………………（368）
附录一　道路运输管理理论成果集锦…………………（390）
附录二　河南省道路运输条例…………………………（442）
附录三　道路运输行政处罚规定………………………（456）
附录四　郑州市交通运输管理处文明用语……………（470）
后记………………………………………………………（472）

郑州市市委书记王有杰、市长陈义初参加“郑花”公路扩建工程竣工典礼

郑州市交通局领导班子在研究运输发展计划

郑州市运管处领导班子在研究运输市场管理工作

运管队伍方队参加郑州市职工运动会开幕

郑州市运管处在1999年交通系统迎国庆歌咏比赛中荣获一等奖

郑州市运管处领导在研究市场抽样调查方案

郑州市修管处领导班子

郑州市交通运输总公司领导成员在研究工作

郑州市公共交通总公司领导班子

郑州市联开总公司领导深入生产一线慰问职工

河南宇通快运总公司杜玉清董事长在接受记者采访

河南宇通快运以优质服务赢得社会赞扬

郑州宇通股份有限公司客车生产线总装车间

郑州联开总公司客运蒸蒸日上，货运亦再现往日雄风

河南宇通快运豪华大巴

郑州客运总公司发展豪华大巴投入快速客运

郑州市公交大巴开通仪式

新郑市运管所领导成员

中牟县运管所班子成员

登封市运管所李振乾所长

新密市运管所领导班子成员

巩义市运管所领导班子

荥阳市运管所领导成员

郑州市金水区运管
所领导成员

郑州市上街区运管所领导成员

郑州市中原区运管所领导成员

郑州市管城区运管所领导成员

郑州市二七区运管所领导成员

座落于郑州浮戏山风景区的郑州市运输管理干部培训中心

登封少林寺山门

登封中岳庙

新密市黄帝宫旅游区

序

马克思曾经说过:“人类历史始终是和产业史、交通关联着”。自有文字记载,处于中原腹地的郑州地区就出现了道路运输生产活动,随着岁月的更替,时代的变迁,郑州地区的道路运输经历了不同时期的历史演变。新中国建立后,郑州道路运输沐浴春风,面貌发生了巨大变化。在共产党和人民政府的领导下,各级交通部门和道路运输战线的广大职工经过几十年的艰苦奋斗,努力发展道路运输事业,为繁荣经济,支援工农业生产,提高城乡人民群众生活,做出了积极的贡献。

建国初期,郑州道路运输基础十分薄弱。那时,郑州通往外地只有几条简易公路,沙土路面,往往晴通雨阻。城乡运输工具多为人力车、骡马大车,为数甚少的汽车全依赖进口,组织起来的城市搬运工人队伍成为道路运输的主体,至20世纪50年代末,在道路运输量中,人力车、骡马大车等非机动运输工具完成的运量占60%以上,汽车完成的运量仅占30%。国家“一五”建设计划实施后,按照国家“依靠地方、依靠群众、普及为主”的交通建设方针,郑州地区加大了公路修建和汽车运力发展资金的投入,结合开展人力、畜力车技术革新,汽车运输展开“多拉快跑”生产竞赛,道路运输发展很快,完成了大量城乡物资交流的运输任务。

党的十一届三中全会之后,我国进入了以经济建设为中心的发展时期,坚持改革开放,国民经济持续增长,国家在发展交通上给予了重要的政策支持,加之公路建设力度加大，郑州道路运输发展迅速，出现了全民、集体、个体等多种经济成分参运的红火局面。汽车运力快速增长，车辆结构和运输经营结构不断改善，道路运输在综合运输体系中的主导作用日益突出，至 20 世纪 80 年代末期，道路客货运输量在综合运输方式中的比例已分别高达 80％左右，郑州道路运输业已成为本地区国民经济发展的重要基础产业。

社会主义市场经济体制确立后，郑州道路运输深化改革，企业转变经营机制，加快了规模化和集约化经营的步伐。运输市场加强调控，不断开展运输秩序清理整顿，为广大经营者营造合理、公平竞争的市场氛围，促进了道路运输业沿着统一、开放、竞争、有序的轨道健康发展。当前，我国已正式加入 WTO，面对国际经济一体化的趋势，郑州的道路运输业面临着新的机遇和挑战，任务十分繁重。让我们更紧密地团结起来，发扬优良传统，群策群力，为发展郑州的道路运输事业做出新的贡献。

编写《郑州道路运输》一书，重点将建国以来郑州道路运输的发展变化记录在册，对于总结经验、鞭策未来、指导工作很有意义。郑州市交通运输管理处在该书的编写中，得到了交通系统内外有关单位的积极支持，不少学者、专家参与了此项工作，经过大家辛勤的努力，终于集腋成裘，胜利脱稿。该书在编写中，坚持忠于史实，较好地做到了资料丰富、内容翔实、图文并茂、文字通畅，具有较强的可读性，相信对于从事道路运输的管理人员和经营者都是很有帮助的。

党普选
2001 年 12 月 22 日

综　述

河南省会郑州市，是一座历史悠久，文化底蕴丰富，并富有革命传统的名城，是河南省政治、经济、文化、交通的中心，素有"雄峙中枢，控制险要"之称。

郑州市位于河南省北中部，处于东径 112°42′～114°14′，北纬 34°16′～34°58′之间，东西长约 143 公里，南北宽约 78 公里，总面积 7446.2 平方公里，其中市区面积 1010.3 平方公里，市区建成区面积 112.8 平方公里。郑州市北靠母亲河——黄河，西部、西南部是以嵩山、浮戏山为代表的山地、丘陵为主，东接我国三大平原之一的黄淮海平原，是我国西高东低地势的一个过渡地带。

郑州市辖二七、管城、金水、邙山、上街、中原六区及登封、巩义、新密、新郑、荥阳、中牟五市一县。2000 年年末全市户籍人口为 654 万。

郑州矿产资源丰富，现已探明的矿藏有煤，铝，矾土，耐火粘土，硫铁矿，白云石，油石等达 18 种之多，储藏丰富，开采价值极高。

郑州是全国集铁路、公路、航空、通讯等枢纽为一体的综合性大枢纽。京广、陇海两大铁路干线在此交汇，是全国铁路网的中心，年中转旅客量居全国之首。郑州编组站的总工作量和站型规模均居全国之首，同时也是亚洲最大的编组站。北京至珠海、连云港至新疆霍尔果斯两条高速公路，北京至深圳、连云港至天水等国家级公路干道均在此交汇，众多的省级公路干道以郑州为起点呈放射状通往全省各地，郑州新郑国际机场的投入使用，使郑州与全国乃至世界各地之间的行程变得越来越快捷，联系更为方便和密切。河南省委、省政府就曾提出过“依托两线（京广、陇海），四面通开，外引内联，走向世界”的对外发展战略。

郑州地处陇海、兰新经济带的中心，该经济带是以陇海、兰新铁路和陇海方向公路国道主干线为纽带，沿线大中城市为骨干，东西两个对外开放窗口（东为连云港，西为新疆霍尔果斯）为口岸而连接起来的带状经济区。1990年底我国兰新铁路与哈萨克斯坦土西铁路接轨，形成了东起连云港，西至荷兰鹿特丹，连接太平洋、大西洋、印度洋的“欧亚大陆桥”，极大地带动了这一经济带的繁荣和发展。1992年国务院又批准郑州为内陆开放城市。

鉴于郑州承东启西，贯通南北，联系沿海，开发西北的重要桥梁地位，并结合自身实际情况，加以国家政策的扶持，郑州市委、市政府提出了郑州“商贸城”的城市发展定位，目前郑州已建起生产资料和生活用品等大型批发市场数十家，两年一度的郑州全国商品交易会及其它展览会、定货会云集了全国以及世界各地的客商，取得了不斐的业绩。

作为中国中部地区重要中心城市的郑州，是引进东部沿海地区资金、技术、人才、管理进而开发我国西部的桥头堡，是内陆省、区构建通向国外营销网络的商品集散中枢之地，成为中国内陆对外开放的重要门户。

河南是中华民族文化的发祥地之一，而郑州地区在新石器时代前期，就已聚集着一些氏族和部落，历史给这里留下了大河村、秦王寨、青王台、点军台、林山寨等距今7000至5000年的仰韶文化遗址，古代的道路建设和道路运输是郑州古代文明的重要组成部分。

郑州古代道路的建设主要是以军事和驿运为主要目的。在四、五千年前的新石器时代后期，开辟了今郑州至河北省北部的征战道路。传说新密境内的古迹云岩宫（灵岩宫）附近，即是黄帝出师“与蚩尤战于涿鹿之野”的大本营。《汉书·地理志》中说：“黄帝作舟车以济不通，旁行天下”。说黄帝开辟以都邑有熊（即今新郑）为中心四行的道路，可以通行原始车辆（主要是战车），供大规模地调兵遣将和后勤支援的征战运输。据《史记·十二诸侯年表》统计，自公元前770年至公元前476年，共发生大小战争148次，而在河南中部郑国（新郑一带）境内进行的战争就有55次。像《易·系辞下》中说的“日中为市，致天下之民，聚天下之货，交易而退，各得其所”的以物易物的交换运输却鲜有记载。这是和当时的社会状况相吻合的。当时各诸侯之间战争不断，而中国自古是重农轻商，讲究“自给自足”，老子就曾描述过：“至治之极，邻国相望，鸡犬之声相闻……老死不相往来。”的至高境界。

“驿传”是古代道路运输的一种重要方式，以接力的形式为官方传递信息、转运物品，并建立了一套严密的驿传制度。在商代后期就出现了传达军事信息的官办驿传。《周礼·地官》记载：“凡国野之道，十里有庐，庐有饮食；三十里有宿，宿有路室，路室有委；五十里有市，市有侯馆，侯馆有积。”在主要驿道沿途，每隔10里设有吃饭饮水歇脚休息的场所，每隔30里设有简陋住处和存粮库房，每隔50里设有供使臣、诸侯的住所和储粮仓库。杜

房，每隔50里设有供使臣、诸侯的住所和储粮仓库。杜牧的“一骑红尘妃子笑，无人知是荔枝来”中的“荔枝”便是通过驿传的方式从广东运送到长安的。在先秦、两汉、隋、唐、宋时期，郑州都是其中重要的一个驿站。唐代从长安经洛阳过郑州至汴州（今开封）驿线是当时九条驿线之一。宋代郑州正处在联结当时长安、洛阳、开封、商丘四大京城的运输线的中间地段。

元明清时期的官办驿传处于巅峰时期，其主要任务：一是通信，传递谕令，军情和文书；二是运输，运送官差和粮秣、武器、装备、贡品等物资；三是为通信和运输提供交通工具及供应食宿。元代时的郑州，是省会开封通往陕西驿站途中的重要驿站。明代的郑州，初为国都南京通往陕甘驿路，后为京师（今北京）通往河南湖南广西驿路的必经之途。清代的郑州，是京师至湖南广西与贵州云南两条官马大道，以及省会开封通往陕西驿路的交通枢纽。北京至昆明当时里程为3000，驿传公文限期为60日，加急为40日。清《河南通志·邮传》记载，郑州管城驿为全省31个极冲要驿站之一，在康熙年间初期，额定驿塘马132匹，驿塘马夫158名，岁支夫工料等银6630.6两，遇润加银499.2两。从康熙15年（1676年）开始，由于国力趋于衰竭，多次裁减额定驿塘夫、马和岁银，驿传运输走向衰落。

郑州地势西高东低，西部山峦重叠，沟壑纵横，交通不便，行旅艰难；东部地势平坦，道路发达。因此自古以来郑州地区的人们因时因势，充分发挥他们的聪明才智，发明创造出了许多应用性极强的运输工具。山区、丘陵地带因道路崎岖、狭窄，运输工具有轿子（宋时称舆），独轮车等，独轮车可以是人力推曳的手推车，还可以套上牲畜拉曳称为双遣独轮车；平原地区从春秋战国“车辚辚，马啸啸”的战车，到东汉时期的轺车，再到后来的太平车、平头车、汽马车、牛车、轿车等等。这里面既有《诗经·小雅·车攻》“东有甫草，驾言行狩”（甫草今郑州甫田）的战车，有“鸾鸟之衡，羽盖华蚤”王侯贵族乘的车，也有《诗经·王风·大车》“大车槛槛”，“大车哼哼”的货运工具，集古代运输工具之大成。

郑州现代公路交通运输始于民国初期。郑州的长途道路运输比较薄弱，远没有周边的开封、洛阳、许昌、安阳等地发达，民国17年（1928年）河南境内出现的16家汽车公司，没有一家公司的驻地设在郑州。郑州的道路运输主要是随着清光绪32年至34年（1906～1908年），在郑州纵横交汇的京汉、汴洛铁路先后建成通车后，而出现的为铁路运输服务的脚夫行装卸、运输等行业。这与郑州当时的工业落后，人口较少，政治地位较低等原因有关，更与郑州当时的公路状况有关。从1929年至1935年国民党统治时期，郑州才有了至开封、新郑、密县、荥阳、中牟的公路，总长为190公里，路面为土路面，桥梁为临时便桥，晴通雨阻。

道路运输是人类从事社会活动的要素之一，是进行经济，文化交流的必要条件，它的兴衰受政治、经济的影响，受天时地理条件的影响。

自然灾害对道路运输有着重大影响。民国20年（1931年）河南遭受大水灾，受灾面积达77个县；民国25年（1930年），河南又发生特大旱灾，受灾面积达90多个县。每次灾后随之而来的是经济萧条，直接影响道路运输的发展。尤其是民国27年(1938年),国民党在郑州花园口扒开黄河大堤,妄想以水代兵,阻止日军西进,结果淹没河南20多个县,使整个黄泛区,乃至郑州一带的道路运输都受到极大影响。

战争对道路运输的影响极大,对交战双方来说,用则兴之,不用则废之。以郑州、商丘、漯河三地为中心进行的长达10年的中原大战;中国共产党领导的抗日根据地、国民党统治区、日伪统治区,长达8年的三足鼎立时期,各自为政,交通运输自成体系,这种局面对河南乃至郑州的道路运输事业极为不利,也是郑州道路运输事业发展缓慢的原因之一。

郑州道路运输的大发展,是在中华人民共和国成立后的社会主义建设时期,特别是改革开放以来的社会主义建设新时期。道路运输从质和量等方面都有了长足的发展。

1949年10月1日,中华人民共和国成立。之后,郑州的道路运输逐渐走上正轨,道路运输管理机构恢复并开始行使职能,营业性旅客运输、货物运输、车辆维修、搬运装卸、运输辅助业等道路运输业开始发展起来。

从1958年到1984年,无论是当时的郑州市运输总调度办公室时期,郑州市交通局计划运输办公室时期,还是郑州市联合运输办公室时期,都是我国计划经济时期的道路运输管理机构,主要按照河南省运输计划委员会于1952年下达的《河南省公路运输市场管理暂行办法》来行使职权,对运输市场实行“统一计划、统一调度,统一运价和票据”管理,计划管理,行政干预色彩浓厚。从1984年7月郑州市公路运输管理办公室,再到1989年1月之后的郑州市交通运输管理处，随着我国“对外开放，对内搞活”经济方针的深入贯彻，尤其是确立了邓小平同志建设有中国特色的社会主义理论在全党的指导地位后，城乡经济活跃，运输市场兴旺，我国的社会主义市场经济逐渐完善，道路运输管理机构管理的对象、内容、任务也复杂而庞大起来。在市场经济的大潮中，管理与服务相结合，调控与指导相结合，以“法律”的形式来管理道路运输市场，是道路运输管理方式发展的必然。多年来，郑州市道路运输管理机构严格按照1994年12月27日河南省第八届人民代表大会常务委员会第十一次会议通过的《河南省道路运输条例》(1984年12月25日河南省第六届人民代表大会常务委员会第十次会议通过的《河南省公路运输管理条例(试行)》1995年3月1日起废止)，及其它一些地方性法规，依法行政，建立公路运输服务性组织，帮助组织货源，提供信息服务和配载服务，协助办理有关业务和证照手续，帮助解决运输业户的疑难问题，提供法律咨询和援助。运管人员依法行政、秉公执法，严禁以权谋私，是郑州市道路运输管理机构长期以来的工作宗旨。2000年度，郑州市道路货运信息服务业户260余家，为社会提供配货、中介信息890条，组织货源345.8万吨，周转量达26365.87万吨公里。

公路是道路运输的载体，是道路运输得以发展的重要保障，离开了公路就谈不上道路运输的发展。郑州市在公路基础设施建设上非常重视，不断加大投入力度，保持了持续、快速、健康发展。至2000年底，郑州干线公路里程达679.7公里，达到二级标准的有462.4公里，全部为高级路面和次高级路面。地方公路建设也正向高标准和纵深方向发展。通车里程达到5117.8公里，除42公里等外公路外，其余全部为等级公路，公路网密度达到每百平方公里有公路70公里。全市121个乡镇全部通上了油路，2274个行政村，有2215个行政村实现了晴雨通车，占97.4%，2125个行政村通上了油路，占93.4%。

再加上京珠、连霍高速公路，107和310线国道在郑州纵横交错，6条省道路线从郑州辐射全省各地，以及西南绕城（郑州）高等级公路的建设，已基本形成了以郑州为中心的“米”字骨架，“口”字基础的公路网络。郑州公路建设的发展，大大促进了道路运输业的发展。

客运汽车站担负着旅客运输生产的组织、客运商务作业、客运运行管理，提供全面的服务及客流信息传输等任务。20世纪90年代中期以后，随着客运市场竞争越来越激烈，各个公用汽车站和公司所属客运汽车站都加大了资金投入，扩展停车场面积，装修候车大厅，实现微机售票，使硬件设施大为改观，同时通过提高服务质量等方式来改善软件环境。至2000年底，通过建设、发展，郑州市域内30个客运汽车站（含乡镇站）达到部颁标准的有：一级站1个，二级站18个，三级站3个，四级站1个，其余为代办站。全市共开通客运线路904条，其中省际线路290条，地、市际线路480余条，日均发班次12000余个。大型载客汽车3969辆，客位195183个。2000年度，共发送旅客3544万人，客运周转量563182万人公里。

出租车客运是城乡旅客运输的一个重要组成部分，截止到2000年底，全市有各类出租面包车，出租轿车1万3千余辆，从业人员2万余人。2000年度，客运量7845万人，客运周转量502510万人公里。郑州市拟在2002年底以前全部将出租面包车更新换代为小轿车。

全市参加营运的货运汽车有32042辆,108926个吨位。其中大型载货汽车18691辆,95829个吨位;专用载货汽车1190辆,7300个吨位。参加营运的拖拉机有6300辆。2000年度全市货运量达13924万吨,货运周转量701350万吨公里。

郑州的各种营运汽车发展至今,在客车方面已形成了大、中、小型齐全,高、中、普档搭配合理的客运运力体系。目前在高速公路上运营的主要是国际知名的品牌豪华大巴,省际长途线路多以中高档客运车辆为主,城乡短途则以适合乡村的中、普通型客车为主。在货运方面,也改变了以往缺重少轻,专用载货车稀少的局面,各种冷藏车、罐式车、集装箱、零担车、厢式货车等专用汽车逐渐成为货运市场上的主力,已形成了大、重、专、轻车型结构搭配合理的货运运力体系。

郑州运输辅助业的发展,是随着我国改革开放政策的逐渐深入,随着郑州道路运输事业的发展而发展起来的。运输辅助业包括运输服务(信息服务、仓储理货、汽车租赁、搬家运输);汽车维修;汽车驾驶及培训等几个方面。

郑州的搬家运输业的发展是和市政建设的发展,居民收入状况的提高息息相关的。它始于1991年"利民搬家公司"的诞生。经过10年的发展,郑州的搬家运输业户达67家,搬家车辆310台,极大地方便了郑州市民的生活。汽车租赁的问世是汽车出租业务横向正伸的结果。向纵深发展的有益探索。1994年郑州市出现了第一家汽车租赁公司,到2000年底,郑州市汽车租赁业户发展到

31 家，有各类租赁车辆 320 辆，满足了不同人群的消费需求。郑州市的汽车维修业走过了汽车自我服务型阶段，已形成了由全民、集体、个体、合资、股份制等多种经济成分和经营模式并存，充满竞争活力的社会服务型汽车维修格局。截止到 2000 年底，全市各类机动车辆已突破 34 万辆，拥有汽车维修企业 1698 户，其中一类企业 56 家，二类企业 302 家，三类企业 1340 家。结构比例为 16： 3： 60，从业人员 28546 人，年维修生产能力达到 35 万辆次，产值近 10 亿元。作为现代化交通工具之一的汽车已成为人们日常生活中不可或缺的代步工具。大量的汽车和现代化生活的需求都需要受过正规培训教育和具有实际操作能力的汽车驾驶员，于是汽车驾驶员培训学校便应运而生。截止到 2000 年底，全市拥有机动车驾驶员培训学校 32 家，年培训能力达 1.6 万人。

郑州的道路运输业利用郑州公路主枢纽的区位优势，在省市各级政府部门的关心支持下，经过郑州市交通运输管理部门和运输企业多年来的辛勤培育，已形成了客货齐备、运力强大、站车配套、服务完善、辐射全国的特有优势，并产生了良好的经济效益和社会效益。

郑州市的城区道路，解放前多为土路。1911 年在郑州火车站附近修筑了第一条铺筑碎石路面的马路大街（今大同路）。抗日战争后，大同路及其以东首次铺筑了水泥混凝土路面。到 1948 年 10 月郑州解放时，城区面积仅有 5.23 平方公里，市区道路仅有 0.7 公里水泥混凝土路面，余均为煤渣或土路面。“马路不平，路灯不明，污水横流，垃圾遍地，无风三尺土，下雨满街泥”，是当时群众对市区道路交通的评价。2000 年末，城区铺筑道路总长达684公里。拥有各类公共汽车1100余辆，电车200余辆。城市万人拥有车辆10.1辆，大大提高了运力，缓解了郑州市民“出行难”问题。共开通公交线路78条，线路长度1060.45公里，线路覆盖面发展到每平方公里3.49公里，线路布局更为合理。2000年度，公路运营收入达12649万元，比计划超额106.97%，运营里程6218.58万公里，客运总量26813.75万人次（不含老年乘车证人次）。

随着贯穿市区金水路“四桥一路”（即紫荆山立交桥、新通桥立交桥、大石桥立交桥、河医大广场立交桥及金水路部分路段的高架桥）于1994年底建成通车，以及紫荆山路、淮河东路、陇海西路、嵩山路、东大街等一批断头路贯通与开工建设，航海路重新翻新后与西环路，北环路，107国道绕城公路线形成的外环路的贯通，加之宽阔平整的南三环公路的贯通，郑州城区道路和城市出入口公路通行能力大大改善。

郑州市交通运输企业与交通工业经过多年的探索与努力，发生了历史性地转变：内部改革逐渐深入，企业经营自主权进一步落实，现代化企业制度初步建立，企业规模得以拓展，多元化经营取得明显成效，大多数企业进入了良性循环发展状态。进入2001年，郑州市交通运输企业更是发生了巨大的变化，到8月份，郑州市第一、二、三交通运输公司、出租汽车公司已合并成为紧密型大型二类企业，名称为：郑州市交通运输总公司；以原民营企业郑州绿城客运公司为母体，全省多家集体企业参与组建了二类企业“河南中州运输集团有限公司”；全省12家运输企业联合成立了“河南万里客运有限公司”；加上原有的郑州客运总公司、河南省运输联营公司、河南宇通快运公司,郑州市已有6个国家二类大型客运运输企业。集约型规模运输格局已经形成。

从1997年5月,国家体改委与5部委正式批准郑州为"商贸中心改革试点城市"之后,建设"商贸城"便成了郑州城市发展的基本定位,其内涵是:把郑州建成一个资源配置优化,一、二、三产业协调发展,基础设施配套,服务功能完善,环境优美、文明开放、经济社会全面发展的现代化商贸城。推进公路港、铁路港、航空港和中央商务区建设、强化中心城区的商务特色,无疑成为今后郑州商贸城建设的重中之重。

交通是现代化城市的命脉。以郑州为中心,东出商丘入安徽,西出三门峡入陕西,南出信阳入湖北,北出安阳入河北的京珠、连霍高速公路河南境内各段已大体建成,余下各段正在建设之中。郑州至韩村,郑州至南阳高速公路正在筹建中。以高速公路十字架为依托,高起点、高质量、超常规、大跨度地发展公路交通,建立规模较大,功能齐全,布局合理,发展协调,与商贸中心城市和内陆开放城市相适应的公路交通,是实现以"商贸城建设为龙头,以改革开放为动力,以优势产业为支撑,以科技进步为先导,以优化环境为保障",把郑州建设成"活力、有序、安居、清洁"的现代化城市的重要条件。

在邓小平同志"建设有中国特色社会主义"理论的指导下,在新世纪党的建设和现代化建设的重要思想行动指南和伟大纲领——江泽民同志"三个代表"重要思想的指导下,加上郑州市"天时、地利、人和"的综合条件,郑州的道路运输事业必将再铸辉煌。

第一篇　道路客运

郑州历史悠久，在传说中的黄帝时期即有了道路和车辆，但是几千年来，郑州地区的道路和车辆只是缓慢地改进和提高，相对比较落后。郑州现代道路运输的兴起，则始于20世纪20年代，随之旅客运输也开始出现了。中华人民共和国成立及进入社会主义建设时期之后，郑州的道路客运作为计划经济的一部分，在"全国一盘棋"治国方略的指导下，随着公路网络的扩展以及客运机具的发展而取得了长足的进步。进入十一届三中全会改革开放后的社会主义建设新时期，道路客运市场在政策层面上放开，逐渐形成了各种经济成分参运的经营格局，大大增强了道路客运市场的活力。经过不断的培育和发展，并利用交通枢纽的区位优势，红火的郑州道路客运市场对全省乃至全国都有重要的影响。

第一章　道路客运的形成与发展

面向大众，以赢利为主要目的的道路旅客运输形式，在郑州近代史上鲜有记载。郑州道路旅客运输始自20世纪20年代，是随着黄包车的面世而出现的。之后的郑州道路客运，随着客运机具制作材料和使用动力的进步，以及道路通行能力的改善而发展了起来。郑州道路客运的发展，极大地方便了人们的生活，促进了地方经济的繁荣。

第一节 客运机具沿革

郑州道路运输车辆有几千年的历史。《汉书·地理志》载:“昔在黄帝,作舟车以济不通,旁行天下”,说以有熊(今新郑)为中心四行的道路有车辆通行。新密市打虎亭汉墓出土的汉画砖轺车出行图,为双辕单匹马,上面伞盖,两侧有帷子的轺车群。郑州上街出土的唐代彩绘陶牛车,车顶从前到后幛有幔子,为通幰牛车。

从有历史记载以来一直到20世纪初,数千年来郑州地区出现的诸多车辆中,多作为军事、驿站、皇戚贵族巡游之用,而面向大众行使载客功能的运输车辆在郑州的出现,则始于20世纪20年代。

一、人力车、畜力车

(一)黄包车

俗称斗子车,又称“东洋车”。又因车身漆以黄色,多为包用车,故称黄包车。其结构由车轮、车斗和车把组成,一人坐车,前边一人拉着,非常轻便,行车也很快。黄包车的出现,产生了以“客运经营”谋生的职业人群。从事这一职业的主要由城市和乡村生活较为困难的男劳动力组成。1954年后逐步改造为脚踏客运三轮车。

(二)脚踏三轮车

早期的脚踏三轮车多由黄包车改制而成,是20世纪70年代前市三轮车合作社客运的主要运输工具。由人拉黄包车改为脚踏三轮车,由大飞轮、小飞轮以及链条组合所起到的物理作用,不仅速度加快,劳动强度也进一步降低,行动也十分方便,可直接到市内各个地方实行到门服务，尤其对郑州市地理不熟的人帮助很大。20 世纪 70 年代后，虽然各种机动三轮出租车成为郑州市以及周边新郑、荥阳、巩义、新密、中牟、登封等县（市）的主流载客工具，但是几十年来，经过进一步改造的脚踏三轮车仍为客运运力的有益补充活跃于郑州市郊区及各市县。

（三）马车

马车有两种：一种是高轮马车，因车轮高大又是马拉曳，故名，清代中原地区就很盛行。高轮马车为木质结构，由车身和车轮组成，拉曳牲口有单套或双套之分。另一种是胶轮马车，20 世纪 40 年代就在郑州参加运输，其车辕、车箱和高轮马车相似，只是车轮使用橡胶轮胎。高轮马车和胶轮马车可载客十余人。马车较多地使用于货运。

二、汽车

郑州城市客运 1953 年始有载客汽车，长途班车客运 1954 年始有载客汽车（1953 年前只有代客车）。1963 年郑州开始生产改装客车后，载客汽车由 1954 年的 14 辆增至 1958 年的 36 辆，1965 年增至 113 辆，1976 年增至 451 辆，1985 年增至 1294 辆，1990 年增至 1560 辆 2000 年增至 3260 辆。

从 1953 年到 2000 年 40 余年间，载客汽车的数量几倍、十几倍的增长，随着我国经济的发展，人民生活水平的提高，人们对载客汽车的质量要求也越来越高。初始阶段，载客汽车多为普通大型客车和小型客车。大型客车多为外国产，长途大客车多为郑州产。20 世纪 80 年代以来，随着客运市场的竞争，乘客乘车需求的提高，跨地市主要营运线路，多使用豪华客车或卧铺客车。1994 年郑州至开封高速公路开通后，再加上郑洛、郑许、郑安等高速公路的开通，方便、舒适、快捷的依维柯车型曾一度受到乘客和经营者的青睐，后来，依维柯车型又逐渐被北方、大宇、金龙、宇通、安凯、凯斯鲍尔、伊莎贝尔、富士等国内外名车所代替。

城市小型客车，其中机关企事业单位面包车有不少进口车，如丰田等，小轿车中奥迪、桑塔纳、标致等中外合资国产车逐渐增多。中国的名牌红旗车也逐渐受到郑州人民的喜爱。初期的出租车多以国产昌河、长安、重庆、大发等品牌的面包车居多。20 世纪 90 年代中后期，富康、夏利、桑塔纳、捷达以及红旗、现代等品牌的小轿车逐渐增多。

公共汽车的发展经历了由普通单机客车、铰接车、小公共汽车到宇通等空调大巴的演变过程。

三、电车

郑州是河南最早有电车的城市，1979 年 4 月有电车 20 辆，1984 年 7 月市电车公司与市人民汽车公司合并建立市公共交通公司时，有电车 60 辆，1987 年增至 80 辆，1994 年达 90 辆，随着其它较高档、舒适的公交车辆的推广，2000 年公交电车也逐步增长到 200 余辆。电车类型均为上海产 SK561G 型可控硅铰接式或单机电车。电车的特点是噪声小，使用能源无排放物，清洁、卫生。

客运机具的沿革说明，技术现代化、设备高档化、乘座舒适化、操作智能化是客运机具的发展方向，而且客运机具发展变化的周期越来越短，适应社会发展的需要。

第二节　道路的发展

郑州道路的形成与发展，经历了人行小路、车马路

(驿路)、公路等历史阶段。相传黄帝巡察河洛,到达洛汭(今巩县洛口),“披山通道”。《史记》曾有夏都阳城(今登封告城)后“行山表木,定高山大川,……以开九州,通九道,陂九泽,度九山”的记载。早在三千多年前的商代,郑州就成为当时商王朝的重要都邑和全国道路交通的中心枢纽。从商代遗址中出土的产自东南沿海一带的鲸鱼甲、海贝和产自西北地区的绿松石、铸造青铜车轴头等化石和文物看,车子可在长距离货物贩运交换中使用,可见道路在当时已经有了一定的规模和基础。公元前770年东周建都洛阳后,修建了以洛阳为中心的通往全国的六条大道。其中东方大道经洛汭(今巩县洛口)至鸣条(今长垣西南)及江淮流域。公元前221年,秦统一六国后,在全国大修驰道,统一车轨。其中一条东方大道经涵谷关、渑池、洛阳、荥阳、博浪沙(今属原阳)到达山东。是秦东通六国之地,横贯关中和齐鲁两大经济区,连接洛阳、荥阳、定陶、临淄等大城市的重要路线。隋唐以后,管城(今郑州)位居洛阳、开封两大城市之间,交通地位日显重要,著名的洛汴驿道就通过管城。郑州一度成为东西部交通和经济往来的中转站。宋代之后的元、明、清朝代,均有驿道(邮路)通过郑州并设立驿站。

清末以后,近代工业逐渐兴起。伴随着平汉、陇海铁路的建成通车,汽车运输开始出现并推动了公路建设。以通行汽车为主的公用道路被称为公路。郑州公路筹办开始于1924年。1929年6月河南省公路局成立,当年即修建了开(开封)郑(郑州)公路,该公路自开封北门起,沿黄河大堤至花园口南行,经京水至郑州北门,全长120公里,路基宽9米,土路面。1933年至1935年,相继修建了郑州至新郑、郑州至密县、郑州至荥阳、郑州至中牟等线路总计长 190 公里。郑州周围各县(荥阳、密县、新郑、登封、巩县)间亦修建了道路 15 条,总计长 646 公里。

1937 年抗日战争爆发后,为便利军事运输,河南省建设厅设立工程处,修建了郑登公路,全长 90 公里,石子路面。1938 年 6 月开封失陷后,国民党命令停修并将路基炸坏,桥涵全部拆毁。同时,由于花园口黄河大堤被炸,开郑公路和其它主要公路交通几乎全部中断,公路设施亦遭到严重破坏。抗战胜利后,河南和郑州地区的公路建设和交通曾一度得到恢复。至 1947 年 5 月,郑州至洛阳、郑州至禹县、郑州至许昌、郑州至永城、郑州至开封的线路勉强开通。这些道路尽管有国道、省道的名称,实际上仍然是民间自然形成的车马道路。路面均为土路面而且坑槽不平,晴天浮土没脚,雨天泥泞断行,没有任何技术处理,通行能力极差。不久,国民党挑起内战,不仅新的公路设施无所建树,原已开通的公路又遭破坏,至解放前夕,郑州虽有公路干线 6 条,但几乎全部瘫痪,勉强通行汽车的仅为郑州至密县中的一段,长 10.3 公里,且晴通雨阻。

1948 年郑州解放后至国民经济建设"一五"期末的 1957 年为恢复阶段,旧有阻车公路得到全面恢复,开始建设新的公路;社会主义建设时期的 1958 年 ~ 1978 年,为普及阶段,公路建设得到较大的发展,公路布局改善,公路面貌改观;1979 年以来为提高阶段,加速改造低等级公路,开始发展高等级公路,公路技术状况大大改善。

一、公路恢复

1948 年 10 月郑州解放后,中原各解放区连成一片,解放战争前沿阵地南移。受到战争创伤的郑州公路，仅有郑州至开封、郑州至许昌两条线路可勉强通行轻载汽车，公路交通亟待恢复。

1949年初，中原公路管理局在郑州成立伊始，即派出干部组织群众整修郑州至漯河等7条干线，以求因陋就简维持临时通车，完成支援大军南下的任务。同年3月，中原临时人民政府在郑州成立，决定整修郑州至信阳，通往汉口等3条主要公路干线，重点恢复路基宽度和提高桥涵荷载能力，以满足军用货车和炮车通过的需要，保障晴天正常通行。

1950年开始的国民经济恢复时期，郑州公路建设面临的任务，是贯彻"以恢复为主和逐步提高质量"的方针。本着"依靠地方、发动群众、就地取材、少花钱多办事"的原则，采取重点组织整修和一般发动群众冬季普修相结合，大力恢复被破坏和长期失修失养的公路，重点维持通车，恢复公路运输，以支援恢复生产，开展民主改革和城乡物资交流，并为以后公路发展奠定基础。1952年末，公路恢复通车里程373.1公里，保有公路桥涵9座，共长299.2米，其中永久性桥梁4座，长121.4米。

1953年进入社会主义建设"一五"时期，根据"重点建设稳步前进"，以及道路建设"面向农村、山区、老区和工矿区"的方针，贯彻"就地取材，因地制宜"与"分期改善，逐步提高"的原则，认真执行中央关于民工建勤养护公路和修建地方道路的指示，本着生产建设和人民生活的需要，以及国家财力的可能，在修复原有老路的同时，有重点地修建新的公路。郑州至密县天仙庙煤矿，巩县孝义火车站至巩县山川煤矿两条矿区专用公路，于1954

年至1955年建成通车，新密公路于1956年铺筑碎石路面，成为全市第一条可晴雨通车的公路。

1955年12月公布的河南省公路主要、次要及一般路线，其中郑州地区的郑州至密县路线（38.9公里），列为主要路线；郑州经郭店至密县路线（61.5公里），郑州至武胜关路线，郭店至新郑段（17.2公里），列为次要路线；郑州至花园口路线（20.9公里），孝义山川路线（13.0公里），郑州至武胜关路线黄河南岸郑州段（21.6公里），郑州至武胜关路线郑州至郭店段（24.8公里），列为一般路线。

1957年末，市域通车的主要公路有：郑州至密县、郑州至开封、郑州至许昌、郑州至尉氏、郑州至洛阳、郑州至广武、郑州至花园口等7条路线，通车总里程增至567.4公里，其中铺筑次高级路面8.7公里，中低级路面76.3公里，保有公路桥梁26座，长724米，其中永久性桥梁9座，长216.9米。

二、公路普及

1958年进入国民经济建设“二五”时期，公路建设贯彻交通部提出的“依靠地方，依靠群众，普及为主，发展地方交通”的方针，结合贯彻执行“民办公助”，“民工建勤”政策，改建干线公路，新建县乡公路，掀起群众性的修建公路高潮，公路交通有较大的发展。1959年末，市域公路通车总里程达682.6公里，其中铺筑次高级和中级路面145公里，保有公路桥梁38座，长1131.7米，永久性桥梁16座，共长374.5米。

1958年开始的“大跃进”筑路高潮中，公路建设取得很大成绩，但在高指标、浮夸风等左倾思想影响下，由于不尊重科学、不讲究质量，一轰而上，导致一些新建改建公路工程质量差，桥梁路面基础设施不配套，甚至不能通车，造成浪费。1961 年开始贯彻执行“调整、巩固、充实、提高”的八字方针，把人力、物力集中到现有公路的养护改善上来，对部分临时木桥改建为永久性桥梁，新建永久性中、小桥梁。郑州至开封、郑州至许昌、郑州至密县、郑州至花园口等路线，在 1964 年至 1965 年间，先后铺筑了沥青渣油次高级路面，公路技术状况改善。

1966 年文化大革命开始后，通过整顿后的公路发展势头发生波折，但经过排除干扰，直接关系到工农业生产和群众生活的公路交通，仍然得到较大发展，公路通车里程虽然增长不多，但公路质量得以提高。1978 年末，市域公路通车总里程增至 1591. 3 公里，有路面里程 1132. 7 公里，其中次高级路面 853. 3 公里，公路桥梁 248 座，共长 7366 米，其中永久性桥梁 243 座，长 7303 米。

三、公路提高

1979 年中国开始了建设有中国特色的社会主义新时期，在改革开放总方针的指导下，公路建设也进入了开创新局面时期。郑州公路交通事业贯彻中共中央提出的“调整、改革、整顿、提高”的方针，以及交通部 1982 年制订的“全面规划，加强养护，积极改善，重点发展，科学管理，保证畅通”（1990 年补充修改为“全面规划，协调发展，加强养护，积极改善，科学管理，提高质量，依法治路，保障畅通”）和“普及与提高相结合，以提高为主”的公路建设方针，以及河南省政府 1991 年以来先后提出的“政治动员，经济补偿，行政干预，各方支援”和“集资修路，收费还贷，有偿使用，滚动发展”等两个 16 字方针，利用外资，举债建设，收费还贷，滚动发展，以解决郑州市公路建设面临的高起点、高要求和资金严重不足的矛盾，发展公路交通以适应经济的高速发展。

公路是汽车运输的载体，公路建设尤其是高等级公路建设更是满足人们乘车方便、快捷、舒适的根本要素。1993 年 10 月 28 日，市公路管理总段与台商刘宗山签约成立了“郑州泰勇交通工程开发有限公司”，决定对 310 国道进行改造，首开利用外资发展郑州公路之先河。郑州至巩义米河段 40.9 公里改造工程，于 1994 年 10 月竣工通车，双向 4 个快车道，总宽 26 米，其中上街至米河段总宽 15.2 ~ 15.6 米。采取自我发展新机制建成的商品路，还有新郑境内的郑州至永城公路段和五里堡至新密市境内的干线公路联络线；登封境内的郑卢公路路段和许巩公路路段；巩义境内豫 31 公路线上全长 203 米的坞罗河大桥；以及新郑境内的县乡公路。

1994 年末，全市公路通车总里程达 4748 公里，公路密度平均每百平方公里有公路 62.92 公里，居全省各地市首位。其中等级公路 4703 公里，只有 45 公里乡道为等外路。在等级公路中，高速公路 76 公里，一级公路 31 公里，结束了郑州市域无高等级公路的历史。

随着交通体制改革的深入，根据交通部公路建设抓两头：一头抓高等级公路，一头抓县乡公路的构思及省交通厅和公路局的意见，1995 至 2000 年郑州公路建设进入了前所未有的发展时期。5 年来，先后投资 10 多亿元对大、中桥梁进行加宽改造，新建、改建国道 310，省道豫 03、豫 04、豫 31 等干线公路，并新建了郑许、郑安、开洛高速公路路段，及西南绕城（郑州）高等级公路，巩登旅游公路等。到 2000 年底，郑州干线公路里程达 679.7 公里，达到二级标准 462.4 公里，高级路面、次高级路面里程达 100%。有桥梁 158 座，共长 7259.7 米。基本形成以郑州为中心的“米”字骨架，“口”字基础的公路网络，大大增强了公路的通行能力。

5 年来，郑州地方公路建设也取得了可喜的成绩，郑州市地方公路无论是通行能力，还是通达深度上，都形成了一定的规模。自 1995 年新郑市实现了行政村村村通油路以来，郑州市辖 6 县(市)、6 区中，已有 10 家实现了行政村村村通油路，地方公路已逐渐向高标准和纵深发展。郑州市先后投资 34257.2 万元，新建 1148.8 公里，改建 804.3 公里，使通车里程达到 5117.8 公里，是 1994 年的 128.2%，公路网密度达到每百平方公里有公路 70 公里，是 1994 年的 128.1%。其中：二级公路 504.2 公里；三级路 1588.2 公里，四级路 3083.4 公里，等外路仅 42 公里，二级路较 1994 年增加 135.6%。按路面等级分，高级路面 46.9 公里，次高级路面 4385.1 公里，中级路面 668.9 公里，低级路面 35.5 公里，无路面里程 81.4 公里。高级、次高级路面分别为 1994 年的 187.6% 和 139.9%。全市 121 个乡镇全部通上了油路，2274 个行政村，有 2215 个行政村实现了晴雨通车，占 97.4%，2125 个行政村通上了油路，占 93.4%。

郑州地方公路的蓬勃发展，为农村经济的腾飞打下了坚实的基础，插上了有力的翅膀。

四、干线公路

(一)国家干线公路

1. 高速公路。1994 年国家规划的“两纵两横”国道主干线中的“一纵一横”，即北京至珠海、连云港至新疆霍尔果斯公路,在河南省境规划建设高速公路1161公里,其中郑州市域建设高速公路170公里。它是河南省十大基础建设项目的龙头工程,为国家重点建设项目。2000年底,京珠线(北京至珠海)郑州至安阳,郑州至许昌段,连霍线(连云港至新疆霍尔果斯)郑汴洛段已全线通车。这两段高速公路,起点高,服务设施完善,全立交,全封闭,双向四车道,设有监控系统和防撞护栏,是可适应大交通量、高速安全行驶的现代化高速公路。对于完善河南干线公路网,使公路建设迈入现代化行列,改善地区投资环境,形成城市群体发挥核心功能将起到重要作用。

2. 国道107线。北京至深圳,简称"京深线",编号G107。其中郑州境内78.3公里,一级公路长41公里,二级公路37.3公里,除新郑市区南8公里利用老线改造外,其余均为新建路线。沿线修建有永久性桥梁34座,长7395.3米,设计荷载标准均为汽车-超20级。道路绿化为双行或多行间植,是全国最早实施GBM(公路标准化美化)的国家干线公路,成为交通部文明建设的样板路。平均昼夜交通量13557辆,平均车速每小时57.1公里。

3. 国道207。内蒙古锡林浩特至广东海安公路,简称"锡海线",编号G207,是我国北煤南运的重要干线。自偃师与登封之萼岭口进入郑州登封境内,出市域通往汝州,共长40.8公里。1994年对登封县城至大金店段进行改建,全长11.5公里,二级公路标准,路基宽20~40米,路面宽18米。平均混合交通量为昼夜5510辆,旅游季节达7067辆,平均车速每小时49.9公里。建有永久性桥梁12座,长248米,涵洞13道,长2182.7米,隧道一处,长248米,大桥一座,长193.9米。

4. 国道220线。由山东北镇至郑州公路，简称“北郑线”，编号G220。市境路段全长45.4公里。二级公路，平均昼夜交通量12672辆，平均车速每小时55.7公里。国道220线郑州至兰考段，就是国道310线的重复路段，是省文明建设样板公路之一。自国道107线郑州一级公路、郑州市航海路和西环道建成通车后，过境汽车不再进入市区。

5. 国道310线。连云港至天水公路，简称“连天线”，编号G310，由中牟与开封县界入郑州市域，经巩义回郭镇通往洛阳。郑州市境路段全长142.8公里，二级公路，是贯穿我国东西部的主要公路大动脉。沿线修建有永久性桥梁24座，长837米，涵洞239道，长4202米，中型桥7座长510.7米。是省文明建设样板路之一。

（二）省级干线公路

1. 豫01、02线——郑南公路。编号S01，起自二七广场通往南阳。郑州市境内60.5公里，二级公路，平均昼夜交通量9225辆，平均车速每小时52.7公里。豫02线为郑南公路西线。出市境后经禹州、郏县、宝丰、鲁山、云阳通往南阳，全长269公里，在郑州市辖境内与豫01线郑南公路里程完全重复。

2. 豫03线——郑卢公路。编号S03，郑州至卢氏公路，在郑州市境内113.2公里，二级公路，平均昼夜交通量8868辆，平均车速每小时53.3公里。

3. 豫04线——郑州至永城公路。编号S04，在郑州境内长58.4公里，1995年前大部分为三级公路，1999年改造后为二级公路。平均昼夜交通量8928辆，平均车速每小时55.3公里。

4. 豫05线——郑州至滑县公路。编号S05，在郑州市境内长15.2公里，为二级公路。连接郑花公路北段，2000年6月，接近市区5.2公里扩宽为郑州市北出口迎宾路，成为郑州改革开放外部形象的窗口。

5. 豫06线——郑州至常平公路。编号S06，在郑州市境内长15.2公里，与省道豫05线郑滑公路里程重复。

6. 豫07线——郑州至周口公路。编号S07，在郑境内长58.4公里，与省道豫04线郑永公路里程重复。

7. 豫68线——郑州至邙山公路。编号S68，郑州境内26.5公里，是郑州黄河防汛和西北部物资运输的主要路线，二级公路，高级油路面。

8. 豫31线——许昌至巩义公路。编号S31，在郑境内长65.8公里，其中二级公路里程41.4公里，其余为三级公路，平均昼夜交通量4421辆，平均车速每小时50.4公里。

9. 豫62线——荥密公路。编号S62，郑州境内长38公里，为郑州南北走向的山区公路，经改建后，现二级公路9.6公里，三级公路27.1公里，平均昼夜交通量4543辆，平均车速每小时53.7公里。

10. 豫联10线——五新公路。编号S10，位于新郑境内，二级公路，平均车速每小时58.9公里。

11. 豫联11线——五三公路。编号S11，东起新郑五里堡，西至新密市区，全长25.9公里，二级公路，其中高级油路面23.9公里，该公路东联豫04、07线，同107国道相交，西连省道03线。平均昼夜交通量10558辆，平均车速每小时55.9公里。

（三）全市干线公路上有桥梁158座，共长7259.7

米，其中大桥13座，共长2588.1米，主要大桥分别为：十八里河大桥、双洎河大桥、颍河大桥、侯寨大桥、薛店立交桥，坞罗大桥、商都大桥、告成大桥、贾鲁河大桥等。

郑州市公路网密度见表1-1，郑州市县级公路综合情况见表1-2。

郑州市公路网密度（2000年）　　表1-1

县　市	公路里程（公里）	土地面积（百平方公里）	人口（万人）	平均每百平方公里有公路（公里）	平均每万人有公路（公里）	名　次	
						按面积	按人口
郑州市	911	10.1	19.21	90.2	47.4		
荥阳市	830	9.55	63.39	86.9	13.1	2	3
中牟县	1134	13.96	64.12	81.1	17.6	3	1
新郑市	986	8.73	62	113	15.6	1	2
巩义市	740	10.41	75.57	71	9.7	4	5
登封市	588	12.19	59	48.2	9.97	6	4
新密市	656	9.78	70.32	67	9.3	5	6

郑州市县级公路综合情况表（2000年）　　表1-2

序号	名　称	起迄地点	长度（公里）	等级（公里）			路面（公里）			
				二级	三级	四级	高级	次高	中级	低级
1	须古路	须水—古荥	13.1	10.5	2.6			13.1		
2	郑黄路	郑州—黄庄	17		17			17		
3	郑堂路	郑州—沟赵	8		8			8		
4	郑三路	伏牛路—刘胡垌	15.7		15.7			15.7		
5	熊七路	熊耳河桥—七里河桥	2.2		2.2			2.2		
6	郑尉路	郑州—尉氏	13.3	6.5		6.8		13.3		

续上表

序号	名　称	起讫地点	长度（公里）	等级（公里）			路面（公里）			
				二级	三级	四级	高级	次高	中级	低级
7	孙西路	孙庄—西岗	3.2	3.2				3.2		
8	索花路	索须河—花园口	1.6	1.6				1.6		
9	贾西路	贾河—西黄刘	9.4	2.5	6.9			9.4		
10	路嵩路	路寨—嵩山路口	1.5			1.5		1.5		
11	侯寨老线	侯寨老线	4.3	4.3				4.3		
12	上汜线	上街—荥阳界	0.7	0.7				0.7		
13	皋夏线	皋寨—夏侯	1.6	1.6				1.6		
14	中万路	中牟—万滩	21.9	21.9				21.9		
15	中东路	中牟—东漳	8		8			8		
16	中付路	中牟—付李庄	30.2	13.2		17		30.2		
17	中火路	中牟—火车站	1.5			1.5		1.5		
18	310 老线	310 老线	3.7		3.7			3.7		
19	孝站路	孝义—站街	10			10		10		
20	巩沙路	巩义—沙鱼沟	6			6		6		
21	巩石路	巩义—石灰务	5			5		5		
22	巩康路	巩义—康店	4.4			4.4		4.4		
23	荥广路	荥阳—张庄	20.7	1.5	14.2	5		20.7		
24	荥贾路	荥阳—贾峪	18		18			18		
25	荥邙路	荥阳—北邙	12.2	5		7.2		12.2		
26	荥王路	荥阳—王村	13		13			13		
27	荥汜路	荥阳—汜水	6.3		1.3	5		6.3		
28	荥庙路	荥阳—陈庄	34.1		34.1			27.4	6.7	
29	机七路	机械厂—七〇一	5.5		5.5			5.5		
30	东南路	东关—南关	1.7			1.7		1.7		

续上表

序号	名　称	起迄地点	长度（公里）	等级（公里）			路面（公里）			
				二级	三级	四级	高级	次高	中级	低级
31	荥高路	荥阳—高山	12.4			12.4		12.4		
32	东柿路	东关—柿树湾	15	15				15		
33	岑清路	南环路	15	15				15		
34	豫03 牛店老线	牛店段	2.4		2.4			2.4		
35	豫03 杨树岗老线	杨树岗段	5		5			5		
36	豫03 青石河老线	青石河段	7		7			7		
37	新密路	新郑—新密	43.6	43.6				43.6		
38	新椿线	新郑—椿树桩	25.5	5		20.5		25.5		
39	迎烈路	迎山头—烈士陵园	3.8	3.8				3.8		

郑州市乡和行政村油路情况见表1-3

郑州市乡（镇）和行政村油路情况表（2000年）　　表1-3

区域名称	油路里程（公里）	乡　镇		行政村	
		合计（个）	通油路（个）	合计（个）	通油路（个）
郑州市	4385.1	121	121	2274	2125
市五区	820.6	22	22	293	293
上街区	13.7	1	1	7	7
中牟县	673.3	20	20	424	424
巩义市	610.1	18	18	296	285
荥阳市	898.5	15	15	307	307
新密市	412.8	15	15	305	296
新郑市	696.3	14	14	335	335
登封市	259.8	16	16	307	178

第三节 道路客运的兴起

郑州地区的公路客运始于1929年，城市客运始于1908年。公路客运是在1929年郑州至开封公路北线开通后，首次通行长途汽车后兴起的，同时这条线上也出现了马车客运。城市客运是在京汉、洛汴铁路相继通车后，1908年在火车站及其附近市区内道路上出现人力黄包车运输。1954年始有公共汽车运输，1955年黄包车客运开始被脚踏三轮车代替。20世纪60年代后公路客运发展为汽车客运。20世纪70年代后，城市客运发展为公共汽车、电车、出租汽车客运。1984年运输市场放开后，公路客运和城市客运均有较大的发展。而客运市场的真正兴起则始于20世纪80年代中后期，这里面既有运输政策"放宽"、"搞活"的作用，更主要的是国家经济的发展，民工潮的涌现，人才流动体制放松等因素相互作用的结果。客运市场的兴起既丰富了各级政府的财政收入，也体现了国家的繁荣昌盛。

一、长途道路客运的兴起

郑州地区的公路客运，在公路运输市场开放前，主要由交通部门运输企业承担。运输市场开放后，个体客运崛起，社会团体有车单位也参加客运，客运车辆猛增。2000年达到了3969辆。

在市域内跨县市的公路客运线路要经市交通管理部门批准。省内跨地市的公路客运线路要经省交通厅批准。跨省公路客运线路要由省级交通部门相互签订协议确定。郑州市境1953年开通了2条客运班车线路，一条自郑州经十八里河、郭店、曲梁、七里岗至密县，全程55

公里;另一条自郑州经十八里河、郭庄、新郑、观音寺、无梁至密县,全程91公里。有2辆汽车代客车和马车若干辆参加营运。郑州通往省内的跨地市汽车客运,始于1954年5月自郑州通往禹县的客运班车线路。1954年10月省会从开封迁至郑州后,郑州通往各地市的汽车旅客运输稳步发展。1957年,有关单位首次调拨给郑州2辆40座位的大道奇客运轿车参加营运,郑州至密县班车线路改为每日往返三个班次。1958年开辟郑州通往临汝的客运班车线路,每日发一个班车。1964年4月开辟郑州至开封班车线路,同年11月开辟郑州至南阳班车线路,双方每日对开一个班次。1961年至1978年,郑州汽车站拥有客车从5辆增至93辆,市境客车线路在原有直达班车的基础上,增开了区间班车,即郑州至上街,郑州至卢店和郑州至颍阳等班车线路。1967年7月原老黄河铁路桥经改造通行汽车后,郑州与安阳、新乡三家运输企业协商,经省交通厅批准,开辟了郑州至焦作、武陟、原阳、温县、孟县、博爱、修武、长垣等县(市)线的客运班车线路,同年7月又开辟了郑州至周口客运班车线路,均为每日双方各对开一个班次。到1978年末,跨地市客运班车线路达14条,公路客运步入发展阶段。1979年以来,随着商品经济的发展,客运车辆的增多,从1980年开始,先后又开辟了郑州通往范县、南乐、社旗、南召、方城、鹿邑、太康、郸城、淮阳、沈丘、项城、西华、扶沟、林县、濮阳、新乡、鹤壁等县(市)的客运班车线路25条。从1980年8月起先后开通了郑州至开封、郑州至许昌、郑州至新乡等铁路沿线的客运班车线路。这种短途公路客运线路地开辟,既可减轻当时的铁路压力,缓和运输紧张局面,又可方便旅客乘车，同时也促进了汽车客运事业的发展。国家经贸委综合运输研究所在《公路与铁路合理分工河南调查组考察报告》中得出结论是：“汽车分流铁路短途客运好”，交通部批示“方向正确，大有可为”。

1984 年 2 月，国务院发出《关于农民个人或联户购置机动车船和拖拉机经营运输业的若干规定》，“国家允许农民个人或联户用购置的机动车船和拖拉机经营运输业”，“可以从事货运，也可以从事客运”以来，个体客运崛起，社会有客车单位参运，专业运输企业发展高档大型客车运输，公路基础设施和场站运输设备大大改善使郑州客运市场出现了前所未有的红火局面。郑州市先后成立了 20 余家民营客运企业，如郑州安通实业公司、郑州绿城运输公司等。郑州市辖境内长途汽车班车线路多达 100 条，每条线路日发多个班次，参加客运班车达 4000 辆，大大地方便了城乡人民生产、生活和商贸交流。

1987 年 3 月 16 日，国家经济委员会、国家计划委员会、交通部、铁道部 4 部委联合下发了《关于进一步加强公铁分流工作的通知》，文中说：“公铁分流工作取得了明显进展，效果很好。减少了客货积压，减轻了铁路运输的压力。”文件还对进一步推动公铁分流提出了指导性意见。对公路运输要坚持“放宽、搞活”；鼓励组织跨省市、跨地区的公路客运分流运输的联合经营；搞好公路运输站点的建设和改造；要适当减免部分地区企业所得税，各地可拿出一部分资金。不同季节、车型、线路实行浮动运价，并在贷款、计划供应性油料、制止对运输企业进行乱摊派等方面扶持汽车运输企业的发展。这些指导性意见的出台进一步刺激了各种经济成分参与汽车旅客运输的热情。郑州通往省内跨地市客运线路,1985 年为 183 条,1994 年增至 375 条,2000 年则达到 480 余条,日均发客车达 12000 个班次。

郑州至全国各地和全省 17 个地市、100 多个县(市)的客运班车,发车时间间隔越来越短,豪华、高级车在客车中所占的比例成分越来越高,大、中、小车型之间的比例关系进一步合理,吻合了市场需求。

1980 年首次开通了省际客运班车线路郑州至阜阳线,每日发一个班车。1985 年后省际公路客运线路得到发展,到 1994 年已先后开辟了郑州通往西安、襄樊、泰安、济南、洛宁、界首、临泉、太和、蚌埠、单县、北京、太原、石家庄、青岛、烟台、福州、合肥、天津、上海、杨州、盐城、温州、敖江、乐清、路桥等 81 个大、中、小城市,这些客运线路的客车,卧铺车逐年增多,满足了不同乘客的出行需求。到 2000 年底,郑州至全国各地的省际班线已达到了 290 条。

二、城市道路客运的兴起

郑州城市客运起源于黄包车运输,始于京汉,汴洛铁路相继开通后的 1908 年,从郑州铁路车站通往市区各处运送客人。1954 年开通公共汽车营运,与黄包车客运并存,1955 年黄包车改为脚踏三轮车,公共汽车与三轮车客运并存。这便是郑州城市客运的开端。20 世纪 60 年代后,公共汽车发展,三轮车逐渐被淘汰。20 世纪 70 年代后,无轨电车的开通运行,公共汽车和出租汽车的涌现,大大方便了城市居民的出行。

三、旅游客运的兴起

旅游客运的兴起是和我们国家的改革开放政策深入

贯彻、经济的发展、人民生活水平的提高同步发展的。郑州的周边地区聚集了丰富的旅游资源，既有名胜古迹也有名胜风景区，如黄河游览区、嵩山名胜风景区、新郑轩辕黄帝故里等全国、省级重点文物和名胜风景区。黄河游览区公路，郑州至少林寺等旅游公路的贯通也为旅游市场的兴起提供了有力的保障。此外，近年来郑州还开通了郑州至北京、南京、青岛、武汉、张家界等跨省旅游线路，以满足郑州市民的旅游需求。郑州汽车客运服务中心还在福寿街开设了旅游站，接纳旅游车辆进入，方便旅客出游，也为旅游客运市场的兴起作出了贡献。

第二章　长途道路客运

郑州市长途道路客运市场的迅速发展始于 20 世纪 80 年代。改革开放后国营、集体、个体等多种经济成分的参运，活跃了客运市场，打破了国营企业过去一花独放的经营局面，多种经济成分的竞争，促进了市场主体经营结构与车辆结构的调整及优化，带动了服务质量与管理水平的提高，极大地方便了社会不同层面旅客的出行。作为道路客运市场的主体，大、中型国有客运企业长期发挥了主力军的作用。活跃在中短途线路及县乡道路上的集体、个体经营者，为发展农村客运市场作出了重要贡献。高速客运的兴起，促使国有客运经营者加速了经营及管理理念的转变，为运输企业带来了新的转机。根据“发展与管理并重”的任务要求，郑州交通主管部门及管理机构在发挥指导、协调、服务职能的同时，注重抓好道路客运市场秩序的维护与监督管理，致力提高旅客运输社会和经济的双重效益。

第一节　国有企业道路客运

一、郑州汽车客运总公司

郑州汽车客运总公司是以经营道路客运为主体的国有大型企业，现有营运客车1004台，座位26380个，其中：高档车41辆，中档车603辆，普通车409辆。营运线路490条，里程644227公里，其中省际长途线路219条，里程260764公里。

近年来，郑州汽车客运总公司根据一些线路竞争激烈，省内高速公路发展较快的情况，及时调整车型，融资购买一批“依维柯”车辆参与省内高速公路运输和热点线路运输。为了积极参与跨省高速公路客运市场竞争，提高自身竞争实力，适应社会发展，郑州汽车客运总公司投资500万元参股宇通快运公司，投资2000万元组建了欧亚快运公司，对郑州长途汽车站停车场进行改建，开辟了高速公路发车区和依维柯车辆发车区，为今后的经营发展打下了基础。1999年为适应道路发展和市场要求，客运总公司合理调整车型结构，将线路上的中低档车辆逐步调整为中型车辆为主的高档快速车辆，特别是跨省长线，邻近省份线路，省内中心城市和主要县级的城市线路。为了加快车型调整步伐，总公司鼓励各单位依托现有营运线路积极调整车辆，鼓励职工个人购车进客运总站和京广站及巩义、登封、新密三个县级站经营。截至2000年底，郑州汽车客运总公司有中高档客车644辆，占营运客车的65%。它们还根据铁路提速和道路客运市场激烈竞争对旅客流向、流时、流量的影响，积极调整优化线路、班次结构,并恢复线路6条,班次16个,新开线路3条,新增班次47个。郑州汽车客运总公司还充分利用客运线路、班次资源,实行长途汽车站、客运总站、京广站微机联网统一售票和营运车辆相互配载。这一措施,扩大了该公司始发线路班次在郑州市的覆盖面,使总公司拥有的1600个班线资源得到了充分有效的利用,同时也方便了广大旅客就近购票和乘车。

二、河南省郑州联开运输总公司

河南省郑州联开运输总公司一直以来是以经营汽车货运为主。1993年,该公司在对客运市场进行充分调研的基础上,同年3月决定与郑州市开关厂协商租用该厂场地作为发车场,经营客运业务。4月份即贷款150万元购买10辆郑州产ZK6980,ZK6920东风客车,同年5月1日开始运营。1994年又购进30辆客车后连同原来的11辆共41辆客车统一划给四车队,从此四车队变为公司第一个专门从事客运的车队,当年实现利润29.8万元。

随着人们生活水平的不断提高,对出行乘车提出了更高的要求,方便、快捷、舒适、安全成为人们的追求目标。1996年郑州至洛阳高速公路贯通,同年9月河南省郑州联开运输总公司不失时机地组建了“联开快运”,主要经营郑州至洛阳高速客运,并迅速占领高速客运市场。在二马路汽车站开辟高速客运专线发车场地,使客流涌聚二马路汽车站,“联开快运”名声很快传向四面八方。以后,联开公司又相继开通了漯河、平顶山、驻马店、信阳、商丘、周口、濮阳、焦作、南阳、安阳等10余条高速客运专线。基本覆盖了全省主要中心城市,并已延伸到省内一些县和周边省的一些城市。“联开快运”品牌树立了河南省郑州联开运输总公司在同行业中的客运形象。1998 年联开公司共有车辆 490 辆，其中依维柯等豪华车型 300 辆，占客车总数的 63%，客运利润比例占到该公司的 91.1%，到 2000 年，“联开快运”客车达 574 辆。

三、郑州市第一、二、三交通运输公司客运经营

郑州市第一、二、三交通运输公司分别是在 20 世纪 80 年代末、90 年代初才涉足客运业务的。此前都以货运经营为主业。

1. 市一运公司。1995 年 3 月建立了南阳路长途汽车站，开始了客运业务的历程。之后，又和大的汽车站联营，利用大站的实力带动该公司的发展。“九五”期间，南阳路汽车站总投资 70 万元，用于改善车站环境，硬化停车场地，修建售票房。截至 2000 年，市一运公司所属南阳路汽车站共有职工 60 人，停车场面积 3500 平方米，候车厅面积 792 平方米，营运线路 34 条，日发班次 140 个，年运送旅客 84 万人次，年票房收入 150 万元。

2. 市二运公司。1988 年郑州市规划建设过渡公益型汽车站，实行客运分流时，市二运公司腾出办公楼和停车场，并进行简单改造后，建立了位于陇海东路的汽车南站，1998 年又接管了位于郑花路上的汽车北站。从 1995 年至今先后投入 370 多万元，对南、北两个车站的硬件设施进行了改造，使之具备了二级站的规格。市二运公司现下设客运一分公司、客运二分公司、客运三分公司从事长途客运。2000 年，南、北两个汽车站共有进站车辆 940 辆，营运线路 156 条，年均客运量 265.15 万人次，周转量 10606.13 万人公里。

3. 市三运公司。1988 年郑州市规划建设过渡性公益型汽车站，实行客运分流时，市三运公司腾出办公楼和停车场，建立了汽车客运西站，并于1989年购置载客汽车经营客运业务。截至2000年，市三运公司有五、六、七三个分公司经营客运业务，共有客车164台，座位4975个。省际线路12条，分别是郑州至路桥、深圳、石狮、上海、蒲田、福鼎、临泉、义乌、沙市、栖霞、淮阳、临汾等；地市际线路39个，分别是郑州至商丘、永城、沈丘、汝南、济源、洛阳、开封、上蔡、漯河、南阳、焦作、驻马店等。市域路线3条，分别是郑州至巩义、密县、贾峪。

第二节　社会道路客运

社会客运经营是指交通部门主管的国有、集体专业客运企业以外的客运经营业户所从事的客运经营。主要成分有企、事业客运、私营个体客运、中外合资客运等。包括公路长途客运、旅游客运等。

一、道路长途客运

郑州市的社会客运经营兴起于1985年。1983年中共中央1号文件，以及1984年国务院发出的《关于农民个人或联户购置机动车船和拖拉机经营运输业的若干规定》发布后，对社会客运市场的兴起给予了政策上的保障。1987年国家经委、计委、交通、铁道4部委联合下发的《关于进一步加强公铁分流工作的通知》又在经济政策上给予了明确规定，要求各地政府给予大力扶持。此后，集体、个体、合资等多种成分参与汽车客运经营，改变了交通专业企业客运经营一花独放的局面。几年间，郑州客运市场上就出现了20余家社会运输企业以及大量的个体或联合体运输业户。运输企业如：郑州安通实业公司、郑州绿城客运公司、郑州振兴客运公司、郑州宏发客运公司、郑州豫星客运公司、郑州老干联客运公司、郑州联达客运公司、郑州太平客运公司、郑州鑫海客运公司、郑州黑豹客运公司、郑州商都车队、郑州银鹰出租汽车公司、郑州康复旅游公司、郑州管城客运联队、郑州金铭客车队、省人大劳司客车队、郑州公安局劳司客车队、郑州金水客车联队、郑州嵩山客运公司、郑州交通老干联服务部、郑州润轩客货公司等。

社会客运经营的省际、地市际、市域内客运线路达179条,辐射全省17个地市和山西、山东两省的部分地市。社会客运经营的车辆一度占到郑州市客运车辆的25%。社会客运的兴起打破了建国以来国有专业客运企业独占客运市场份额的局面,对于弥补汽车客运运力的不足,推进线路布局优化,加快城乡经济交流,实现人便于行的目标,促进客运市场服务质量的提高,都起到了十分重要的作用。同时对传统专业运输企业形成了一定压力,对它们的发展也起到了促进作用。

由于社会客运企业其自身的松散性,各自为战、整体观点差等先天不足的特点,在引导市场和完成春运、防汛救灾等重大任务中,国有专业运输企业所起到的主导的、中流砥柱的作用1989年以后,国家提出了加快国有专业运输企业改革步伐的号召。1991年,河南省交通厅还专门下发了《关于深化改革、加强管理、搞活公路运输企业的意见》的文件。随着市场经济体制改革逐步深化,国有专业运输企业改制所带来的活力,极大地冲击了规模小、抵抗风险能力差的社会运输企业。社会运输企业纷纷解体或挂靠国有运输企业。截至2000年底,1985年建立的

20 余家社会运输企业，仅剩下了郑州安通、振兴、绿城、太平、鑫海、豫星、联达、康复、老干联等 9 家公司。

在郑州市区的社会客运经营发展如火如荼的同时，市辖各县（市）的社会客运市场也，出现了一大批客运经营个体或联户。1983 年前，密县个体（联户）客运工具只有少量的机动三轮车和小飞虎（一种类似于摩托车的机动车辆），起着公路干道与各乡村之间的联络运输作用。1984 年诞生了第一台参与客运的个体汽车，1995 年，个体客车数量就达到 103 辆，超过了国有专业客运企业拥有客车量。新密市的社会客运也经历了一个从高潮趋于低落，再到正常化的一个过程。

同时期巩义市的社会客运也是从机动三轮车开始的。1980 年以后有人购置机动三轮车搞乡村短途客运，1985 年底，巩义即有机动三轮车 39 辆。2000 年，巩义参与营运的社会客车发展到 300 余辆。郑州市其它各县（市）的社会客运都大体经历了类似新密，巩义这样的发展态势。20 世纪 90 年代以后，郑州市域县（乡）客运分别以联合体或公司形式出现，活跃在城乡干支线道路上。

二、道路旅游客运

郑州是中原旅游区的中心，东起开封，西迄洛阳，包括登封、巩义、新密、新郑、荥阳、中牟在内的黄河以南地区，东西长约 143 公里，南北宽约 78 公里。在这块约 1446.2 平方公里的土地上，蕴含着丰富的先祖遗存的人文资源和大自然赐予的自然景观。这里是中华民族的起源地之一，凝聚着新郑轩辕黄帝故里，新密轩辕黄帝宫，郑州大河村遗址，巩义北宋皇帝陵群等。列为全国、省级重点文物保护的分别有 9 处和 32 处，还有丰富的自然景观,如嵩山、环翠峪、黄河游览区等风景区。

旅游资源被充分利用,旅游市场的兴起,是和通往这些旅游景点旅游公路的建设分不开的。

1. 黄河游览区旅游公路长 27.6 公里,京广铁路立交以南 18.6 公里为二级公路,立交以北 1.2 公里为三级公路。黄河游览区是在 1972 年修建的邙山大型提灌站基础上发展起来的,1981 年 3 月郑州市人民政府正式命名其为“郑州市黄河游览区”。主要有岳山寺、五龙峰、骆驼岭、汉霸二王城等 4 个景点,岳山东侧的小顶山,是 1952 年 10 月毛泽东主席视察黄河登岭憩息处,在视察期间曾发出“要把黄河的事情办好”的伟大号召。

2. 郑州到少林寺景区旅程 92.4 公里,其中郑州市至登封 80 公里省道,除市区城管道路 6 公里外,余均为二级公路,登封至少林寺路口 10 公里为三级公路,少林寺路口至少林寺为 2.4 公里专用公路,均铺次高级路面。从登封市区北至嵩阳书院、大塔寺、法王寺分别为超二级公路和四级公路,均可晴雨通车。此外,从登封市区东南行 12 公里至告成天文台为二级公路,沿省道郑卢公路出登封市区东行 4 公里,郑少旅游公路 76 公里处即为著名的中岳庙旅游区。进入新密市域可见全国已发掘的最大汉墓之一——新密打虎亭汉墓,以及轩辕黄帝宫。

嵩山古称中岳,是中国著名的五岳之一,这里自然景观与人文景观俱佳。1984 年建立嵩山风景区管理局。嵩阳书院是中国历史上四大官办书院之一,自嵩阳书院可至海拔 1448 米的嵩山顶峰峻极峰,是 1200 多年前武则天登嵩山封中岳神之胜地。告成天文台是中国现有最早的一座具有测影、观星和计时功能的天文台。观星台周边还有以龙山文化类型中晚期为主,兼有新石器时代早期裴李岗文化的王城岗遗址,春秋战国时期的阳城遗址,以及武则天(公元 700 年)大晏群臣诗作 17 首的石淙河摩崖碑。

3. 通往环翠峪风景名胜区中心翠竹园的旅游公路,即县道荥庙公路。自荥阳至翠竹园旅程 29 公里,为三级公路,次高级路面。荥阳环翠峪风景名胜区位于郑州西南隅 48 公里的浮戏山中心地带,省人民政府于 1988 年批准为省级风景名胜区。景区有公路与巩义浮戏山雪花洞风景名胜区沟通。

4. 浮戏山雪花洞风景名胜区的旅游公路为乡级公路,自巩义小关镇至老庙村 15 公里,距郑州市区 56 公里,西离巩义市区 21 公里,均为二级公路,浮戏山雪花洞风景名胜区位于嵩山北麓,东与环翠峪风景名胜区相比邻,景区峰峦迭嶂,翠峪纵横,分布有新石器时代和商、周、秦、汉文化遗址,王仙河畔有一百多处洞穴,素有"中原洞穴之乡"之美誉。1987 年定为省级风景名胜区。

5. 国道 310 二级公路贯穿宋陵陵区。巩义北宋皇帝陵,为七帝八陵,附葬皇后陵 20 多个,陪葬皇室宗族公卿大臣百余人,是具有千余座陵墓的庞大陵墓群。北宋 9 个皇帝除徽、钦二帝被金所掳囚死漠北外其余都葬在这里。陵区南北长约 15 公里,东西宽约 10 公里,分布在国道 310 两侧的巩义市西村、芝田、孝义、回郭镇一带。帝、后陵建制基本相同,陵前有大批石刻造像,是中国雕刻艺术文化难得的珍贵遗产,1982 年公布为全国第二批重点文物保护单位。

运输市场开放后,加上各旅游景点的开发,各旅行社、旅游企业应运而生，在郑州的，除规模较大的省中国国际旅行社、省中国旅行社、省旅游总公司外，还有河南友好国际旅行社、省中国青年旅行社、郑州铁路分局旅游公司等一百余家，以及一些县（市）旅行社。专门从事旅游服务的客运企业也随旅游市场的兴起而出现。郑州汽车客运总公司、郑州市公共交通公司、郑州市出租汽车公司、中州旅游公司、中州旅游出租汽车公司、郑州二商局旅游服务中心、中州汽车运输公司、河南黑豹旅游汽车有限公司等几十家企业或组建旅游车队，或实行旅游包车服务，或定点往景区发送客车。

1981 年正式开通郑州至少林寺，郑州至开封旅游专线，1983 年开通郑州至新乡、郑州至焦作、郑州至许昌旅游专线。1985 年又相继开通了郑州至市域内各旅游景点和焦作云台山、平顶山石人山、信阳鸡公山等 150 多个景点的旅游线路。还开通郑州至北京、南京、青岛、武汉、张家界等跨省旅游线路。全市从事旅游客运汽车 300 多辆，多为豪华大巴、中巴。为了发展郑州旅游业，郑州市政府发文明确了相关部门职责分工，规定经营旅游客运须由旅游部门许可，旅游车辆及线路由交通部门负责管理。市旅游局统计的数字为：2000 年度共接待游客 721.3 万人次，旅游收入 66.01 亿人民币。

第三节　县、乡道路客运

改革开放以来，尤其是 20 世纪 80 年代中期运输市场的“放开，搞活”政策的提出，以及党的十四届三中全会确立我国社会主义市场经济体制的总目标，1995 年 3 月召开的中共中央农村工作会议提出的全国农业和农村工作的基本任务,“深化农村经济体制改革,提高农业综合生产能力”等大政方针的出台,都为县、乡道路运输工作的开展提供了政策依据。郑州市交通管理部门始终坚持交通运输为当地经济发展服务的根本宗旨,不断深化改革,努力开拓进取,实施了一系列放开搞活、发展运输、培育市场的政策措施,调动了社会各方面的积极因素,出现了国营、集体、个体一起上,各地区、各部门多家办运输的蓬勃发展局面,形成了多层次、多形式、多种经济成分并存的运输新格局,极大地方便了农民的出行,繁荣了农村经济。

县、乡客运市场的发展保持强劲势头,并充分显示了个体运输自身的特点:一是个体运输的不可替代性;二是个体运输的市场敏感性;三是县、乡道路客运市场发展的“适应性”。

为了更好地推动县、乡客运的蓬勃发展,解决客运经营中“重干线轻支线,重长线轻短线,重城市轻农村”的问题,省交通厅还于 1998 年下发了《关于加快发展农村道路客运的通知》的文件,要求各市、地交通部门加强领导,制定规划,突出重点,狠抓落实。注重农村客运站点建设,坚持“谁投资、谁受益”的原则,调动全社会投资建站、办站的积极性,在班次安排上适应农民“早进城,晚归乡”的需要;运用经济手段和行政手段,调控客运市场;加强行业管理,规范经营行为,让人民群众乘上“安全车”、“放心车”;增强安全意识,确保运输安全。

至 2000 年底,郑州市辖六县(市)、六区 121 个乡镇全部通上了班车,2274 个行政村有 2074 个行政村通上了班车,还有中牟 5 个、新密 10 个、巩义 12 个、新郑 19 个、登封54个行政村尚未通班车。

一、登封

登封客运始于1954年7月,1955年春,郑州往登封发送班车。1963年县汽车队用一辆解放牌货车改为大客车,将4辆51型货车改为简易客车,先后开辟了登封至大冶、颍阳、白沙、三关庙、东金店、君召6条线路。1966年又开辟了登封至王村、徐庄、马池(白坪)、孝义路线。至此全县12个乡全部通行客车。到1976年,登封还先后开辟了开封、洛阳、许昌等8条长途线路。至2000年底,登封汽车站共有客车94辆,2730个座位,客运线路17条串连登封各乡镇,年均客运量239万人次,客运周转量10769万人公里。

二、巩义

建国前,巩县(今巩义市)进行道路客运的运输工具有脚驴、架子车和客货混装的汽马车。汽车客运始于1961年,县运输站用两辆架子车代客车,办理客运业务,1962年又增加两辆,年客运量6万人次。1980年,巩县有客车45辆,1800个座位,营运线路22条,县内营运里程160.6公里,年客运量280万人次,停车站(点)80个。1980年后,客运市场允许单位和个人购置车辆,开办客运业务。1985年底全县从事客运的汽车达109辆(其中集体和个体33辆),4360个座位,营运线路24条,停车站点200余个,营运里程643公里,境内213.5公里,日发车班次245个,东通开封,西至洛阳,南达平顶山,北到焦作。县城发往各乡的客车,平均每乡每日14.4次,年客运量1037万人次,客运周转量20312万公里。县乡居民每7000人拥有一辆客车。2000年巩义市共有客车397辆,座位15151个,完成客运量2688万人次,周转量81602万人公里。

三、新密

1953年3月,开封运输中心站在筹建密县(今新密市)运输中心站开展民间货物运输的同时,代办客运业务,用卡车客货混装,每天由郑州至密县往返一次。1954年改为代客车,1960年往返郑、密间客车改单开为对开,日发4班,同年11月密县汽车队用一台吉尔164型车送到北京改成大客车投入运营,1965年6月建立密县汽车站后,县境内开设了县城至王庄、平陌、超化、大隗、来集、曲梁、袁庄七条客运线路,多用帆布或苇席造顶的“51”型代客车,1970年全部换成大轿车。密县个体(联户)汽车客运是从1983年贯彻中共中央1号文件后逐步发展起来的。到1986年,全县个体客车发展到65台,开通县乡线路19条,当年完成客运量132.58万人次,客运周转量3391.66万人公里,分别占当年全县客运总量、客运总周转量的46.35%和44%。期间密县对个体(联户)客运市场经过多次治理整顿后,车型进行了更新,路线、班次进一步优化,车站进一步开发建设,更适应了乘客的需求。截至2000年底,新密市共有客运车辆256台,城乡线路16条,市境内线路18条,出境线路31条,2000年度共发送旅客1136.24万人次,完成客运周转量2236.12万人公里。

四、荥阳

1999年荥阳市参加营运的长途客车34辆,1360个座位,开通跨省线路5条,跨地市线路12条,客运线路里程2202公里,日发36个班次。发往各乡镇客车300辆,

2500 个座位。客运线路长达 190 公里，日发车 600 个班次。

五、新郑

新郑客车运输始于 1962 年 2 月，初始仅有开封公路运输公司调入新郑的一辆客车。到 1981 年县内客车发展到 6 辆，1986 年发展大客车 46 辆，座位 1870 个。其中交通部门拥有客车 11 辆，厂矿企业 3 辆，个体（联户）32 辆，初步缓解了运力供不应求的矛盾。进入 20 世纪 90 年代，随着商品经济的发展，城乡间经济交往日益活跃，市区内客流量逐年递增，尤其是郑州飞机场在新郑的落成，进一步繁荣了新郑的客运市场。1995 年开通了新郑火车站至西关（107 国道旁）的市内专线，一次性投入客车 13 辆。此后，运管部门不帮助企业相继开通了 10 条比较活跃的城乡线路和 26 条跨区线路。到 1998 年客车数已达 438 辆，此时市场需求开始低落，出现运力大于运量的现象。新郑市政府下发了《关于加强客运管理的通告》，到 2000 年营运客车递增数为零，运管部门把精力主要集中在汽车客运站管理建设、运力结构调整、客运市场的整顿与管理上。如芦家桥站的建立解决了过往车辆乱停靠拉客现象。市内城乡间客运线路发展到 12 条，跨县市客运线路增加到 29 条，淘汰了 89 台老旧车辆。

六、中牟

1929 年，郑开公路建成，省公路局长途客车始由开封经中牟直通郑州。1935 年县城居民马向太、杜兴业购进两辆黄包车，在火车站和县城之间运送旅客。1938 年，开封、中牟沦陷，客运中断。1945 年 9 月，郑开线汽车客运恢复通车。

1958 年春节，商业局、木材公司的两部代客车在中白（中牟至白沙）、中万（中牟至万滩）、中三（中牟至三官庙）三线临时营运。1963 年以后，开封汽车运输公司开始派长途客运汽车轮流驻县运输站，从事汽车客运。1963 年 12 月，新辟中牟至刘集、店李口、白沙三线客运。1976 年 8 月新辟县城至冯堂、新郑两线。1978 年 8 月，汽车队改装 50 座大客车一辆，经营汽车客运业务。1983 年县交通局划定经营线路，汽车队经营中三（三官庙）、中黄（黄店）、中冯（冯堂）、中刁（刁家）、中八（八岗）、中万六线（万滩）；运输站经营中东（东漳）、中谢（谢庄）、中郑（郑州）、中开（开封）四线。1990 年，县汽车队经营中三、中冯、中冉、中府、中万、中东、中谢、中张以及中郑、中开 10 条线路，沿途停车点 76 个。县城至各乡八条路线，每路日发客车 4 班；有大客车 18 辆，中型客车 8 辆。当年客运量 230.1 万人，客运周转量 2787.9 万人公里。

第四节　高速道路客运

高速道路客运是伴随高速公路的建设而发展起来的一种城市间长途班线客运形式。高速公路客运的主要特点是：速度快、时间短乘座舒适。由于高速客运车次密度高，手续简便，候车时间短，已经具备了在一定范围内与铁路和民航竞争的条件。旅客层次高，对服务要求也高；投入大，产出高，一辆高级大客车动辄几十万、上百万，即要有大资本进行大投入；采用集约化，统一调度的经营方式。高速客运利用现代化的公路设施，采用现代技术生产的大客车，所从事的客运经济活动，是一种社会化大生产，它所应该达到的安全正点，优质高效需要采取集约化经营方式，统一规划布局、统一调度经营、统一车辆维修、统一安全保障等制度来完成。

国家对高速公路的建设十分重视，八届人大四次会议通过的关于国民经济和社会发展“九五”规划和2010年远景目标纲要都着重指出，在今后5年至15年国家要集中力量建设包括交通在内的一大批重点设施。要在2000年基本建成“两纵两横”高速公路（两纵即：同江至三亚，北京至珠海；两横即上海至成都，连云港至新疆霍尔果斯）。

郑州市的高速客运始于1994年河南省第一条高速公路路段郑—汴段的贯通。之后随着郑州—许昌—漯河高速公路的贯通，郑州—安阳高等级公路改造的完成，高速客运规模基本形成。至2000年年底，由郑州发出的省内高速公路线路有5条，142个班次，即郑州至洛阳、郑州至鹤壁、郑州至安阳、郑州至漯河、郑州至许昌以及郑州至北京、石家庄、太原、济南等4条省际线路。参与高速公路线路营运的运输企业主要有省宇通快运公司、郑州汽车客运总公司、郑州联开运输总公司、郑州第三交通运输公司、郑州第二交通运输公司、郑州安通实业公司等。高速客运初期的车型主要是依维柯，1998年以后，随着市场竞争的日益激烈，营运车辆档次的不断提高，依维柯车型逐渐被国内外知名品牌如：北方、大宇、金龙、宇通、安凯、凯斯鲍尔、伊沙贝尔等高级豪华车型所替代。

由全省20家国有大、中型运输企业入股联合组建的宇通快运股份有限公司，加快了郑州市高速快运集约、规模化经营的进程，适应高速快运的特点。

1998年铁路客运受高速公路的影响，通过提速、降价、增加车辆密度、提高服务质量等措施，全年实现运输收入70亿元，而同期的全国高速公路快客却步履维艰，这除了高速公路没有形成网络原因外，主要的原因是经营组织、分散、自相竞争、压班压价、失去了整体的竞争优势。1998年10月21日交通部下发了《高速公路旅客运输管理规定》文件，规定：高速客运的发展必须遵循“合理规划、额度控制、严审资质、购车预审、批量投放、集约经营”的原则。提倡和鼓励大中型交通运输企业按照现代企业制度的要求，以资产为纽带，实行集约化规模经营，实现规模效益。

现代化的高速公路与现代化的运输工具的结合，极大地改变了传统的道路旅客运输的面貌，舒适、快捷、直达并辅之以全程优质服务的特点，经济性、快速性、方便性等方面的优势，将标志着公路客运开始了一个崭新的阶段。

第五节　客运汽车站

客运汽车站是道路客运的基础设施，也是汽车客运组织运输生产，实现客运劳务交换的场所。其主要业务功能是旅客运输的组织与管理，旅客中转与换乘，多式旅客联运，通讯、信息、综合服务等。客运汽车站具有社会公益型事业的属性，因此，汽车站的布局以适应道路交通和方便旅客需要为原则，根据旅客流量、流向，和城市道路情况合理布局。应选择车辆进出容易，旅客集散及换乘方便，交通通畅的地点设置。

郑州的客运汽车站，有按照郑州公路主枢纽规划建成的郑州汽车客运总站；有郑州客运分流初期，汽车客运服务中心负责业务管理的城市客运分流车站，即客运东站、西站、南站和北站（后来这四个汽车站被分别划给各专业运输公司管理）；有汽车运输公司管理的中心长途汽车站、京广长途汽车站、南阳路站和二马路联开客运站等。还有郊县（市）设立的客运汽车站。在郑州市30个客运汽车站中，符合交通部部颁标准JT3109-84《公路汽车客运站级别核定和建设要求》标准的分别有：一级站1个、二级站18个、三级站3个、四级站1个，其余的为代办站。

一、郑州市区客运站

（一）郑州长途汽车站

始建于1954年4月，起初为郑州运输站临时客运售票处。当时仅有4间民房，供作售票室和旅客候车用，以及400平方米的院子。1956年随着长途客运的发展，增加客运服务员5人，增设了随车沿途售票员。1961年6月成立郑州公路运输公司郑州汽车站，由于原敦睦路场地狭小，而搬到兴隆街，1976年12月始建新站，新站位于郑州火车站广场对面兴隆街，1979年12月投入使用，成为全国客运大站之一。汽车站主楼高7层，北配楼6层为服务楼。候车大厅950平方米，售票厅80平方米，院内停车场4000平方米。1981年1月实行客车站与客车队分离，车站由生产经营型转为面向社会综合服务型，主要接纳本公司和其它省市运输公司车辆，设有行包房、小件物品寄存、卫生所、招待所、食堂、食品百货销售等配套服务设施。1983年建立汽车站公安派出所，维持车站治安。为方便旅客和适应班次增加的需要，由早上集中发车改为全天发车，24小时微机售票，并实行电话订票、预售客票和上门售票服务。交通部曾授予“文明汽车站”，郑州市授予“文明单位”称号。是郑州市唯一的一个汽车客运一级站。1994 年日均发送班车 775 辆，日均发送旅客 5 万人次，已大大超过该站的设计生产能力。经过科学论证，郑州汽车客运总公司于 2000 年实施了郑州长途汽车站和中原大厦拆迁改造工程投资计划(总投资 1500 万元)，对郑州长途汽车站和中原大厦进行整体改造。郑州长途汽车站、中原大厦拆迁改造工程不仅改善了郑州长途汽车站、中原大厦的硬件设施，增加郑州长途汽车站停发车场面积 6000 平方米和售票房、候车厅面积 610 平方米，也为郑州长途汽车站增加线路班次，发展高速快客运输和中原大厦的振兴奠定了基础。截至 2000 年底，该站共有候车面积 2000 平方米，固定资产 577.407 万元，进站车辆 1600 辆，运营线路 265 条，其中省际线路 159 条，辐射全国 20 余个省市、自治区，地市际线路 103 条，市域线路 3 条，日均发送班次 1600 个，年发送旅客 600 万人次，年票房收入 1.7 亿元。

(二)郑州汽车客运总站

郑州汽车客运总站，是 1990 年郑州公路主枢纽总体布局规划中的汽车客运中心站，位于市区主干道京广南路与航海中路交汇处西南侧，距郑许公路 1 公里，与郑州火车站东出口相距 3.3 公里，规划西出口相距 2.7 公里，东距郑许高速公路约 5 公里。占地面积 109.98 亩，总建筑面积 3.8 万平方米，第一期工程于 1992 年 12 月竣工交付使用，投资 1828 万元，是河南最大的汽车客运站。该站是全民所有制非盈利公益型服务单位，实行独立经营、自收自支企业化管理，主管单位是市交通局。拥有 1944

平方米的现代化候车大厅，售票大厅和行包大厅。站内停车场1.5万平方米，可同时停放400辆客车，日发送旅客可达2万人次。利用国内先进的微机管理系统，使总站全部工作程序都实现了微机管理。候车大厅安装了冷暖空调设施和大型彩色显示器等设施，有15个窗口微机售票，18个检票口都有彩色显示自动引导系统，自动显示班次、时间、里程、票价和旅客知识等。站前广场占地8000平方米，可停放各种汽车150辆。

规划的郑州客运管理中心、通讯中心设于客运中心站的站房大楼内，站内还拟设汽车性能检测线，凡营运车辆，必须经检测合格，才能营运。客运总站现有停车场面积18250平方米，固定资产1206万元。

该站自投入营运以来，到1994年底，已开辟客运班车线路47条，跨省线路可达武汉、温州、北京、山东等地，日发送旅客3000人，还远未达到设计生产能力。1998年2月与郑州汽车客运总公司联合后，进一步发挥了客运总站的潜能。2000年度，进站车辆479辆，运营线路有59条，其中省际15条，地市际33条，市域11条，日发班次509个，年均发送旅客328.5万人次，年票房收入2582.17万元。该站目前为二级客运汽车站。

（三）郑州京广长途汽车站

该站是郑州汽车客运总公司的自办企业车站，始建于1991年，初为郑州长途汽车站的代办站，设在京广路北头，1992年底兼并郑州晶体管厂后，利用其厂址扩建为京广站。站址位于陇海中路，占地面积5900平方米，建筑面积2200平方米。属公益性开放型车站，截至2000年底，有职工169人，候车面积60平方米，固定资产

21.9542 万元,进站车辆 404 辆,运营线路 59 条,其中省际 6 条,主要发往河北、山东、安徽、山西、湖北等省。地市际线路 50 条,基本覆盖了全省主要市县,市域线路 3 条。日发班次 347 个,年发送旅客 81.7442 万人次,年票房收入 1195.315 万元。站内设施齐全,为旅客提供吃、住、行一条龙服务,并备有高、中、低档,大、中、小型各类车辆,承揽社会各界旅游团体租车业务。

(四)郑州汽车客运南站

该站建于 1988 年 4 月,设在陇海东路 274 号市第二交通运输公司院内,站内设有停车场、客房、食堂、商店等服务设施,同时可办理行包托运、装卸业务。开辟营运线路 91 条,主要发送许昌、尉氏、平顶山等豫东南和西南方向旅客,并发有开封、焦作等地的交叉班车,日均发班次 255 个,日均运送旅客 4600 人次。1998 被评为市文明单位和省级文明站。按照郑州公路主枢纽规划,汽车客运南站目前属过渡性汽车站。

1995 年以来,市第二运输公司共投资 330 多万元对车站场地进行了改造,站容站貌焕然一新。该站为二级客运汽车站。

(五)郑州汽车客运北站

系过渡性车站。建于 1988 年 4 月,位于郑州市区花园路北端,开辟营运线路 47 条,主要运送新乡、焦作、濮阳等豫北方向的旅客,日均发班次 340 个,运送旅客 5000 人次,为市级文明站,二级客运汽车站。归市第二交通运输公司经营管理。

(六)郑州南阳路长途汽车站

该站是由郑州市第一交通运输公司自办的汽车站,

1995年3月投入运营。"九五"期间,汽车站又投资70万元,用于改善停车环境,硬化停车场地,整修售票房,到2000年底,汽车站共有职工260人,停车场面积3500平方米,候车面积792平方米,营运线路34条,日均发送班次140个,年均运送旅客84万人次,年票房收入150万元。目前为三级汽车站。

(七)郑州汽车客运西站

系过渡性汽车站。建于1988年4月,市第三交通运输公司腾出位于建设西路117号的办公楼和停车场后兴建的。当时有20个发车位,停车场1万平方米,候车室1260平方米。开辟营运线路80条,主要发送洛阳、上街等向西的旅客,发有开封、沈丘、新乡、南阳等地的交叉班车,并有班车发往北京、天津、济南、成都、临汾、武汉、沙市、南京、杭州、温州、石狮等8省28个地市的跨省客运线路,1995年后,客运业务有些萎缩。曾被评为省民意测验优秀车站,市级文明站。1995年三公司投入260万元对西站进行改建,使站容站貌焕然一新,成为展示郑州市区西部的一个社会窗口,1998年被授予市"军民共建文明单位"。客运西站为二级汽车站,固定资产145万元。2000年度,进站车辆430台,运营线路61条,其中省际线路3条,地市际37条,市域21条,日均发班次419个,年均发送旅客3196152万人次,票房收入974.4371万元。

(八)郑州联开公司二马路站

河南省联合运输总公司是1993年着手经营公路客运业务的。同年3月,便与位于二马路65号的郑州开关厂协商租用该厂场地作为发车场,这是该公司客运站的起始阶段。随着该公司公路客运业务的迅猛发展,原开关厂场地的硬件设施远远不能适应客运发展的需要,便投入大量资金改善站内环境设施。首先是扩大场地硬化地面,拆除楼房4幢及大量平房,停车场由原来的900多平方米扩大到9000多平方米。其次是改造候车室、售票室、调度室、治安室等,并实行微机售票和微机站务管理。三是将一马路62号、64号房地产整体收购后,重建候车大厅、会议室及整个汽车站经营场地,日窗口收入也由1995年的几百元增到2000年的30多万元,"五一"放假中最高日曾达到47万元,居全省客运站的前三名。联开站现有职工360人,进站经营车辆1000,日发班次1100个,日均发送旅客13000人次。隶属联开运输总公司经营管理的汽车站除联开公司二马路汽车站外,1999年还有郑州汽车东站,登封卢店汽车站也并入了联开公司。

(九)郑州联开公司客运东站

系过渡性客运站。老客运东站建于1988年4月,设址郑汴路东段,即家电城西侧。应在金水路新东站(即郑州联开公司客运东站)峻工后关闭,由于新东站迁址时一些矛盾问题,经政府部门协调,现存在新客运东站和老客运东站(更名为郑汴路汽车站)。按郑州公路主枢纽规划建设的新东站,位于金水路东段,于1994年峻工交付使用。新东站占地15亩,发车场地1万平方米,16个发车位,站前广场2000平方米,拥有250个旅客候车座位的候车大厅,8个检票口,售票厅设6个微机售票窗口。并设有110个床位的司乘公寓,有淋浴间和司乘人员临时休息室。开辟营运线路42条,主要运送开封、鹿邑等豫东方向的旅客,并发有洛阳、济源等地的交叉班车,日发班次222个,日均运送旅客5000余人次。二级客运汽车站。

目前，郑汴路汽车站系民办性质，纳入了行业部门管理，日发班次 100 余个，主要输送豫东方向的旅客。

（十）郑州客运中心旅游站

位于福寿街，目前主要接纳一日游旅游车辆，方便来河南游览或出省的旅客乘车前往各游览区。成立于 1998 年 1 月，为对外开放的三级站，2000 年度进站经营车辆为 37 辆，日均发送旅客为 950 人次。

郑州市市区汽车客运站规模能力，见表 1-4。

郑州市市区汽车客运站规模能力一览表（2000 年）　表 1-4

名　称	经济性质	类别	职工人数	法人	规模（m^2）		固定资产（万元）
					停车面积	候车面积	
河南省郑州汽车客运总公司郑州长途汽车站	国有	一级站	500	陈伟强	8000	1200	577.407 万
河南省郑州汽车客运总公司郑州汽车客运总站	国有	二级站	299	聂胜光	18250	1944	1206
河南省郑州汽车客运总公司京广长途汽车站	国有	二级站	169	陈伟强	6000	60	21.9542
郑州市长途汽车客运南站	集体	二级站	148	庄金喜	15000	500	295.8
郑州市长途汽车客运北站	集体	二级站	135	庄金喜	8000	1200	187.7
郑州市长途汽车客运南阳路站	集体	二级站	60	李新宪	3500	792	
郑州市长途汽车客运西站	集体	二级站	132	鄢新生	10000	1260	145

续上表

名　　称	经济性质	类别	职工人数	法人	规模(m^2)		固定资产(万元)
					停车面积	候车面积	
郑州联开公司二马路站	国有	二级站	330	李纪亭	9000	300	
郑州联开公司客运东站	国有	二级站	120		10000		

郑州市区汽车客运站经营情况，见表1-5

郑州市区汽车客运站经营情况一览表(2000年)　　表1-5

名　　称	进站车辆(辆)	运营线路(条)	其中			日发班次(个)	年均发送旅客(万人)	年均票房收入(万元)
			省际(条)	地市际(条)	市域(条)			
河南省郑州汽车客运总公司郑州长途汽车站	1600	265	159	103	3	1600	600	1.7亿
河南省郑州汽车客运总公司郑州汽车客运总站	479	59	15	33	11	509	328.5	2582.17
河南省郑州汽车客运总公司京广长途汽车站	404	59	6	50	3	347	81.7442	1195.315
郑州市长途汽车客运南站	640	120	4	90	26	740	252	1728
郑州市长途汽车客运北站	300	36	无	36	无	400	144	1800
郑州市长途汽车客运南阳路站	27	34				140	84	150
郑州市长途汽车客运西站	430	61	3	37	21	419	319.6152	974.4371
郑州联开公司二马路站	1000	50	60	101	189	1100	474.5	10950
郑州联开公司汽车东站	250					400	172.5	1460

二、县(市)、区客运站

县(市)、区客运站作为城市与乡村联络的纽带,对农村经济的发展,城乡物资、信息的交流起到了非常重要的桥梁作用。郑州市所辖的5市1县和上街区均建有客运汽车站。

1. 登封汽车站,始建于1954年7月,系郑州汽车客运总公司分公司的企业车站。1980年3月迁入新站运营。新站位于登封市中岳大街98号,为省二级站。候车大厅和售票室面积1035平方米,内部设施齐全。营运线路以登封市通往本市各乡镇为主,兼营邻近县市之间和直达郑州的客运。至2000年底,该站有工作人员228人,进站经营车辆数为260辆,日均发班次178个,日均过往班次106个,日均发送旅客3068人次。

2. 巩义市有郑州客运总公司所属的巩义汽车站,始建于1955年,站址在巩义火车站附近,建筑面积550平方米,设施齐全。主要经营巩义通往本市各乡镇间的汽车客运线路,兼营周边县市间和直达郑州的客运。现有职工284人,进站经营车辆120台,日发班次189个,日均发送旅客2080人次。

此外,巩义市的乡镇汽车站开办的也比较好。1992年巩义市运管所争取资金10余万元建成了涉村镇汽车站,之后,西村、回郭镇、米河、站街等乡镇也相继建成了客运站。为“村村通客车”创造了条件。1996年6月巩义新汽车站投入使用,之后又设立了汽车北站,较好地解决了街道上客运汽车乱停乱放、堵塞交通的现象。

3. 新密市作为一个老的矿区所在地,市区内的人口流动量比较大,除了郑州客运总公司兴建的新密长途汽车站外，还有新密客运总站和新密汽车客运东站，以及3个乡镇客车站。新密客运总站位于西城门以西100米的嵩山大道路南，为该市交通局与新密市汽车运输公司（原商业车队）合资600万元修建，1994年12月峻工并投入使用，占地16亩，建筑面积5000平方米，院内停车场5000平方米，可容纳200辆大小客车。1996年10月，市运管所租赁农机公司场地建成了新密汽车客运东站，作为芦家桥和市区西半部客车的始发站。由于近年来客车的不断增加，客运东站日进客车上千台次，使原来场地狭窄的东站堵车现象经常发生。从2000年开始，新密市运管所筹措资金200万元，扩建东站场地，扩建后使用面积达到25亩，为建成新密市大型中心客运站打下了基础。乡镇客运站是县（市）客运站向农村腹地的延伸，市运管所在乡镇政府的支持下，先后建成了米村、矿区、苟堂客车站和超化、王庄、平陌停车场。

新密长途汽车站是郑州汽车客运总公司投资700多万元兴建的，于1995年4月峻工并投入使用，位于新密嵩山大道100号，汽车站占地42亩，建筑面积5300平方米，由候车大厅、售票大厅、停车场、办公楼四部分组成，主要为该公司新密分公司的客车和过往长途客车提供服务。目前，该站有职工230人，进站经营车辆数54辆，日均发班次61个，日过往班次135个，日均发送旅客量1320人次。

4. 荥阳汽车站始建于1953年，属社会公用型车站，位于荥阳城东的310国道旁，1998年4月扩建占地20亩，投资198.7万元，总建筑面积6080平方米，售票大厅484平方米。站内停车场5200平方米，可停放80辆客车，站前广场1260平方米，可停放30辆客车。站内设施齐全，按交通部标准实施标准服务。到2000年年底，该站有职工213人，进站经营客车200辆，日均发班次550个，日过往班次100个，日均发送旅客1500人次。为省二级站。27条线路中，其中省际10条，地市际4条，发往各乡镇线路13条。1999年，荥阳市又在310国道旁征地16.77亩，为建成高标准的汽车南站打下了基础。

5. 新郑汽车东站始建于1948年12月，原为隶属于郑州汽车客运总公司领导的企业站，1991年移交新郑后建立新站，位于新郑市新华北路。新站综合楼建筑面积2448平方米，设有候车厅、售票处、治安室、检票口、停车场，硬化水泥地面5730平方米配套齐全，1992年11月投入使用，营运线路以新郑市通往本市各乡镇为主，兼营邻近市县之间和直达郑州的客运。现有职工42人，进站经营车辆100台，日均发班次140个，日均发送旅客780人次。为了不断改善乘车环境，2000年投入9万元，扩建停车场面积1240平方米，公厕改建达国家二级标准。为了解决市区西关107国道和豫04省道及芦家桥过往客车乱停乱靠秩序混乱问题，运管部门经过勘察，决定在芦家桥设立具有吃、住、修理、结算一条龙服务的客车停靠站，从而使该区域运输秩序大为好转。芦家桥至新密市一线还被市运管处评为“郑州市文明示范线”。芦家桥站还是民主经营管理模式的典范。孟庄、龙王、芦家桥、西关、陉山、千户寨6个乡级客车站的建立，使全市形成了城乡客运网络一体化。

6. 中牟汽车站，始建于1956年7月，原为郑州汽车客运总公司管理的企业站，1990年移交中牟县后建新站，为公用型汽车站,站址位于县城青年路96号。本站占地20亩,停车场5500平方米,站前广场2000平方米,候车大厅480平方米,设有售票处,调度室和治安室,设施齐全,按交通部规定,实行标准化服务。营运线路以通往本县各乡镇为主,兼营邻近市县之间和直达郑州的客运。现有职工75人,进站经营车辆280辆,日均发班次430个,日过往班次600个,日均发送旅客8000人次。为二级汽车站。

7. 上街汽车站,1992年建成投入使用,系公用型汽车站,站址设在上街中心路118号。车站占地22亩,建筑面积1800平方米,其中候车室面积361平方米,可容纳300人候车。售票厅面积110平方米,设售票窗口4个,并设调度室、治安室,设施齐全。停车场占地面积1600平方米,可停放客车90辆,按照交通部规定,实行标准化服务。车站所发车辆主要是通往各乡和相邻县、市,并直通郑州,接纳市内公共汽车。现有职工38人,进站经营车辆310台,日过往班次235个,日均发班次314个,日均发送旅客4000人次。为省二级站。

为了加强汽车客运市场管理,建立正常的客运秩序,保证旅客和客运经营者的正当权利,提高旅客运输服务质量,河南省交通厅特制定了《河南省汽车客运站管理暂行办法》,对客运汽车站的设置和分类、开业和停业、票据、营业、服务费、质量管理和统计、奖惩都作了详细规定。从而使各级交通主管部门对本辖区汽车站的管理有了依据,也促进了客运汽车站自身的发展。

第六节 郑州长途客运市场管理

道路长途客运管理的主要内容是对客运经营者的线

路、班次、站点、车型的审批以及经营者经营行为等的管理。根据现行线路审批权限,省际线路审批权归交通部,省内线路审批权归省交通厅,地(市)区内线路审批归地(市)交通局的规定,郑州市交通主管部门负责本市境内的线路审批。对客运线路、班次增减的审批依据是客流量大小、客流方向和客运车辆的实载率。一般来讲,客车出站实载率不足60%,表明线路车辆趋于饱和状态,不宜新增;出站实载率不足40%,属严重的运力大于运量,应严格调控;出站实载率在80%左右,可适当增加运力。对新增客运汽车必须实行先审批、后购置,计划发展的办法。要着力搞好运力结构、经营结构的合理调整。巩固和发展市境和跨地市营运线路,鼓励发展长途和农村线路。对运营线路的管理要变行政手段调控为主为经济手段宏观调控为主,建立健全运力总量调控机制。如拍卖经营权,以经济手段实行优胜劣汰,拍卖线路牌,拍卖所得资金用于线路调节和基础设施建设。征收客运干线调节费,以经济杠杆解决客运中存在的争干线弃支线、山区线问题,规范经营者行为。再者利用法律手段管理。运用运输法规、规章,规范经营者的市场行为和经营行为。同时管理部门要采取一定行政手段,给予冷、偏线路以政策优惠,使整个客运网络保持均衡、良性发展。

进入20世纪80年代中、后期,出现国营、集体、个体一起办客运的红火局面,随着客车量的迅速增加,郑州市的客运设施与管理已不适应形势的需要,致使客运经营者之间的矛盾加剧,出现了个体、集体的旅客运输与国有客运单位争地盘、争线路、互相拉旅客的混乱局面。大批客车涌入郑州火车站广场及附近的一马路、二马路、解放西路乱停、乱放，使本来就拥挤的火车站周围形成了昼夜人车混杂的局面，给交通秩序、社会治安诸方面带来了严重影响。鉴于上述情况，郑州市交通主管部门于 1988 年元月成立了郑州汽车客运服务中心，承担管理郑州市区六个公用型汽车客运站的任务，对长途客运汽车和旅客进行分流，由东、西、南、北四站和嵩山站、旅游站分别接纳社会客运车辆，统一管理各汽车站客运业务，为郑州市客运秩序稳定作出了贡献。1989 年，针对公路汽车客运票价混乱的局面，河南省物价局、交通厅豫价字(1989)第 202 号文通知对全省公路汽车客运票价进行调整，普通客车票价由每人公里 0.024 元调整为 0.038 元，有效地控制了价格混乱局面。为了贯彻交通部、交通厅的指示，有效治理郑州客运市场上倒客、甩客、野蛮待客等违章经营行为，交通运政管理部门加大了治理整顿的力度，提请郑州市政府下发了“关于加强郑州市道路客运市场秩序治理整顿工作的通知”。经过多年的治理整顿，郑州客运市场的情况出现好转，近年间客车依线率保持在 95% 以上，进站率达 98%。取消了市区内 24 个非法客运站点和关闭了火车站地区安通、保时、银基等 3 个汽车停靠站。根据郑州一城多站现状，适当调整车辆和班线，实行按方向发车的分工办法，减少和控制市区各汽车站交叉发车的数量，稳定客源流向。郑州市运管处 2000 年对进出郑州市的客运客车实行签订进站责任书制度，使郑州的客运市场秩序逐步向良性发展，此举也受到运输企业和乘客的好评。全市的企业站基本上都做到了向外开放，提高了接纳社会车辆的容量。

郑州市运管处根据省交通厅关于稳定存量、严控增量、鼓励更新、升级晋档、优化运力结构的总体思路，加强调控措施，力争在三年时间内使郑州市的营运客车达到：(1)经营高速公路客运班线的客车达到高级车标准；(2)经营干线公路班线的客车达到中级车及以上标准；(3)经营县乡公路客运班线的客车达到普通车及以上标准；(4)严格禁止农用客车、自行改装客车、厢式代客车、破旧报废客车和拖拉机从事道路客运。

省交通厅还发布了《道路旅客运输服务用语》和《道路旅客运输服务忌语》，要求各市、地在组织道路客运培训中，作为一项必学内容，并在省道路客运行业中推广应用。郑州市运管处，在每一期的客运培训中都作为一项必学内容进行考核。

市运管处为进一步规范客运秩序，从 2001 年开始，对营运客车实行违章记分管理办法，凡违章被记满 15 分的非本市车籍的客车，报请省运输局批准，取缔其在郑州的经营资格。郑州籍车辆停运 3 个月，参加运管处举办的学习班，经考试合格者继续营运，否则取缔其经营资格。同时按河南省旅客运输管理办法，对郑州市区内客运线路废除审批终身制，实行客运线路审批时限管理制，每个时限一周期为两年，在每两年的限期内经营者依法经营，对线路享有使用权，不依法经营者，撤销其经营资格，两年经营期满后，经办理线路继续使用手续后方可继续经营。车主本籍转户，线路不准随车过户。转籍过户的车辆需经营客运者，按规定重新申报线路。

春节是中国人心目中一年里最隆重的一个节日，无论身居何处，那些在外面工作、学习、旅游的人们都要想尽一切办法在春节前赶回家，与父母家人团聚后再走出家门奔向他乡。我国又是一个人口大国,所以春节前后的客运工作量给各级交通部门带来了相当大的压力。在每年的春运期间,各级管理部门和各客运公司都建立了春运领导小组,贯彻国家、省、市各级政府的有关春运工作精神,力争做到“优质服务”与“安全运输”齐头并进。在春运期间,市运管部门每年都要做好以下工作:一是充分挖掘运输潜力,在运力安排上宁多勿少,做到有备无患。并做好旅客流向流量的调查预测工作,合理安排春运车辆,力争做到“站不留客,客不过夜”。二是加强运输市场监管工作,强化对非法营运的打击力度,严格查处客运违章车辆,为广大经营者提供一个好的运输生产环境。三是把好参加春运车辆技术质量关,达不到规定标准的客车严禁参运拉客。四是督促企业和汽车站提高服务质量,搞好安全生产,防止超载和“三品”进站上车。

历年来,在各级交通部门的努力下,郑州市的道路春运工作都很好地完成了旅客疏运任务,受到了社会的好评。

郑州火车站地区道路客运市场秩序混乱问题由来已久,多年来,虽然市运政管理部门先后组织人员会同有关部门对该地区营运秩序进行了十余次整治,但由于管理体制不顺,管理手段乏力,站点设置不合理等原因,致使效果不理想,1999 年末,《郑州晚报》和郑州经济广播电台对火车站地区“黑车”野蛮待客、倒客、宰客,来回兜圈现象作了连续报道。

市交通局、运管处领导十分重视,采取标本兼治的治理措施,从打击黑车、野车入手,组织数十名稽查人员,在火车站附近租房进驻,实行昼夜巡查,对违规车辆予以严格处罚。同时，联合公安部门，打击车站地区黑社会性质营运团伙，对违法之徒绳之以法，使火车站地区运输秩序得以有效好转。

为了从根本上解决车站地区交通和运输秩序问题，市交通局认真贯彻落实市政府整顿工作方案精神，限定火车站地区汽车站发车班次，分流120公里以内客车，对长途中心站、联开汽车站、旅游站和汽车南站严格实行班次、车辆定额，控制增班增车。火车站地区以外的客车，实行定向发车。同时限制各汽车站交叉方向发车数额。制发入市进站证、牌。清理火车站地区乱设的营运停车场(点)。由政府牵头会同公安、综治办等部门进行综合治理。

通过对以火车站地区营运秩序为突破口的大力治理整顿，以点促面，加之采取其它相关措施，郑州市区客运市场秩序有效好转，提高了交通行业的窗口形象，收到了社会效益和经济效益双丰收的效果。

第三章 城市公交客运

“城市公交客运”是指汽车按固定路线运行，按固定站点停靠，发车间距短，在市区内运营的客运形式。郑州市的公交客运始于1954年2月1日，已有46年的发展历史。作为郑州市唯一经营公交客运业务的公交总公司，自改革开放以来，多方筹集资金，增加车辆，开辟线路，以满足市民的出行需求。尤其是进入国家“九五”规划时期之后，无论是车型结构，还是公交线路数、线路里程、每平方公里里程数，都取得了大的发展，跟上了城市发展的需求。

第一节　城市公交客运的形成与发展

1954 年,河南省省会由开封迁入郑州,郑州成为河南省的政治、经济、文化中心。为满足省会迁郑后,城市社会经济活动及人们生产、生活的需要,市政府于 1953 年上半年决定,由市城市建设局负责开辟郑州市公共汽车路线,以比较先进的公共汽车,逐步代替落后的人力车客运工具。

郑州市公共汽车公司 1954 年 2 月 1 日起,购置客车 5 辆,初辟 3 条营业路线。1 路自二七广场经解放东路、铭功路、大石桥、五里堡至郑棉一厂,长 6.95 公里。2 路自二七广场沿旧城区主要商业街道回至二七广场的环形路线,后改自火车站经二七路、太康路、人民路至河南饭店,长 4.05 公里。3 路自火车站经大同路、福寿街、西大街、东大街至二里岗,长 4.6 公里。1954 年下半年开辟了自火车站经二七路、西太康路、大石桥至海棠寺的 4 路线,及自二七广场至郑州燕庄机场的 5 路郊区线,年底共有公共汽车 13 辆,路线总长 30.5 公里。

1955 年公共汽车路线作第一次调整:1 路、4 路改由火车站发车,终点站分别延伸至郑棉六厂和南阳寨。2 路由花园路口经纬五路延伸至省人民医院(路线长 6.6 公里),营运车辆增至 13 辆。1956 年 8 月开辟自二七广场经二七路、文化路至河南农学院的 6 路线(长 5.9 公里),10 月开辟自火车站经一马路、铁路局至路寨的 7 路线(长 4 公里),营运车辆增至 19 辆。1957 年 4 月开辟自火车站经一马路、陇海路至二里岗的 8 路线(长 4.8 公里),营运车辆增至22辆。1958年开辟自花园路经人民路、西太康路、大石桥、建设路、嵩山路、中原路、伏牛路至周庄的9路线（长11.9公里），自二七广场至花园口乡的10路郊区线（长18.2公里），营运车辆增至28辆。全市10条公共汽车路线，有8条发自火车站。

1958年“大跃进”及1960年至1962年的三年困难时期，营运车辆虽然由28辆增至45辆，但由于油料供应紧张，配件供应不足，汽车完好率下降，4路、5路、6路路线收缩，7路、10路停驶，9路使用煤气代燃维持运行。1963年后营运生产开始好转，营运车辆增至47辆。1964年全部恢复停驶和收缩路线，7月开辟自二七广场经二七路、金水路、建设路、郑上路至须水的11路郊区路线（长15.7公里），开始使用自制拖挂车7辆，节假日增开市百货大楼至郑棉五厂的1路、9路区间车，营运车辆增至57辆。1965年6月开辟自省工人文化宫经建设路、牛寨后街、桐柏路至三六三火电厂的12路线（长7公里），营运车辆增至72辆。1966年开辟自二七广场经二马路、一马路、陇海东路、南关、五里堡至十八里河的13路郊区路线（长10公里），营运车辆增至77辆。

1966年至1976年的“文化大革命”时期，城市公共交通运营路线有所发展，但营运管理一度受到严重干扰。1968年开辟自二七广场经东太康路、人民路、金水路至圃田乡的14路郊区路线。1969年开辟自火车站经一马路、陇海西路、耿河至三李村的15路郊区路线，同时开辟自火车站经百货大楼、新通桥、河南医学院至郑棉六厂的1路通宵车（1982年停驶）。1970年开辟南阳寨至黄河南岸的16路线。1972年公共汽车路线作第二次调整：2路、

6路改由花园路口发车至火车站，2路途经省委、新通桥，长5.5公里；6路途经农业路、文化路，长8.4公里；3路、8路连接环形，长12.6公里；5路、10路、12路、13路、14路、15路、16路全部改自大石桥发车，5路至祭城，10路至花园口，12路至火电厂，13路至生物制药厂，14路至圃田，15路至白砦，16路至黄河南岸。1975年开辟自大石桥经铭功路、火车站、陇海东路、二里岗至南曹的17路，及自大石桥经金水路、建设路、秦岭路、火电厂至古荥镇的18路等郊区路线。虽然营运车辆增至132辆，营运路线增加，但汽车完好率下降至62.4%，工作率下降至59.7%，有40%的营运车辆进厂待修。

1977年至1978年，城市公共交通企业经营整顿，公共汽车运输逐渐恢复正常生产秩序，11路延伸至上街，增开火车站至汜水的11路副线，营运车辆增至169辆。

1979年以后，城市公共交通事业进入新的发展时期。1982年进行第三次营运路线大调整：2路改自燕庄发车至火车站，4路改自大石桥发车，5路改自燕庄发车至黄庄，6路、9路、10路改自关虎屯发车，12路改自郑棉五厂发车，14路改自燕庄发车至圃田，13路延伸至五里口，15路延伸至新密矿务局。开辟大石桥至新郑20路，大石桥至新郑龙王镇21路（1984年停驶），大石桥至新郑人和寨22路（1984年停驶）等3条郊区路线。1984年末，营运车辆增至257辆。

1985年因火车站广场改造工程，停驶17路、18路、19路等3条郊区路线。1986年停驶7路、14路等2条路线。1987年10月开辟自建筑文化宫经黄河路、油脂路、嵩山路至青少年宫的23路车，营运车辆增至322辆。

1988年对公共汽车路线作第四次大调整:1路改经嵩山路、陇海西路、一马路至火车站,6路改由关虎屯至火车站,开辟火车站通往5个长途汽车分流站的专线。1990年开辟自动物园经金水路、城东路、陇海路至火车站的29路,自动物园经市水利学校至华北水利水电学院的30路,由火车站至153医院的11路区间车,23路调整为劳动市场经沙口路、黄河路至河南饭店,停驶13路郊区路线。1990年末,有城区公共汽车路线11条,长94.4公里,郊区路线9条,长162.4公里,营运车辆增至353辆。

1994年末,全市公交营运路线20条,营运路线长度320公里,实有公共汽车703辆。在581辆营运车辆中,其中单机客车155辆,铰接车191辆,小公共汽车235辆。

郑州市区的无轨电车工程,于1978年进行筹建,首期工程总投资697.27万元,在纬五路修建电力调度停车场,占地2.88万平方米,修停车坪3720平方米。在京广北路建立供电所,下设电力线路队和两个整流站,占地952平方米,可为120辆电车提供动力。购置上海产SK561G型铰接式电车20辆,架设线网13.3公里,埋设地下电缆25.7公里,开辟101电车路线1条。在京、沪、杭、汉等城市组成的援郑电车工程技术顾问组的指导下,于1979年5月1日正式通车营运,通车时举行了隆重的庆典仪式,如图1-1。由省人民医院发车,途经纬五路、人民路、太康路、铭功路、火车站、中原路、建设路至郑棉六厂,长12.7公里(1983年4月曾由大学路口向西途经青少年宫、劳动市场至郑棉六厂,运行一年后恢复原路线)。

1979年至1984年进行电车线网的续建工程,先后建成市百货大楼、文化路、黄河东路至花园路口的东段线

图 1-1　1979 年郑州市无轨电车开通

网，太康路西口、大石桥至河南医学院的中段线网，中原路、伏牛路至电缆厂招待所的西段线网，共长 14 公里。1980 年 10 月 1 日，102 路电车开通，自火车站经中原路、伏牛路至电缆厂招待所，长 7 公里。1981 年 7 月 1 日，102 路电力由火车站向东经西太康路、二七路、文化路、黄河东路、花园路口延伸至省人民医院。1982 年 7 月，101 路、102 路电车同时由省人民医院延伸至省肿瘤医院，线路长分别为 12.8 公里和 13.9 公里。1983 年 4 月 1 日开通紫荆山百货大楼至郑棉六厂的区间电车。1984 年 9 月 1 日开通自紫荆山百货大楼发车，途经人民路、太康路、大石桥、建设路、嵩山路、中原路、伏牛路至电缆厂招待所的 103 路电车，长 10.1 公里。1985 年市财政投资 186 万元，购置无轨电车 20 辆，架设伏牛路电车线网 1.5 公里。同年 10 月 1 日 103 路电车延伸至郑州电器厂，全长增至 11.6 公里。1986 年在伏牛路建电车场二车队调度停车场，占地 2870.8 平方米，修停车坪 1884 平方米。1987 年架设金水大道电车线网 2. 3 公里,人民南路线网 1 公里,火车站回转线网 1 公里。1989 年在电车场建回转线网 0. 4 公里。

1988 年 4 月 1 日对电力路线作大调整:101 路电车路线不变;102 路电车路线改由电器厂发车,经伏牛路、中原路至火车站,全长 8. 3 公里;103 路电车路线由紫荆山百货大楼发车,经人民路、西太康路、建设路、嵩山路、中原路、伏牛路至电缆厂招待所,全长 10. 1 公里;开辟 104 路电车,由紫荆山百货大楼发车经金水大道、建设路至郑棉六厂,全长 8 公里;原 102 路东段火车站至省肿瘤医院改为 105 路,自省肿瘤医院发车,途经纬五路、黄河东路、文化路、二七路、西太康路、铭功路、二马路至火车站,全长 7. 1 公里。

1994 年末,全市计有营运电车 90 辆,5 条营运电车路线,总长 47. 85 公里。

在“九五”期间,公交总公司充分利用自身优势,不断开拓市场,更新设备、增加车辆,开辟线路。共购置、更新车辆 981 台,年均增长 39% ,城市万人拥有车辆 10. 1 辆,大大提高了运力,缓解了郑州市居民“出行难”问题。不断开辟新线路,适时调整、延伸线路,使线路布局更合理、更完善。五年来,新辟线路 54 条,线路长度增加 773. 15 公里,线网覆盖率发展到 3. 49 公里每平方公里。充分发挥小公共汽车灵活机动的优越性,增开小公共汽车专线,作为大公交的补充。至 2000 年底,共开辟小公共汽车线路 31 条,市郊 18 个乡镇,乡乡通了公交车。

第二节　郑州市公交企业

郑州市公交客运总公司走过了 46 年的发展历程,见证了郑州公共交通事业从无到有,从秩序混乱到整顿发展,到改革进取、强化管理的各个历史阶段。

一、隶属关系沿革

1954年1月19日,郑州市办字第24号文批准,成立郑州市公共汽车公司,归属郑州建设局领导。同年12月,汽车公司建立三股一室。即办公室、行车管理股、业务股、财务股。

1958年3月27日,郑州市公共汽车公司改属郑州市交通局领导。1960年1月1日,市人民委员会下文,市公共汽车公司归属市建设局领导。1962年8月21日,机关股室改为科室,设秘书科、计划财务科、材料供应科、人事保卫科、运营科、技术安全科。下属一个车队和一个修理车间。

1966年11月17日,市公共汽车公司更名为郑州市人民汽车公司,隶属市建设局。1971年,公司机关撤销各职能科室,设立三大组。即生产组、保卫组、后勤组。下属四个车队和一个大修厂。1973年,公司机关撤销三大组,建立二室一部十一组,即党委办公室、公司办公室、武装部和组织干部组、宣传组、保卫组等十一个组,下属四个车队和一个大修厂及一个修理车间。

1978年,市革委决定成立郑州市电车会战指挥部,直属市革委会领导。1979年9月12日,成立市无轨电车公司,隶属市建设局领导。电车公司机关设办公室、培训组、基建组、财务组、材料供应组。下设电车队、供电所、修理车间。

1984年5月15日,郑州市人民汽车公司和郑州市电车公司合并,成立郑州市公交公司。隶属郑州市公用事业局领导。公交公司机关设:党委办公室、组织部、宣传部、纪律检查委员会、工会、团委;经理办公室、运营服务科、设备机修科、技术检验科、安全科、材料供应科、计划统计科、劳动工资科、财务科、职工教育科、保卫科、武装部、计划生育办公室、科学技术研究室。下属基层单位有一、二、三场和电车场、出租旅游汽车公司,技校、大修厂和生活服务公司,劳动服务公司。

1995 年 6 月 19 日,经郑州市公用事业局(1995)105 号文批准,郑州市公交公司更名为郑州市公共交通总公司。仍归市公用事业局领导,1996 年,机关的培训处和科研处划归经济开发总公司,更名为科贸中心和职业技能培训基地,对外开展业务。撤销汽车联合修理厂,将大部分人员设备并入合资企业“中裕汽车修理服务有限公司”。截止年底,机关党、政、群共有处室 21 个,基层单位有一、二、三、五公司、电车公司、出租旅游汽车公司、大修厂、经济开发总公司、职工医院、幼儿园和城市客运警察大队等 11 个单位。

截止 2000 年底,客运总公司拥有四个运营公司,一个直属车队;二个汽车修理厂等七个运营生产单位和经济开发总公司、职工医院、幼儿园、公交技校等生产辅助单位,以及豫龙汽车租赁公司、豫龙公交旅行社两个控股公司。并与香港康利有限责任公司共同成立了中外合作企业——郑州通利公共交通有限公司,与台湾东裕国际集团公司合资成立了郑州中裕置业发展有限公司、郑州中裕汽车修理服务有限公司、郑州丹尼斯文化娱乐有限公司、郑州丹尼斯百货有限公司,以及与其它企业成立的联营公司。有职工 4585 人,运营线路 78 条,运营车辆

1407 台,线路长度 1060.45 公里,固定资产总额达 3.75 亿元。

二、主营业务生产单位

市公交总公司主营业务生产单位包括公交一公司、公交二公司、公交三公司、公交电车公司、公交五公司,第一、二、三修理厂和小客车修理厂。

1. 公交一公司。原为汽车一队,1964 年建火车站停车场 2100 平方米,1972 年搬到兴隆街,1982 年搬至华山路 88 号,总计占地面积 3.47 万平方米。经营 1 路、4 路和郊区路线 11 路。1984 年公交公司成立后,称公交公司汽车一场,下设两个车队。1995 年公交公司更名为“公共交通总公司”,汽车一场改称“公交一公司”。至 2000 年末,该公司拥有三个车队,一个保养车间,有职工 846 人,运营车辆 250 多台,运营线路有:1 路、11 路、12 路、23 路、24 路、30 路、31 路、37 路、68 路、201 路、203 路、210 路、211 路共 14 条线路。1984 年 12 月汽车一场被评为全国城市公交系统“先进集体”。1998 年 37 路线被团市委授予“共青团线路”,市总工会授予“三八”红旗线路,1999 年被团省委授予省级“青年文明号”线路。2000 年经上级有关部门批准,由公交总公司与香港康利有限责任公司合作,筹建“郑州通利公共交通有限公司”,2001 年元月 1 日正式投入运营。原公交一公司的线路除 11 路、30 路、24 路、34 路归直属车队经营外,其余均为合作经营线路。取消“公交一公司”名称。

2. 公交二公司。原为汽车二队。1968 年,调度站设在兴隆街,1970 年迁至纬五路,当时拥有职工 260 余人,车辆 25 台,经营线路 2 路、6 路、9 路线。1978 年迁至花园路口，建简易房5间做办公、调度、票务、零修用。1982年车队迁至郑花路1号，占地2.48万平方米。1984年7月，公交公司成立后，改称为公交公司汽车二场。1995年6月，公交公司更名为公共交通总公司后，汽车二场改称公交二公司。随着规模的扩大，2000年3月，迁至陈砦后街，占地约4万平方米。2000年2月、6月分别开辟了K901、K906路两条空调线路，适应了不同层次居民的乘车需求。截止到2000年末，拥有职工902人，运营车辆292台，运营线路有：2路、6路、9路、21路、28路、29路、32路、K56路、60路、80路、208路、209路、507路、K901路、K906路共15条线路，其中无人售票线路13条。下属3个车队，一个保养车间。公交二公司坚持"乘客至上，服务为本"的宗旨，为群众提供快捷、方便的服务，是市级文明单位。

3. 公交三公司：原为汽车三队，1968年，在解放路租民房三间作为办公室兼调度室，1972年，迁至金水路44号，占地2.36万平方米。1984年7月，公交公司成立后，称为公交公司汽车三场。随着规模的扩大及车辆的增加，1988年末，迁至航海路，占地4.56万平方米。1995年，公交公司更名为公交总公司后，汽车三场更名为公交三公司，下属四个运营车队，一个保修车间。1998年，根据"一业为主，多元化经营"发展的思路，与天明广告公司联营，开辟了601双层大巴线路，之后，又开通了603双层大巴线路。双层大巴的开通，不仅满足了不同层次居民的乘车要求，也为郑州市增添了一道靓丽的风景线。截止到2000年末，公交三公司拥有职工977人，运营车辆300余台，经营：4路、25路、26路、33路、36路、38路、66

路、81路、84路、85路、202路、212路、601路、603路共14条线路。1991年，其前身汽车三场被建设部评为“全国公交系统规范化服务优胜单位”，汽车3路线被团市委评为“共青团线路”。1992年，汽车三场被建设部评为“全国公交系统规范化服务优胜单位”。1996年以来，4路108号车组，连年被评为郑州市“青年文明号”，1998年被团中央、建设部评为国家级“青年文明号”。

4. 电车公司：原为郑州市电车公司，位于纬五路49号，1978年，成立电车会战指挥部，筹建电车公司。1979年9月电车公司正式成立，归属市建设局，占地3.32万平方米。1984年7月，根据郑州市总体规划，电车公司与汽车公司合并，成立郑州市公交公司，原电车公司改称为公交公司电车场。当时拥有职工943人，铰接式无轨电车60辆，经营101路、102路、103三条电车线路。1995年6月，公交公司更名为公共交通总公司后，电车场改称为公交电车公司。至2000年底，电车公司有职工898人，车辆200余台，运营线路有：101路、102路、103路、104路、105路五条电车线路，20路、27路、205路、206路、505路、508路、509路七条汽车线路，下属三个运营车队，一个修理车间，两个供电整流站，电车线网38公里。该公司103路线1991年被团市委命名为“共青团线路”。电车公司新人倍出，涌现出了一大批部、省、市级先进人物。

5. 公交五公司：是公交总公司下属的一个分公司，位于京广北路29号，1992年4月成立，从事小公共汽车（又称中巴车）和小面包车（俗称面的）经营。1996年2月1日，郑州市政府委托公交总公司对市区所有社会运营的“中巴”车辆实行统一管理，公交公司“中巴”车在中巴客运市场逐渐占据主导地位。经过多年的探索和改革，发展到今天承包经营的模式。至2000年底，五公司在册职工42人，中巴车266台，“面的”105台，经营线路有：301路、302路、303路、305路、306路、307路、308路、309路、310路、312路、313路、315路、316路、317路、318路、321路、322路、501路、502路、503路、504路、506路、南3路共23条线路。五公司狠抓职工思想政治教育，全员素质不断提高，涌现了孙意贵同志那样的拾金不昧（拾得巨款上缴并归还失主）的好驾驶员，为省会窗口行业争了光。

6. 第一汽车修理厂，始建于1996年，由原郑州市汽车修理厂的96名职工和保修设备与人民汽车公司部分人员和设备合并组建而成。厂址位于京广路27号，占地2.29万平方米，具有汽车大、中修、特修和底盘组装、装配大客车及对外加工、修理的能力。1988年2月，大修厂实行了公开招标、个人承包、群体担保的经营机制，承包期3年，大大调动了广大职工的积极性，开创了大修厂有史以来的新局面。1992年，又在该厂实行劳动优化组合、计件工资等多项经营机制改革，生产日益发展。在保证完成公司生产计划的前提下，还开展横向经济联合，先后与中南汽车贸易公司、第一汽车制造厂、万山特种车辆制造厂、北京轻型汽车有限公司、北京商用汽车制造厂、北京旅行车厂、北京内燃机厂等单位建立了业务关系，为他们成立了车辆服务站，既保证了上述单位的售后服务，自身也获得了良好的经济效益。截止到2000年底，大修厂拥有职工144人，有封闭式修理厂房5198平方米，开放式修理厂房4280平方米，各种设备齐全，各类工种配套，技术等级先进，是具有一定规模的汽车修理厂。

7. 第二修理厂,原为电车公司修理车间。1979 年建有平房 20 余间,修理工 93 人。1983 年在电车场南侧新建修理车间,该车间占地 1.53 万平方米,修理工 136 人。主要负责电车大、中修和各级保养。1985 年 5 月改称公交公司第二修理厂。第二修理厂下设交流电组、直流电组、电子组、集电杆组、底盘组等五个生产小组。1988 年 3 月,实行以场带队后,仍划归电车场,成为电车修理车间。同时部分厂房和修理人员划归小客车修理厂,第二修理厂建制被撤销。

8. 小客车修理厂,原为出租旅游汽车公司修理车间,在原公司大院内北侧,有修理工 32 人,主要设备 7 台,承担小客车的零修和保养、中修任务。1985 年独立为公交公司小客车保养站。1988 年 10 月改称公交公司小客车修理厂,有职工 79 人,主要对外开展业务,实行独立核算自负盈亏。1994 年与第三修理厂合并,成立公交公司汽车联合修理厂。

9. 第三修理厂,原是公司下属劳动服务公司一个车辆修理单位。位于原公司大院南侧,占地 1083.3 平方米,1984 年开业,集体性质,有职工 26 人,1989 年收归公司直接管理,为全民性质,更名为公交公司第三修理厂。有职工 57 人,实行个人承包,集体担保,全员风险抵押的管理方式进行经营。1990 年后,随着设备的不断增加,职工等级的提高,发展为具有大、小车辆大、中、小修的技术能力。主要业务为对外修车,兼营汽车配件的销售。1994 年与小客车修理厂合并成为公交公司汽车联合修理厂。1996 年联合修理厂撤销,大部分设备和人员并入合资企业“中裕汽车修理服务有限公司”。

第三节　县(市)城区公交客运

郑州下属6县(市)城区的公交客运始于20世纪80年代。各县因客流量大小的不同,公交客运的发展也有较大的差异。新密市的公交客运因郑州矿区的存在而发展的比较早也比较好。

新密市最早的公交客运始于20世纪80年代初期,是以二运公司四队(开封公路运输公司驻密县四车队)、县车队、商业车队各抽出两台车发展起来的。主要承担新县城至老县城之间旅客运输业务。环城公交由此开始。不久由于经济压力过大被迫停驶。

1984年,韩庄村委会购买了三辆公交大客车,恢复了新老县城之间的公交客运。1985年韩庄村又购回4辆公交大客车,弥补了公交运力不足。1989年,县运管所与矿务局车管所经过协商,开辟了1路、2路环城公交线路。1路线路为:老城—矿务局—七里岗—新货场—公安局路口—青屏市场南口—方寨十字路口—老城;2路车线路与1路车线路相同只是方向相反。

1992年,韩庄车队投资30万元在开阳路北段东侧建了车队新址,1994年该车队领导班子进行改组,成立了李文建任队长,包括6名车管人员组成的新的领导班子。

1994年4月5日,为适应密县撤县建新密市后城市发展的需要,韩庄车队将原七台大公交车全部处理,先后购买了十台中巴车投入到1、2路公交线路上。同时1路车线路变为:新县城—方寨十字路口—老城—矿务局;2路车线路为:新县城—新货场—七里岗—矿务局。同年8月,“韩庄车队”更名为“新密市公交客运公司”。1996年又添置4辆中巴客车。同年9月，新密市公交客运公司移交运管所统一管理，运管所长兼任经理，原“新密市公交客运公司”（韩庄车队命名为“新密市公交客运公司第一分公司”）。1997年底，李文建对企业大胆改革，将原有14辆中巴车全部承包给个人经营。1999年7月，公交公司第一分公司（原韩庄车队）将车辆变卖给周楼村，由樊铁建接任经理。

1996年至1997年间，市运管所根据城乡发展需要，相继开通了3路、4路、5路、6路、7路、9路公交线路。1路车由五四广场经长胜路口、市一医院方寨、老城、市中药厂到矿务局医院；2路车由千家岗经市一医院、长胜路口、中医院、客运东站、石油公司到矿务局；3路车由千家岗经水上乐园、市法院、青屏街东口、五四广场、客运东站、眼科医院、七里岗镇政府到矿务局；4路车由市农机局经市卫校、长胜路口、文峰路南口、老城、青石河到下庄河；5路由米村经下庄河、千家岗、客运总站、市体育场、市中药厂到矿务局；6路由米村经柿树湾、袁庄、市实验中学、五四广场、市体育场、棉麻公司到矿务局；7路由汽车东站经塑料厂、体育场、矿务局到东于沟；9路由市三医院经客运东站、体育场、五四广场、市一医院、客运总站、东城门到客运东站。至2000年底，新密客运公司共开通公交线路7条，参运客车187台，2976个座位，日均客运量92000人次。

截止2000年底，巩义有公交车辆48台。

登封市汽车队1998年8月经请示市政府批准改为公交公司，转为经营城市公交业务。至2000年底，该公司共拥有公交车42辆，4条公交线路，职工278人，年客运量907万人次，周转量7946万人公里。

其他县（市）也都根据当地实际情况开辟了公交线路，方便居民出行。

郑州市各县（市）城区及其通往主要乡镇的公交客运发展形势良好。作为道路客运市场重要组成部分的县（市）公交客运，发挥了衔接城乡、方便人民群众出行的重要功能。郑州县（市）城乡公交客运由交通行政部门负责管理，利于同其它道路客运方式协调和配合，体现了农村客运发展的趋势，省交通厅为此总结了郑州市县（市）公交客运管理的经验，号召在全省予以推广。

第四章　出租汽车客运

出租汽车客运属于道路旅客运输的分支部分。由于体制方面的原因，目前郑州的出租汽车客运分属市政部门管理（郑州市区出租汽车客运）和交通部门管理（郑州辖属县（市）、上街区出租汽车客运）两部分。

郑州的出租汽车客运出现较早，20世纪50年代末期至80年代初期，只有交通部门专业出租汽车公司的几十台出租车从事客运经营，20世纪80年代中期多种经济成分参运后，出租车数量逐步增加，1984年郑州市公路运输管理办公室（市运管处前身）成立后开始对郑州的出租汽车客运实施行业管理，至1989年初市交通部门移交郑州市区出租车客运管理业务时，郑州市区出租车已发展至700余辆。进入20世纪90年代后，郑州市出租汽车开始迅猛发展，至2000年底，郑州市区出租汽车已达万余辆，县（市）出租汽车也发展至3000辆，郑州城乡出租汽车客运呈现一派红火局面。经过数次主管部门管理关系变更后，郑州市区出租汽车客运管理机构（郑州市城市公共交通客运管理处）不断加大了对城市客运出租汽车的管理力度，根据市场需求加快“黄面的”更新换代，规范出租客运经营。市区百余家出租汽车公司经整合后，剩下了70余家，各县（市）的出租汽车客运市场也趋于稳定。

第一节　城市出租汽车客运的兴起

郑州市的出租汽车客运，其运输工具主要是小轿车和面包车，俗称“轿的”和“面的”。“轿的”始于20世纪50年代末，“面的”始于20世纪80年代初。出租汽车客运的大发展是在20世纪80年代中期运输市场开放后。

郑州市出租汽车20世纪50年代至20世纪70年代末期的发展史，实际上就是郑州市出租汽车公司出租汽车的发展史。1959年，郑州市出租汽车公司（当时名称为郑州市三轮车合作社，以经营三轮车客运为主）就购买了3辆小轿车从事出租汽车客运业务。几经合并改名，1981年3月独立为郑州市客运公司，并先后投入50多万元购买了30台菲亚特轿车和5台菠罗乃茨轿车投入城市客运，随后又投入33万元购入光华轿车11台，之后又投入资金购买华沙轿车5台，皇冠轿车2台，红旗轿车3台，武汉面包5台投入运营。显然，郑州市出租汽车公司在当时的郑州出租汽车客运市场是主力军，但它们主要的服务对象是企事业单位或公费出差或经济收入较高的人群，普通老百姓无经济能力享受出租汽车的待遇。除了郑州市出租汽车公司当时的60余部小轿车外，还有郑州市公共汽车公司的40余部出租车。1970年冬，市公共汽车公司曾在火车站试办出租小车队，有吉普车2辆，面包车2辆，1974年停办。1979年，该公司又组建出租旅游车队，有10辆小轿车，年末增购小轿车10辆，面包车3辆，大轿车7辆。除窗口出租外，正式开辟郑州至少林寺、郑州至开封两条旅游线路。1983年开辟郑州至新乡、焦作、许昌3条旅游线路。1984年营运车辆增至50辆。

真正打破计划经济的垄断，让普通老百姓有经济承受能力乘坐出租汽车，社会提供足够的出租汽车满足老百姓的需求，则是在1984年运输市场开放之后。市场经济的发展，人民生活水平的提高，再加上人们思想观念的转变，为出租汽车的大发展提供了基本条件，至1989年郑州市拥有各种经济成份的出租小汽车共有605辆，1992年增至1529辆，尤以出租面包车增长最快。1993年出租面包车就增至2056辆，1994年猛增至6656辆，车型主要有昌河、大发、长安、五菱小面包车等。出租面包车收费低廉，出租汽车客运市场几乎被“面的”所垄断。在激烈的出租汽车客运竞争中，“轿的”经营者也开始降价并改善服务质量。出租车市场的兴旺，极大地方便了乘客，改善了城市交通。

1995年以后，出租面包车的数量开始出现下降的趋势，而出租轿车的数量则缓慢上升。“轿的”的车型主要有富康、夏利、桑塔纳、捷达，而个别公司也出现了红旗、现代等高档车型。截止2000年底，各种出租车共有1万余辆，从业人员达2万多人。出租汽车客运的迅速发展，与班线客运、包车客运和旅游客运一起，形成了多功能、多形式的道路客运体系。而出租汽车则以道路渗透力强，机动灵活，方便快捷受到人们的欢迎。出租客运的兴起也为社会提供了大量的就业机会。

1994 年以前的出租汽车经营形式多以散户为主,没有形成公司规模,有一定规模的只有郑州出租汽车公司、银港出租汽车公司等少数几家,后来为了便于管理和自身利益的驱使,就有散户聚到一起,形成了一个个小的出租汽车公司。随着出租汽车客运市场竞争的日趋激烈,一些小的出租汽车公司抵挡不住规模较大的出租汽车公司优惠措施的冲击,而纷纷倒闭,被兼并或重组。原来多达 100 余家出租汽车公司,目前只剩下 70 多家公司。出于多元化经营的需要,一些大的专业运输公司也参与到出租汽车行业竞争中来,如河南省郑州联开运输总公司,1994 年成立了中联出租汽车公司,到 2000 年有出租汽车 492 辆。从规模和档次看,比较大型的出租汽车公司如大众出租汽车公司,有 1016 辆出租车,荣兴出租汽车公司,有 824 辆出租车,还有大成、路达、中原汽贸、中联、广泰、晨曦等出租汽车公司。

虽然郑州出租汽车行业相比于北京、上海、广州等大城市来说起步较晚,档次较低,规模较小,但从 1995 年以后来看,郑州出租汽车行业的发展势头迅猛。它的发展得益于郑州公路、铁路在全国主枢纽的位置,得益于郑州商贸城的城市发展定位。

第二节　城市出租汽车管理机构

一、组织

郑州市出租汽车行业管理,1989 年前统一由市交通局下属的郑州市公路运输管理办公室(市运管处的前身)下设的出租汽车管理科负责业务管理。1988 年底,市交通局将郑州市城区出租车业务管理移交给公用事业局，公用事业局成立了城市公共交通客运管理处，负责郑州市城区出租汽车业务管理。

郑州市城市公共交通客运管理处下设一队、两站和一室、八科及其它一些业务部门。一队即稽查大队，其主要职能是对出租汽车驾驶员拒载、多收费、不打表等违规行为进行查处，还负责审查出租汽车的证件是否齐全，以及对没有任何证件的黑车、套牌车进行查处。稽查大队下辖六个稽查中队和两个稽查站。两个稽查站即郑州火车站出租汽车管理站和新郑飞机场出租汽车管理站，分别对出租汽车进出火车站和飞机场，实施秩序化管理。郑州火车站和新郑飞机场出租汽车管理站设有办公室，24 小时轮流值班。八科为：审验管理科、资审办证科、法规培训科、信访投诉科、处理科、人事科、财务科等。审验管理科主要职能是对出租汽车公司进行业务管理，并负责对出租汽车进行年度审验。资审办证科主要职能是对车辆更新、车主变更进行资质审查。法规培训科（下设培训中心）主要职能是对出租汽车从业人员进行岗前培训，并进行考核发证。信访投诉科，主要受理乘客对出租汽车经营者和其驾驶员的侵权行为，以及对出租汽车管理人员的投诉。还有处理科、督查办、人事科、财务科以及客运服务中心、无线电业务中心、档案室、办公室等业务管理部门。

二、管理

为加强郑州市客运出租汽车管理，维护乘客和经营者的合法权益，促进客运出租行业健康发展，根据有关规章的规定，结合郑州市实际情况，1997 年 8 月 22 日郑州市第十届人民代表大会常务委员会第三十二次会议通过,出台了《郑州市客运出租汽车管理条例》。

条例规定,凡在本市市辖各区(不含上街区)行政区域内和新郑机场范围内的客运出租汽车经营者以及与客运出租汽车相关的单位、个人,均应遵守本条例。客运出租汽车行业要坚持统筹规划,统一管理、公平竞争、总量控制、协调发展的原则。客运出租汽车经营实行有偿出让、转让。有偿出让应采取拍卖、招标方式进行。郑州市人民政府市政主管部门是本市城市出租汽车行业的行政主管部门。条例还对出租汽车经营资质、营运、稽查与投诉、法律责任等方面作了详细规定。

20 世纪末期,郑州市城市公共交通客运管理处对辖区内的出租车更新换代做了大量工作。郑州市出租面包车占郑州市整个出租汽车行业车辆的百分之五十以上,且其中相当一部分面包车是在 90 年代前后购置的,随着经济的发展,社会的进步,人民生活质量的提高,再加上自身车型老旧,性能较差的弱点,显然不能适应郑州市的城市化进程,也不能满足创建国家级卫生城市以及防止大气污染的要求,因此它们退出历史舞台而让更高档次车型进入市场自然成为的必然选择。

按照郑州市国民经济发展“十五”规划的要求,以及根据出租行业车辆更新“总量控制,适当减少,提高档次,进出有序,优化市场,规范管理”的思路,将逐步对一些不能适应社会需求的出租面包车及部分轿车淘汰出市场。具体规定是:2001 年年初淘汰 1993 年 12 月 31 日前在市公安局车辆管理所办理入户手续的出租汽车,1994 年 12 月 31 日前在市公安局车辆管理所办理入户手续的出租车在2001年12月31日前全部退出出租车市场。计划在2002年全部将面包出租汽车淘汰出郑州市场。凡申请车辆更新的经营者,必须缴纳经营权有偿使用费,为每车6万元,有偿使用期限为10年。力争做到新车"两权归一",即或者是新车所有权和经营权归出租汽车公司,或者是归属个人。对更新的车辆也有要求,必须是发动机排量在1300毫升以上电喷型带三元催化装置的桑塔纳、捷达、富康、夏利(三厢四缸)或更高档次车型。

为了加强对出租汽车行业的管理,郑州市公共交通客运管理处采取了两种措施:一是对出租汽车营运证件进行二维条码技术处理。该技术是指将载有车辆技术数据和驾驶员基本情况的条型码分别粘贴在营运证正本和营运证副本上,稽查人员通过条型码数据采集器对条码进行识读,对营运车辆和在运驾驶员进行稽核和识别,以达到对营运证件更为科学有效的管理。营运证正证储存内容有:客运编号、单位、车牌号、厂牌型号、车架号、发动机号、经营性质、投运日期、车辆颜色等9项内容;营运证副证条码储存内容:驾驶员姓名、服务证号、身份证号、驾驶证号、所架车号、登记时间、从业类别等7项内容和持证人照片。二是在出租汽车行业启用新式经营标识。即采用30种公众喜闻乐见的吉祥动物图案,并以此作为微机系统识别管理的依据,每个动物图案又通过二种颜色(蓝、红)及A、B二个编号加以识别,从而有利于对违章经营的查处和失物的查寻,同时也是对出租汽车经营者规范经营的鞭策和鼓励。每一次动物标识设置后的使用周期为一年。2000年7月1日以后,郑州市内1万余辆出租汽车将载着鹤、企鹅、骆驼、羊、鸽子、鲸鱼、犀牛、天鹅、公鸡、驼鸟、牛、金鱼、蝴蝶、金丝猴、海豚、老虎、熊猫、袋鼠、长颈鹿、马、豹子、大象、蜂鸟、海豹、北极熊、班马、猩猩、鹰等30种动物标识在大街上行驶。

第三节　县(市)出租汽车客运

“积极发展出租汽车客运,提高出租汽车在中小城市和有条件的县及县以下乡镇客运市场中的覆盖面,以满足不同消费层次的乘车需求,促进出租汽车客运健康发展”,是1995年交通部《关于加快培育和发展道路运输市场的若干意见》中一项重要内容。该文件出台后,加快了郑州市下辖的登封、巩义、新密、荥阳、新郑、中牟6县(市)及上街区的出租汽车客运的发展步伐。郑州市各县(市)及上街区的出租汽车客运由交通运政部门负责管理。

新密市的出租汽车出现于1990年,当时的出租汽车无计价器,租价由双方议定。1991年出租汽车发展到33台,车型主要以微型面包车、吉普车、小轿车为主。后来,奥拓、夏利等新型轿车也进入了出租汽车市场,淘汰了一些老旧车型。1995年全市出租车发展至100多辆,但由于政出多门,致使出租汽车乱停乱放,违规经营等现象比较严重。

1996年7月新密市运管所成立了出租车管理办公室。当年,正式投入营运的出租车已达到220台,社会单位非正式营运的出租车有500余台,出租车与社会闲杂车辆互相交叉无法界定,偷漏规费现象严重,也给社会和出租车市场带来不安定因素。1999年5月27日,新密市发布了《新密市客运出租汽车管理办法》,对经营权、出租车颜色、标价都作了详细规定。1999 年 4 月 9 日，运管所出租车管理办公室升格为新密市出租汽车管理办公室，同时成立新密市出租汽车有限公司。2000 年 8 月，新密市出租汽车有限公司划归交警队，出租客运业务由运管所客运股代管。

登封市的出租汽车始于 80 年代末，随着少林寺和嵩山旅游区景点的开发，十余年来已发展出租汽车 300 余辆。由于社会单位自用车和部分“黑车”的参运，给出租汽车行业带来了混乱局面，给嵩峰、少林、鲸星三家出租汽车公司经营带来了严重影响。登封市政府十分重视，2000 年 8 日下发了有关整顿文件，要求交通、公安、市政、物价、技术监督、工商等有关部门联合办公参加整顿。经过整顿，局面得到改观，现有嵩山旅游出租租赁公司、鑫鑫公司和原来的少林公司专业经营出租汽车客运业务。

巩义市乡镇企业发达，出租汽车发展很快，目前巩义有出租汽车 800 辆，分别归祥云公司、长发公司、二运公司经营。新郑有 200 台出租汽车。荥阳有桑塔纳、昌河、长安等品牌出租车 607 辆。中牟有出租汽车 60 余辆。各县、市的出租汽车市场已趋于饱和，尤其是新密、巩义、登封三市的出租车运力已大于运量。由于城区客源不足，县、市出租汽车已开始向乡、镇出租客运市场延伸。

为利于道路客运市场的整体建设和发展，加强县(市)出租汽车客运秩序的治理整顿已进入市、县两级交通主管部门的议事日程。

第二篇 道路货运

随着我国京广、陇海两大铁路干线在郑州的交汇，城市搬运装卸业在郑州出现了，也由此衍生了郑州的汽车道路货物运输业。建国以后，汽车运输向专业化、规模化发展，逐渐取代了以人力车、畜力车为主要工具的低级货物运输方式。

国家实行改革开放政策之后，激活了道路货运市场，加之交通主枢纽的区位优势和商贸城建设的机遇，为郑州道路运输业的迅速发展提供了有利条件。经过各方面的努力，货运基础设施建设不断加强，运输和车辆结构逐渐优化，道路货物运输分工专业化趋势明显，货运市场充满了生机。

2000 年度，郑州市社会道路货物运量达到 13924 万吨，货运周转量 701350 万吨公里，郑州市区货物运量 6230 万吨，货运周转量 372680 万吨公里。运输车辆结构也加快了调整优化步伐，形成了普通、大型、专用各种车型齐全、满足市场需求的局面。

经过交通运输管理部门和广大经营者的不懈努力，货运市场秩序不断得以规范，统一、开放、竞争、有序的运输市场体系正在建立。

第一章 郑州市搬运业兴起与发展

解放前郑州市搬运工人政治上无地位，生活上无保障。解放后，搬运工人在政府的组织下，成立了搬运工会，建立了搬运组织——郑州搬运公司。郑州搬运工人在党的领导下，为支援解放战争，为郑州市经济建设和支援工农业重要工程建设做出了自己的积极贡献。

郑州市搬运公司的工人们在当时机械化设施极为匮乏的情况下，主要依靠体力，发扬爱国主义精神，完成了国家交给的各项任务，有的不仅奉献了自己的青春，甚至还奉献出了自己的生命，他们的精神可歌可泣。

第一节　城市搬运业的形成

郑州地处黄河中游，是通东西、贯南北的十字中心。尤其是清朝末年，京广、汴洛两大铁路干线在郑州的交汇，使它成了晋、冀、鲁、鄂周边诸省土特产、日用百货、工农业生产原料的集散地。郑州城市搬运装卸业就始于两大铁路干线的交汇以及火车站的建立之后。加之鸦片战争后，中国沦为半殖民地半封建社会，长期受封建自然经济制约而形成的城镇体系有了改变。郑州铁路沿线及结点出现了一些工厂和仓库，如郑州火车站周围就出现了一些将西部的棉花进行加工装车、物资集散场所。运往上海等工业城市的打包厂等。

与此同时，在郑州火车站周边的敦睦路、大同路一带就出现了以搬运装卸为业的工人，被称为“脚子”、“脚夫”。从事城镇搬运装卸工作的多是破产农民或城镇贫民，使用的交通工具都是农业生产用的手推车、独轮车，也有架子车、黄包车以及畜力车，也有少数豪绅商贾运载货物的汽车。他们在火车站周围各找门路，自寻雇主，运价面议，自由经营，没有行业组织，也无章法可依。

随着搬运装卸工人的增多,争抢货源的事情常常发生,当地的地痞流氓、会道门头头就利用这一形势,插脚进来控制一帮,形成封建把头,划地为界,想在界内寻活的搬运装卸工人必须向他们缴纳各种费用,对搬运装卸工人进行残酷的剥削。本来竞争就激烈,活难找,每辆车每月运输量甚至达不到吨公里,剥削和压榨使他们生活更为艰难。搬运装卸工人从一出现就处在社会最底层,多数人是被生活逼迫无路才走上这一条道路的,因此他们政治上无地位,生活上无保障。

郑州在解放前夕搬运装卸工人已达到2000余人,他们饱受京汉、陇海铁路搬运装卸的"北霸天"、"南霸天"一类的封建把头和官商衙门的残酷剥削和压迫。

第二节　城市搬运组织

郑州市搬运公司是解放后最早从事货物运输的集体企业。它的沿革和发展,说明了郑州城市运输从人力、畜力搬运到机械搬运的历史,郑州市搬运公司为郑州的货物搬运装卸业作出了巨大贡献。

郑州解放前,广大搬运工人没有统一的组织,劳动所得被封建行会把头和官绅盘剥,生活在贫困线上。1948年11月郑州解放后,市总工会工作组深入火车站、仓库、货栈组织发动工人群众,取缔封建行会组织,斗争封建把头,将1800余名搬运装卸工人组织起来,于1949年3月成立了市人力运输工会筹委会,负责安排工人生产,组织参加军运,选调500名搬运工人随第二野战军南下合肥等地支援解放江南的后勤服务。

淮海战役结束后,中国人民解放军继续扩大战果,百万雄师集聚江北,准备渡过长江,急需向前线运送军需物资,中原军区为了统一领导,全力支援南下解放军,便于1949年1月24日成立了中原支前司令部,由毕占云同志任支前司令员,李一清同志为政治委员,杨少桥同志为参谋长。1949年3月23日,中原临时人民政府电令郑州、开封两市,立即组织500辆架子车,选500精壮工人,组成"中原支前运输总队"开赴第二野战军后勤司令部服务,以供应中国人民解放军南下紧急运输的需要。搬运工人支前队伍从郑州出发沿陇海铁路向东,经徐州南下,其支前路线如图2-1。服务区范围大致是淮河以南、长江以北的合肥、桐城、舒城、六合地区。

郑州市职工筹备会向支前全体工人提出六项号召:(一)坚决服从指挥、克服困难完成支前任务;(二)响应上级号召,工作中起带头作用;(三)爱护群众利益,不违犯群众纪律;(四)发扬阶级友爱精神,加强团结互助;(五)干部要以身作则,吃苦在前,享受在后;(六)加强学习,提高自己的政治文化水平。1949年3月30日,500名架子车工人整队出发。支前的500名工人分别编成各支前小分队(如图2-2),为配合中国人民解放军早日打过长江,解放全中国,奋不顾身地搬运过弹药、汽油、机油、军服、汽车零件等军用物资678万公斤,有力地支援了解放军的作战任务。支前事务长李亚杰还被称赞道:"……李亚杰担任事务长,运粮打草筹米他当先,吃饭在后头,行军在前边。"人民解放军第二野战军政治部授予支前运输大队"渡江后盾"锦旗。1949年8月3日,支前司令部还在郑州电影院召开了"欢迎赴蚌埠参加支前运输光荣归来的290名装卸民工大会",市委、市政府对支前工人们的

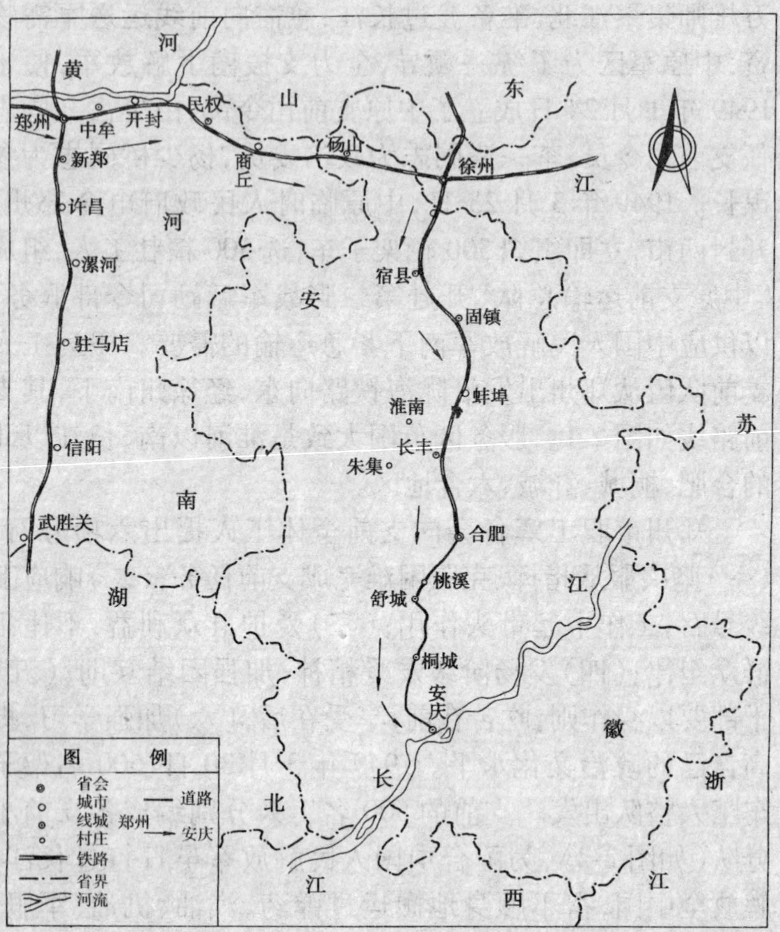

图 2-1　郑州市搬运工人支援大军南下路线示意图

贡献、牺牲精神给予了积极的评价，并鼓励他们把以后的工作干好。

1950 年 4 月，郑州市搬运公司建立后，拥有集体职工 2800 余人，人力车辆 2600 余辆，隶属市劳动局领导。对于从事黄包车客运的黄包车工人，组织建立人力运输工

图 2-2　郑州搬运工人支前队伍开赴前线

会黄包车大队，由市搬运公司代管。市搬运公司在国民经济恢复时期，除完成市内运输任务外，曾于 1950 年至 1951 年间，先后三次组织搬运工人参加抢修市东郊机场，加固黄河堤防和治淮白沙水库工程。1951 年，市搬运公司购买一辆汽车发展现代汽车运输，这台从市五金百货公司购买的吉斯 150 型 4 吨货车是郑州市搬运公司的第一辆现代化运输工具，它在郑州市搬运业机械化的历史上具有里程碑式的意义。

先进的运输工具，一经投入到运输企业使用，便显示出其明显的威力。之后，郑州市的交通运输事业在国家的大力支持下，现代化运输工具呈现出逐年递增的可喜局面。1952 年冬季，市搬运公司又添置了一辆英国“考目”四吨载货车。在第一个“五年计划”的第一年 1953 年，市搬运公司就拥有了 23 辆汽车，此时汽车运输开始从附属地位上升到主导地位，并建立了一个单独经济核算单位——汽车队。1953 年，市搬运公司设一室六科，下属的四个办事处改设七个直属中队，共有架子车 5653 辆，当年完成货运量 299.03 万吨，货物周转量 1372.39 万吨公里。市搬运公司业务属河南省交通厅搬运局领导，行政归郑州市工商管理局领导。

1954 年 4 月，市搬运公司对社会散车进行审查登记后，吸收 3300 人（车）为市搬运公司的正式集体职工，搬运公司职工增至 6173 名，下属单位由 3 个搬运大队增至 6 个大队和 1 个汽车队。1955 年再次对社会涌现的散车进行整顿，分别组建市架子车运输合作社和二七、金水、陇海（管城）、建设（中原）区架子车运输合作社，拥有架子车 1000 余辆，分属市政府交通处和区交通科领导。为发展城市客运，于 1955 年 11 月组建了郑州市三轮车合作社，隶属交通处领导。

在 1955 年的社会主义合作化高潮中，郑州市搬运公司转为地方国营企业，1956 年将所属 6 个搬运大队和 1 个汽车队，调整为 3 个搬运站和 1 个汽车队。1958 年，拥有 64 辆汽车的市搬运公司汽车队转为市交通局运输队。1959 年开始正式试制土汽车，以解决市内运输机械化问题。此时“大跃进”等左倾思潮也在市搬运公司中间泛滥开来，大搞忽视客观规律和科学精神的“百吨巨龙”、“汽车列车化”形式，脱离实际进行蛮干。1960 年在调整中，又将市搬运公司退为集体企业，但不包括汽车队，于是搬运公司又从各搬运站拥有的 50 辆汽车中抽调 30 辆重建市搬运公司汽车队。将市架子车运输合作社撤销并入各搬运站。1961 年将各区架子车运输合作社撤销，并入市搬运公司，增设搬运四站。在架子车为主要运输工具期间，搬运工人在技术革新中创造了架子车三轮工作法，即重车拉，空车蹬，运货时带上一个单轮车架（相当于半个自行车），回空时装在架子车辕上，成为脚蹬的三轮车，大大减轻了劳动强度，比架子车提高运效 30%。

1968 年 8 月，郑州市搬运公司更名为郑州市交通运输公司。1969 年建立机动车辆厂，生产简易汽车。简易汽车逐渐淘汰了架子车，结束了郑州市主要靠人力进行搬运的历史，开辟了郑州靠机械进行搬运的新篇章。但简易汽车成本高、污染重，后来逐渐被汽车运输代替。1981 年 3 月，郑州市交通运输公司撤销，所属搬运一站与汽车队合并，组建郑州市第一交通运输公司；搬运二站与机动车辆厂合并，组建郑州第二交通运输公司；搬运三站与修理厂合并，组建郑州市第三交通运输公司；原交通运输公司客运站改为郑州市客运公司。1981 年全市集体运输企业拥有汽车 180 辆，简易汽车 240 辆，还有装卸运输大件笨重物品的大型汽车、吊车、叉车、大型拖挂平板车等特种车辆。

从事笨重体力劳动的搬运老工人已大批退休，企业包袱沉重，依靠积累资金发展机械化运输，成为各专业运输公司所追求的目标，并取得一定成效。此时，从事城市货运的机动车辆增至 505 辆，从事城市客运的大小客车有 82 辆。

第三节　城市搬运形式

一、特殊搬运

搬运企业在解放战争末期和社会主义建设时期，曾担负过支前、支工的特殊搬运任务。

1949年5月,平汉线郑州车站与陇海线郑州车站合并后进行扩建,土方工程任务相当大,需要挖运大量土方填平两站之间凹地。时间紧、任务重,需要大量的劳动力和车辆参加这项工程,人力运输工会主动承担了运土填坑工程任务。调来工人和手推车、架子车,吃住在工地,连续奋战7天7夜,挖运土石方3万多立方米,筑起路基、站台,提前完成所交给的任务。

1950年冬天,美帝国主义发动了侵朝战争,亟须抢修解放战争时期遭到破坏的郑州燕庄机场,以支援抗美援朝,任务十分紧急,急需大量石料和建筑物资运往飞机场。又是在这关键时刻,市搬运公司铤身而出,按照市委、市政府要求,立即组织1500名工人,带着架子车、手推车,吃住在东郊聂庄铁路专用线附近,夜以继日,卸车皮,搬运石料和建筑物资,保证施工需要,连续苦战一冬一春,胜利完成了抢修郑州燕庄飞机场建筑物资搬运任务。

1951年10月,搬运工人响应毛泽东主席"一定要把淮河治好"的伟大号召,按照市委、市政府的指示,市搬运公司动员1000名工人,拉着架子车开往登封白沙水库工地,参加治理淮河工程,开山放炮拉石土,打夯拉石滚,奋战8个月,完成白沙水库工程指挥部交给的修建任务,于1951年6月返郑,有53名工人被评为治淮劳动模范。

1952年中央决定河南省省会由开封迁入郑州。郑州金水河以北省直各机关进行大规模建设。市搬运公司担负基建工地所需建筑材料搬运任务,公司也把主要精力投入到支援省会建设中,大批基建物资从郑州车站和中原、郑州两个砖瓦厂运往行政区，经过两年苦战，完成搬运任务，保证了省政府和所属机关于1954年迁入郑州。

1955年市政府决定开挖因长年失修而泥沙阻塞的索须河道，加固河堤，进行治理。市搬运公司组织500名工人支援索须河治理工程，吃住在工地，奋战一个多月完成任务。

1958年7月，黄河水位猛涨，部分河段出现险情，广大搬运工人7天7夜连续拉石头，配合黄河河务局完成抢险任务。市搬运公司的数千名工人们完全靠肩拉、手搬，为国家建设、郑州市政建设奉献出了心血和汗水，乃至生命。虽然，现在他们都已年迈，甚至有的已离开了人世，但是他们艰苦奋斗、无私奉献的精神却一直激励着郑州市的建设者们。

二、铁路专用线装卸与公路装卸

郑州的主要铁路专用线，由市搬运公司和搬运站装卸队按区域担负装卸，每个队200人左右。东区的火车站、木材公司专线、铁路材料厂专线，由搬运二站负责装卸；西陈庄煤场专线、海棠寺车站专线、面粉厂专线、糖仓专线由搬运一站负责装卸；西站专线、董砦煤场专线、电厂专线、砂轮厂专线，由搬运三站负责装卸。装卸工人日夜值班在队部等候，铁路部门只要电话通知，装卸工人就立即骑车赶往现场，按照班组长分工，紧张有序地进行装卸，易损货物做到轻拿轻放，使货主和铁路部门满意。

公路装卸一是专业货运企业装卸，二是社会货运企业装卸。专业货运企业又分一般货物装卸和大件货物装卸两种。一般货物有砖、瓦、砂、石、煤、粮食、百货食品等，各车队都配装卸工人，每车1至2人，在装车和卸车地点进行汽车装卸，在装卸过程中一般都要按照货主安排码整齐，附加有上下垛、盘转等理货项目，装卸作业完成后做到清扫汽车和装卸现场。大件笨重货物装卸劳动强度大、危险性大，要求装卸工人有一定技术经验，工人都随汽车，装上汽车后坐上车到卸货地点卸下货物。随着自卸汽车的增加，企业购买与之配套的铲车、叉车、吊车等装卸机械，人力装卸到90年代后逐渐减少。社会汽车装卸主要由农村副业队承担，多数在铁路专用线或工厂仓库进行装卸作业。

三、仓库搬运理货与驻厂定点搬运

仓库搬运理货作业，主要是粮食、糖、盐部门的串、灌、缝包、翻晒、码垛、下码、短距盘转等；木材部门的木材码垛、下码、分类挑捡等；百货、果品、棉纱布部门的上下垛、倒包等。理货作业要求工人有力气，还得有经验技术，工作责任心强，一般效率的高低是和工人收入直接挂钩的。调度人员要妥善安排同火车装卸作业搭配轮换。广大装卸工人在理货作业中，与货主密切配合，合理使用仓库面积，做到排码整齐，轻拿轻放，不无故损坏货物。

驻厂定点搬运，就是搬运公司各站根据工厂需要，通过协商，把一部分搬运工人固定到工厂，由工厂调遣做搬运工作，运费有的按吨公里计算，有的按日计算。按日工计算多数是年岁较大的老工人，他们在工厂里名为搬运工，实际有的搬运工人比工厂的职工责任心还强，早来晚走，以厂为家，工作任劳任怨，认真负责，有些厂仓库保管员把仓库钥匙交给搬运工人，对搬运工人十分放心。有些搬运工人退休了，工厂仍然留他们在厂里做搬运工作。

这些老一辈的搬运工人，大多数是农民出身，因天灾人祸，无法在农村继续生活下去，才到城市干上搬运装卸这一行的，他们对来之不易的这份工作十分珍惜，干活舍得下力气，大多责任心极强，积极响应国家政府的号召，从建国初期到80年代初期现代化搬运装卸工具被大量使用前，30多年间，为国家和地方经济的建设、发展付出了他们的青春，许多大型工程都饱含着他们的心血。由于完全是体力劳动，劳动强度大，有的货物是易燃、易爆或化学刺激性物品，给他们的身体也造成了一定损害。1952年7月24日就曾发生过市搬运公司71名搬运工人沥青中毒事件。因此当时的政务院(今国务院)、劳动部、市人民政府及市搬运公司制定发布了一系列的操作规程、操作办法、指示等，对搬运工人加强劳动保护。

市搬运工人也是充满智慧的，他们在具体劳动过程中，结合劳动实际，开动脑筋，进行了一系列的技术革新，如利用煤气机改制成了土汽车，除了运输外，还可以用来抽水、发电；回空车，去时人力拉，空车回时以三轮车的形式返回，造价低，效率高；以及制作了利用杠杆原理的装卸铰动器械；小巧而又锐利的断丝钳等。

在当时来讲，搬运装卸行业是劳动密集型行业，生产效率低，需要人手多，况且大多数搬运装卸工人都是解放前加入这个行业的，截止1983年6月30日，集体运输企业职工总计有4307人，55岁以上的有1035人，占总职工人数的百分之24.03，平均职工年龄为44.76岁。退休职工有2052人，占职工人数的47.64%。这些情况的存在，对各运输企业以后的发展带来了一定压力。

四、城市农村副业队搬运装卸

1984年以来，按照“放宽、搞活”的方针，鼓励各种成分的个体、集体运输户参运，对于农民进城从事搬运装卸或其它副业运输者，只要经过乡村批准，持有证明，通过郑州市农村劳动力管理办公室（市劳动局）办理城市暂住人口登记证，运管部门负责联系货源和单位，帮助运费结算，合法搬运装卸，农民进城从事搬运装卸的队伍不断增大。

随着城市专业搬运工人逐渐退休，以及各专业运输企业经营业务的转变，从90年代开始，市区从事搬运装卸的队伍，几乎全由农村副业队所代替，到2000年年底，市区农村副业搬运装卸队，及其它搬运装卸队遍及市区各铁路专线、工厂、企业事业用工单位。农民搬运工进入郑州市，顶替了各专业搬运公司退出留下的空白，成为郑州市经济建设、生产、生活中主要搬运力量，并发挥着重要作用。

第二章　道路货运的形成

郑州道路货运机具沿革史，以20世纪20年代为界大体可分为两个阶段。这一划分主要以机具动力的使用变化为主要标志，20世纪20年代之前的这一漫长时期，是以人或畜作为机具动力，之后这一不足百年的时间段内，是以油料、电等作为机具的动力。由于机具动力的使用发生了质的变化，那么其载重量，其使用材料、运作原理也都迥然于前一个阶段。因此，郑州道路货运市场的兴起也随着运输机具的这一质的变化而兴起了。

第一节　道路货运机具的发展沿革

古代的郑州道路运输机具，在种类、构造、使用和载重量方面历朝历代虽有所改进，但大同小异，没有发生质的飞跃，仍然以人、畜为动力。鸦片战争后，由于资本主义经济的侵入，中国保持了几千年的自然经济状态逐渐发生了变化，表现在道路货物运输机具上是发展步伐加快，其结构、构件、动力等方面开始了质的变化，慢慢向现代化运输工具靠拢，从木轮车到胶轮车，从手推车到脚蹬车，从人力车到汽车。

一、人、畜力车

（一）马车

郑州"乘牛服马"已有几千年的历史。到清末时已发展为两辕两轮骡马车，如图 2-3，又叫大车，车轮改小，车箱多为平板，引出两木以为辕。由一马驾辕，前可套 2 至 5 匹马。每车可载重 500 公斤至 1000 公斤，视牲口多少而定。可日行百余里。与前代马车比较，车较小，车身减轻，阻力小载重量增加。因此它成为郑州平原地区道路运输的主要工具。

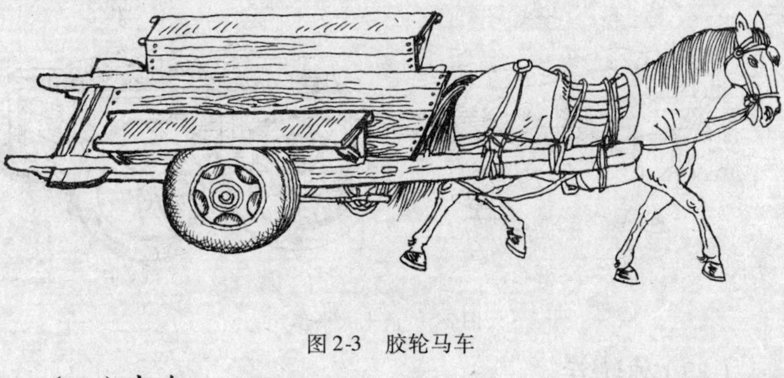

图 2-3　胶轮马车

（二）牛车

其构造与马车类似，车箱多为平板，两轮。车箱前伸出两木作辕，一牛驾辕，如图 2- 4 前可套 2 至 3 头牲口，载重 500 公斤左右。

图 2-4　牛车

（三）太平车

北宋时已有大型太平车，此种太平车为四轮无辕，不分前后，轮为木质实心，车箱成长方形，轮与箱齐高，箱内载货或乘人，使用时将车的一端拴一与车箱等宽的长木，长木上装有铁勾，用来勾住套绳，并套 2 至 4 头牲口，多时可套 5 至 7 头牲口，如图 2-5 载重量可达数千斤，日行三四十里，如遇雨雪，难以进行，它的特点是平稳，故称太平车。

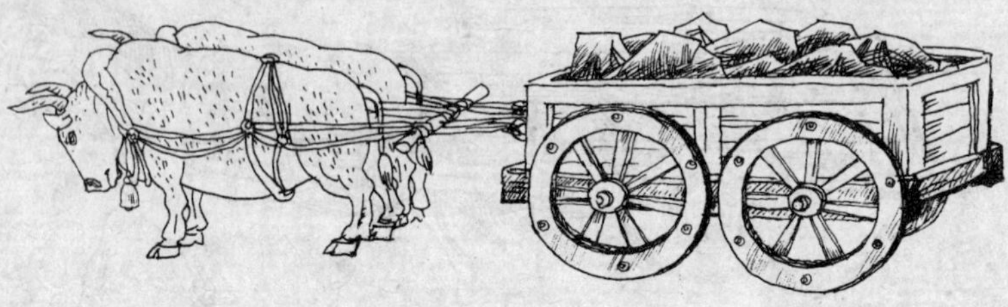

图 2-5　清末太平车

（四）独轮车

又称手推车、土车、鹿车、木车等。还有叫拱车、平头车的。盛行于汉魏时期。独轮车构造简单，初期是木轮木轴，轮上驾一平板，后有两个车把，另加以车袢，放在肩背上,掌握平衡,两手扶两车把推动车子前进。后来为经久耐用,车轮外包铁瓦,木轮改为铁轴,实心木轮改为空心木轮。独轮车一般能推100公斤左右,在山间小道上也能行驶,较畜驮人挑量大,是运用于丘陵地区的运输工具之一。解放初,郑州1800名搬运工人中,有一半使用推车,后被架子车代替。

(五)架子车

又叫平车。郑州在20世纪40年代始出现架子车,大部分是用黄包车下盘改制的胶轮大轱辘车,解放后逐步改为胶轮小轱辘车,载重可达250至600公斤,结构由下盘和车架两部分组成,只要1人双臂架辕,肩挂上袢带就可拉着行驶如图2-6。搬运架子车日定量5吨公里左右,是20世纪50、60年代集体运输企业的主要运输工具,市区最高曾达到7370辆。70年代逐步被机动车所代替,但仍在农村普遍使用。架子车底盘改为充气胶轮的使用在中国车辆沿革史中具有里程碑式的意义,它改变了以往运输车辆木质轮的特点。胶质轮的使用不仅可以降低劳动强度,提高生产效率,也有效地保护了道路路面。

图2-6 架子车

(六)大板车

这是集体运输企业最初运输大件笨重物资的专用工具。前面一人驾辕，数人拉曳，按装载多少配备拉曳人数，一般3～5人，多达6～10人。1970年前，市搬运公司有50多辆不同类型的大板车，如图2-7从事锅炉、机床、变压器和木材、钢材等大件笨重物资的火车站上下站运输。大板车的使用，也是搬运工人们在实际工作中摸索改进出来的。

二、简易机动车与拖拉机

（一）土汽车

这是搬运工人1959年在技术革新中用架子车作基础改制而成的，是探索机械化搬运过程中的有益尝试。其结构分为动力机械、主车和拖车三部分。主车前装有用3.5马力煤气机改制成的汽油发动机和驾驶室，变速器两个档位，起初主车和拖车的车身都是以架子车车身代替，后改制成铁质车身。主车有6个车轮，可载重500公斤，拖车4个车轮可载重1000公斤，每小时行驶20～25公里。车轮是以架子车圈特制的衣毂筒与扁形条钢焊接而成，比较坚固耐用，制动部分与马车的制动原理相同。1959年秋天，在河南省博物馆展览时受到毛泽东主席的赞扬。

土汽车与架子车比较，速度快，又可减轻工人劳动强度。到1960年，市搬运公司已拥有40辆土汽车，但因车辆造价高，运输成本高，收不敷出，又不适宜城市运输，1962年被淘汰。

（二）简易汽车

20世纪60年代末期土汽车被淘汰后出现了简易汽车，市交通运输公司集中各搬运站的能工巧匠和机器设

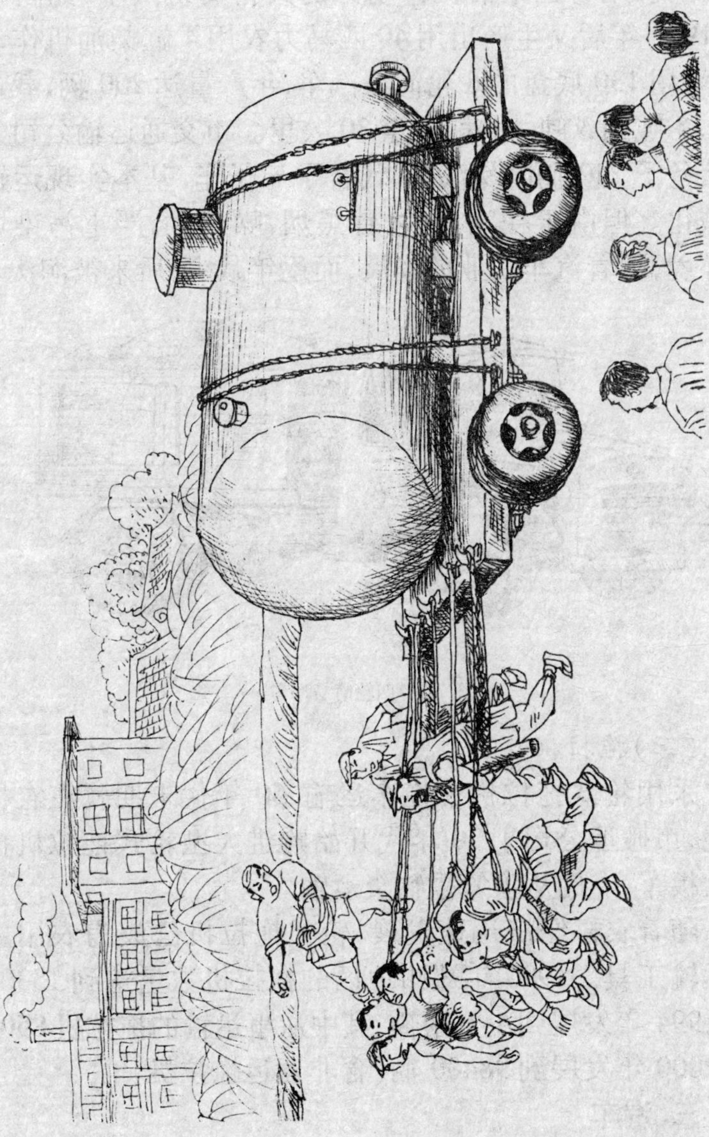

图 2-7　大板车运输大件货物

备，组建机动车辆厂，于1969年生产出第一批用8～12匹马力的农用单缸柴油机作动力的四轮简易汽车，如图2-8。1972年后又生产出用40匹马力农用4缸柴油机作动力，采用130底盘的6轮简易汽车，年产量达200辆，载重达1.5吨到3吨，时速25至30公里。市交通运输公司先后装备了240辆简易汽车，代替了架子车，基本实现运输机械化。但由于耗油量大，冒黑烟，噪声大，严重污染城市环境，随着汽车工业的发展，而逐年减少，后来被淘汰。

图2-8　四轮简易汽车

(三)拖拉机

采用轮式拖拉机带拖车运输，50年代末期就在农村出现，市搬运公司于70年代开始购进大型轮式拖拉机拖挂大板车，专门从事笨重物资运输。

随着农村经济迅速发展，轮式拖拉机已成为农用主要运输工具。1990年郑州地区的拖拉机数量达到15300辆，1994年发展到4万余辆，其中从事运输的拖拉机8500辆，2000年发展到98400辆(含非营运拖拉机)。

三、汽车

民国时期，郑州开始有汽车。但是，没有我们国产的汽车,仅有几台1929年从美国进口的福特、雪佛兰、道奇等品牌汽车。新中国成立到社会主义建设时期,郑州的载货汽车多从原苏联和东欧社会主义国家进口,有原苏联的吉斯、吉尔、嘎斯;原捷克的布拉格,匈牙利的却贝尔等。使用哪个国家的汽车与我国当时的外交政策有很大的关系。1951年全市载货汽车76辆,1958年增至935辆。

随着中国汽车工业的发展,从50年代末期起,郑州汽车行列中国产汽车多了起来。初期只有解放牌,而后有跃进、黄河、龙江、江淮、东风、郑州等品牌。1976年全市有载货汽车6492辆。1979年增至9916辆,1983年增至17079辆。从1984年公路运输市场开放后,到2000年的16年间,郑州载货汽车成倍地增长,满足了市场需求。

特种货运车辆种类的多寡,也是检验这个地区货运能力的一个重要标准。20世纪末期,市第二交通运输公司有载重100吨的特大型平板车,郑州联开运输总公司有各种型号零担车90余台,中原集装箱运输公司有从事集装箱业务的货运汽车140余辆。另外,冷藏车、罐式车等专用载货车辆在郑州市货运市场上都占有一定比例。郑州货运车辆的车型结构正在向大、重、专、轻等车型发展,改变了以往郑州货运车辆缺重少轻的局面。各种专用运输车辆的发展,是交通运输现代化的重要标志,也是社会对运输车辆的必然要求。如集装箱运输就是外贸件杂货运输中不可或缺的运输工具。

木炭代油汽车曾一度在民国时期郑州运输市场上出现过。木炭代油汽车是河南孟县人汤仲明研制成功的,是以木炭为燃料的煤气发生炉汽车(简称木炭车)。1932

年3月，汤仲明曾先后数次在郑州西郊碧沙岗一带作道路试验，时速达40公里，公里耗木炭0.5公斤。这项技术在当时世界上都是领先的。木炭车的出现，在抗日战争时期为军事物资运输曾发挥过重要作用，解决了当时汽油紧缺的问题。此前河南省政府曾以建字第2210号训令各县、市政府，将各地长途汽车营运的尚未改装的一律改成木炭汽车，因此南京政府时期，河南各地公商客货运输汽车基本上都改成了木炭汽车。

第二节　道路货运市场的兴起

郑州的货物运输，在唐开元十三年间已有雏形。据《通典》记载，当时"夹路都有店肆待客，酒足饭饱，每店备驴，供客租用"。清代初期，郑州的驿运线路已通向洛阳、西安、开封、商丘等地，从事货物的运输业在郑州这块土地上不断发展。

清朝和民国时期，郑州的货物运输工具主要以毛驴、手推车、架子车、马(牛)车等人力、畜力车为主。汴洛、京汉铁路在郑州交汇并建有火车站之后，郑州成为东西南北各地货物集散地，在火车站周围也建立了一些诸如打包厂、豫丰纱厂之类的小加工厂，以及南大街药材一条街，因此郑州的城市短途运输慢慢发展起来了。虽说郑州是铁路的十字枢纽，但就公路运输而言，远没有周边的开封、洛阳，甚至南阳、许昌等地发达。郑州在当时来说，只有少数的几家专作投机生意的金店、银店、典当行和中草药行、货栈，以及绸缎庄、百货商店等商业，工业屈指可数，大型工业更是没有。郑州在解放前夕，人口不过15万，面积不过5平方公里。街道狭窄，只有一条720米长的水泥马路。

因此，人力运输在郑州地区较长时间内成为主要运输手段。官僚及警察流氓们的欺凌与压榨，加上清末和国民党统治的腐败无能，兵连祸结，广大搬运工人生活在贫困线上，路面低劣、肩挑人拉、牲畜驮运的落后运输方式，使郑州的货物运输受到极大的抑制。

郑州最早的汽车货物运输出现在 1908 年，当年商人刘发兴开始在郑州收买红枣、瓜子等货物装汽车运往汉口销售。抗日战争胜利后，河南省公路局接收了日伪的 200 多辆残破汽车标价出售后，河南商车发展到高潮。到 1947 年 5 月，全省商车发展到 220 辆。洛阳、郑县（今郑州）、开封、漯河货源比较多，市场比较活跃，商车曾一度云集在这些地方。洛阳主要营运线路是洛阳至陕州，有时也由洛阳至郑县，或由郑县至西安。郑县车主要跑新郑、禹县。

这时，比较大的汽车运输公司主要在开封、许昌、漯河，郑州没有一家专门从事汽车运输的业户。1948 年，郑州有 1800 辆架子车和手推车从事货物运输。

新中国成立后，随着国民经济的恢复和社会主义建设事业的发展，郑州的公路货运业也得到了较快的发展。1950 年郑州市搬运公司成立，三千多名搬运工人成了市搬运公司的新员工。自此，郑州市的交通运输业，才真正走上了有组织、有计划、健康发展的道路。

1951 年秋，郑州市搬运公司购进了一部吉斯 150 四吨货车，这是郑州市货物运输从以架子车、手推车和扛、背的体力运输方式走向机械化运输的开端。1953 年郑州市搬运公司已拥有汽车 29 辆，并成立了汽车队，开始纳入国家计划执行计划运输，并逐步发展成为郑州货物运输行业的主力军。到1957年，郑州市从事货物运输的汽车已达127辆，专业人力运输架子车4642辆。全年完成货运量23.05万吨，货物周转量530.46万吨公里。

1957年至1966年，社会主义改造基本完成，开始进入全面建设社会主义时期。这一时期，郑州的公路货物运输业在稳步发展的同时，也受到了社会大环境的影响，而出现了一些曲折。随着国民经济发展，公路货物运输在各种运输方式中的比重大幅度上升，现代交通运输工具的增加，逐渐取代了传统的人力车和畜力车而居主要地位。1958年2月，郑州市搬运公司汽车队改建为郑州市运输公司。1958年5月，在党的八大二次会议上通过了“鼓足干劲，力争上游，多快好省地建设社会主义”的总路线，强调要“破除迷信，解放思想，发扬敢想敢干的创造精神”，由此“大跃进”、“浮夸风”，在道路货运市场内也出现了。致使货物运输生产出现了重数量，轻质量，忽视安全的现象。车辆受到不同程度的损坏，郑州运输公司的汽车完好率由1958年的74.29%下降到1961年的35.9%，1961年亏损达40.71万元。1962年至1965年，经过“调整、巩固、充实、提高”方针的贯彻执行，郑州的公路货运又有了一定好转，货运汽车比重的增加，形成了铁路、公路“一条龙”运输服务。郑州运输公司开始扭亏为盈，1965年有汽车80辆，376个吨位，年货运量47.8万吨，货物周转量471.2万吨公里，当年盈利19.44万元。

1966年至1976年，“文化大革命”期间，郑州公路货运市场又受到动乱的影响。干部下放，运输企业的部分职工形成两大群众组织，致使货物运输管理曾一度陷入混乱,运输生产停滞不前。1967 年,仅汽车运输公司就亏损 20 多万元,1970 年连续 9 个月没有完成计划指标。但在“文化大革命”的十年里,郑州市(包括社会车辆)的货运汽车拥有量大幅度增长,到 1976 年全市已拥有机动大货车 5151 辆。

1976 年粉碎“四人帮”反革命集团后,郑州的公路货物运输又有了新的发展,在发展国营运输企业的基础上出现了各地区、各部门及个体(联户)参加货物运输的热潮。随着十一届三中全会的召开,以及改革开放方针的提出,再加上 1984 年运输市场的放开,国家、集体、个体一起上争办公路货运的局面出现于郑州公路货运市场,1985 年郑州市专业运输系统完成货运量 1273. 8 万吨,完成货物周转量 53476. 9 万吨公里,民用载货汽车达到 1927 辆,87061 个吨位,其它机动车(拖拉机及其它载货车)50407 辆,汽车挂车 6714 辆,个体(联户)完成货运量 2363. 86 万吨,货物周转量 62117. 14 万吨公里。

从此以后,郑州的道路货物运输进入了繁荣发展阶段。1993 年河南省交通厅先后行文,对进一步开放公路货运市场制定了有关优惠政策。主要有:(1)取消新增汽车额度管理规定,凡具有开业经营条件的生产经营者均可进入市场;(2)取消货运市场货源计划管理。大宗重点、基建工程、港站集散物资运输,实行合同运输,承运双方择优托运,运管部门监督合同履行。其它货物运输实行市场调节;(3)发展私营运输和个体运输联合经营,活跃农村、山区、边远地区运输市场;(4)鼓励支持运输企业开展多种业务经营活动;(5)鼓励运输企业进行跨市地、跨省际的联合、合并或独立注册经营,打破地区、部门界限,发展全国统一市场;(6)鼓励外商到我省兴办三资企业(包括兼并国有运输企业),引进先进技术装备和经营管理技能,促进企业整体素质的提高;(7)鼓励国营、集体、私营、外资等多种经济成份在统一规划下兴办汽车站、货运站和运输服务业;(8)进一步落实省厅关于发展公路运输社会化服务体系的决定,促进各类社会化运输服务组织向企业实体转化,并形成网络。省厅文件的出台为货运市场的繁荣提供了政策支持。

第三章　道路货运的发展

郑州道路货物运输的发展可分为这样几个方面:一是道路货物运输车辆数量和车型层次多样化的发展。二是货物运输量和货物周转量上的发展;三是道路货物运输市场秩序上的逐渐规范。公路建设、货运场站建设、现代化交通工具的使用等是道路货物运输市场发展的基础,客户需求的存在是道路货运市场发展的根本,国家政策的支持是道路货运发展的保障,信息技术、劳务、先进的管理理念的支持是道路货运发展的关键。郑州处于交通主枢纽的地位,郑州商贸城的建设发展定位以及为商贸城的建设所付出的努力,国家、省、市各级政府培育和发展道路货运市场的信心和决心,现代物流先进理念的引进等,都为郑州道路货运市场的发展提供了一个良好的主、客观环境。

郑州的道路货物运输流向一般有四类:一是以郑州为集散地的公路运输,将郑州生产的产品运往省内外各地市,或将生产、基建和人民生活所需物资从省内外运回来。二是跨省公路运输，即郑州运输企业或个体的车辆将省内外的货物途径郑州运送到其它地方。三是市内铁路上下站运输，将铁路车站下站物资运送到企事业单位或基建工地，或特种货物由企事业单位运送到铁路车站。四是市内运输，即市内厂矿企业之间与生产、销售、基建工地之间的市内物资以及人民群众主要生活物资的运输。

第一节　主要道路货物运输方式

郑州道路货物运输，在运输机具发展上，有一个从人力车、畜力车到简易汽车、拖拉机运输、汽车运输再到专业运输的这样一个发展过程。解放初期的人、畜力车运输主要是马车。20 世纪 60 年代后发展机动车运输，包括汽车、简易汽车和拖拉机运输，马车运输逐渐被淘汰出道路货运市场。20 世纪 80 年代后的道路货物运输是各专业运输汽车在扮演着重要角色，如零担运输、集装箱运输、危险品运输、大件货物运输、鲜活货物运输、贵重物品运输以及国际货物联运等。

解放初期，郑州只有汽车 10 余辆，交通部门组织架子车和马车从事货物运输，支援解放军渡江作战、解放江南和抗美援朝等指令性物资运输，并从事长途货物运输。1951 年，全市只有载货汽车 76 辆，马车却有 240 辆。1954 年载货汽车增至 284 辆，但马车却增至 1600 辆。这种变化是和我国当时的发展战略重点、整个国民经济状况相吻合的。马车主要从事运输粮、棉、煤等基本生活物资和砖、瓦、灰、砂、石等基建物资的运输。随着汽车运输的发展，马车运输方式于 20 世纪 60 年代后逐渐被淘汰。

20世纪70年代兴起轮式拖拉机运输，是在购买汽车难和运力紧张的情况下发展起来的。1972年11月，省交通局、公安局、农林局联合发出通知，准许轮式拖拉机经营公路运输。1984年2月国务院决定允许农民个体或联户用购置的机动车船和拖拉机经营运输业，全市拖拉机数量有了大的发展。1979年全市有拖拉机6245台，1984年增至25328台，1994年达49356台，2000年达98400台（含非营运拖拉机）。拖拉机大都归个体或联户所有，最初也有集体运输企业经营拖拉机运输的。主要是从事煤炭和沙、石等大宗物资。

郑州的汽车货物运输，在1984年汽车运输市场全面开放前，专业运输企业承担着主要的运输生产任务。专业运输企业有交通部和省营运输企业以及市营运输企业和集体运输企业。省营运输企业无论是在由省直接管理期间，还是下放郑州市管理期间，都是立足郑州，面向全省承担运输生产任务。市营运输企业和集体运输企业，则基本上是为本市承担运输生产任务，为郑州市经济建设做出了自己的贡献。

三年国民经济恢复时期，组织车辆参与调运粮食和种子。1951年参与全省粮食调运，1958年组织车辆参与向许昌、南阳等地突击调运薯苗，1962年组织车辆常年参与调粮和密县、登封、巩县等小煤窑集运业务，1963年8月抽调车队参加安阳、商丘的救灾运输，1965年组织车辆支援攀枝花钢铁基地建设，1975年8月抽调车队参与驻马店等地区特大水灾的救灾运输，1979年组织车队参与集运小煤窑积压煤炭，实行货运公路铁路分流，为郑州电厂直接送煤到厂，1980年4月开始发展集装箱运输，1984

年1月在全省率先开展零担货运业务。运输区域由开始的面向农村,到面向省内外大中城市。计划经济时期,各专业运输公司尽职尽责地完成了上级交给的各项指令性任务,为国家建设提供了运力保障,取得了经济效益与社会效益双丰收。公路运输市场全面放开后,个体(联户)货运车辆骤增,社会团体单位自运车辆也走向市场,运输市场竞争激烈。在强大的市场竞争压力下,各运输单位和个体之间相互杀价、垄断货源,专业运输企业普感货源不足,企业发生亏损,而开始发展多种经营。在这种压力下,专业运输企业,以其多年积累的货物运输经验形成的特有眼光捕捉到:大力发展集装箱、零担运输,加快危险品、大件货物等运输,是一条企业重生的必由之路,这样可以充分利用自身的技术人才优势和多年形成的良好信誉展开竞争。于是,有的货运企业开始发展大件笨重物资运输,如市第二交通公司筹资购进牵引能力达100吨的大型车辆,发展大件笨重物资运输。

集装箱运输是一种先进的运输方式,是交通运输逐渐成熟的重要标志,也是外贸件杂货运输的发展方向。20世纪80年代,我国集装运输有了较大发展,20世纪90年代,随着深化改革、扩大开放政策的深入贯彻,国内、国际集装箱吞吐量有了较大幅度增长。

这种运输方式的特点是由车站或港口封箱,运送到达终点由车站开箱。1980年4月,郑州市在河南省首先开办集装箱运输业务,营运单位是中原集装箱运输公司。1985年,中原集装箱运输公司发展壮大,成立郑州等3个中转站,集装箱运输车辆达120台,以及与之相配套的大型装卸机械和运输装备,完成货运量1394万吨,货物周转量2373.79万吨公里，中转集装箱42万吨。1990年，郑州市第二交通运输公司也筹资42.5万元，购置40英尺、20英尺大型集装箱专用车各一辆，从事集装箱运输。1994年末，办理国际标准集装箱2300多个，散杂货物运输25万余吨，外贸货物出口到30多个国家的40多个港口。1985年8月1日，河南省联运公司组建零担集装箱运输公司，在大力发展联运中，重点抓好集装箱中转站建设，在中转站内部业务管理上，重点放在加快箱子周转和开展过渡期掏箱业务上。1998年2月，国际集装箱中转站并入零担货运公司。1997年郑州辖局运输企业拥有集装箱30台，年运量达400万吨。

零担运输，也称小件集装运输，是1吨以下的零星物资运输，由发出车站按线路和收货地点分别装箱，运输单位按时运往收货车站，由车站通知货主领取。郑州开展零担货物运输，始于1984年1月。

1983年12月，铁路货运价格调整以后，促使大量货物运输由铁路转向公路运输，加大了公路长途货物运输量，汽车零担货运也随之得以发展。1984年1月，郑州联运公司在郑州建立零担货运站，办理汽车零担运输业务，年初投入1辆车营运。第一辆车首发安徽蚌埠，月货物吞吐量26吨，年底零担货物运输汽车发展到15辆，开辟零担线路20条，月货物吞吐量15000吨，沟通6省3个直辖市和200个市、县，受理中转300个站点业务，营运里程达7400公里，初步形成以郑州为中心的零担运输网。

1985年到1994年期间，零担货运进入大发展阶段。郑州联运公司大力发展零担货运业务，1990年零担货运车增加到32辆，零担货运线路增加到58条，其中省内线路22条，跨省线路36条，总营运里程24748公里。全市有储运仓库2000平方米，月货物吞吐量达3545吨，年货运量1.6万吨，货物周转量719万吨公里，与省内外1900多个零担货运站点有业务往来。1992年联运公司经营结构调整时，零担成为公司发展的重点，年底零担营运车发展到47辆。零担货运干线，省内班线22条，省际班线36条，郑州市建立营业所20个，全国中转站点1900个，月吐吞量3545吨，年运量16001吨，周转量7190084吨公里，1992年营利35万元。1994年之后，由于国家政策的影响和市场变化，外部经营环境十分不利，但他们经过努力，不仅使零担货运业务稳步发展，还适时进行了转产，到2000年已拥有各种零担货运车辆90台。郑州的零担货运的身影活跃在大江南北、长城内外、高原荒漠、东海之滨，利用自己交通主枢纽的地理优势，为全国货物的快速流通起到了穿针引线的重要作用。

郑州是国家大型工业基地之一，大型煤矿机械、水利机械、纺织机械、锅炉、变压器等大件产品，都在郑州生产运往外地。20世纪50年代至20世纪60年代靠人力拉大板车运送笨重物品运往火车站或运往外地，此种劳动方式极不适应笨重货物对运输车辆的要求，20世纪70年代用拖拉机拉大板车运输笨重物品。1980年后，市三个交通运输公司在更新购买汽车的同时，将拖拉机更新为大型汽车，有拖挂20～40吨大拖车19台，80～100吨2台，第二交通运输公司购买了载重100吨的大拖车，从事特大笨重货物运输。第二交通运输公司建立一个大件运输队，配有大型吊装设备。建立特种货物运输队伍，不仅满足了郑州运输大件货物需要，也为省内其它地市装卸大件笨重货物提供了方便。

目前,郑州公路货运在发展普通货物运输市场的同时,零担运输、集装箱运输、快件运输、搬家运输、危险品运输、大件运输、鲜货运输、贵重货物运输以及国际货物联运等多样化的运输方式日益活跃,根据货物特点和货主要求而设货运方式,逐渐成为货运主流。

第二节　城市货物运输

郑州市内货物运输,从运输工具的发展沿革上来分,20 世纪 60 年代前为架子车为主的人力车运输;20 世纪 70 年代以简易汽车为主;20 世纪 80 年代后以汽车为主,简易汽车退出市内货运市场;20 世纪 90 年代后货运工具更为丰富,汽车、厢式货车(货的),机动三轮车等。人力三轮车作为机动货运工具的有益补充,始终在郑州货运市场的一些领域内活跃着。

20 世纪 60 年代的人力车运输主要是架子车运输,建国后到 20 世纪 60 年代末,架子车运输担负着城市基本建设、工厂企业生产和居民生活等各个领域内的运输任务。在当时,这一任务主要由市搬运公司各搬运站来承担。随着经济建设的高速发展对货运工具的需要,架子车运输队伍不断壮大。1949 年至 1957 年期间,架子车由 1800 辆增加到 6359 辆。专业运输队伍接受"三统"政策管理,服从统一调度。

市内架子车运输承担的任务,一是上下火车站的货物运输,主要是下站货物运输。把郑州东站、西站、海棠寺车站和其它铁路专用线上卸下的大批基建物资、生产原材料和人民生活物资,直接送到仓库、基建工地、工厂企业，和商业贸易单位，同时将工厂企业、商贸批发需要运往外地的物资，运送到铁路东站或其它车站。在当时来说上下站物资运输在市内运输中占70%。

二是砖瓦运输，主要是从郑州西郊石佛的砖瓦厂和郑州西南郊的中原砖瓦厂装砖瓦送往市内各基建工地。砖瓦运输由于运距较远，需求量大，况且效率低，劳动强度大，需要投放大量架子车运输。

三是市内物资流转运输，一部分担负从工厂、仓库装货物送到商业部门销售，一部分担负从面粉厂装面粉送到各粮店，或从煤场装煤运送到各个煤店，保证群众生活用煤。

架子车运输工人劳动强度大，工作时间长，早出晚归，每天达10个小时以上。1952年完成货运量93.5万吨，占市区货运量的96.42%。周转量18.7万吨公里，占市区周转量的92.81%。1956年完成货运量312万吨，占市区货运量的61.68%，周转量763万吨公里，占市区周转量的61.68%。1959年完成货运量324万吨，占市区货运量的71.68%，周转量1075万吨公里，占市区周转量的29.95%。

20世纪70年代之后，机动车成为城市货运的主流，架子车逐渐退出了历史的舞台。1970年市交通运输公司各站已开始使用简易汽车从事市内运输，1972年后各站均组建简易汽车运输队，全公司简易汽车已发展到240辆，以后车辆大体稳定。单车载重量的大小也随市场需求而增减。

进入20世纪90年代后，上下火车站货物运输除由开展公铁联运的河南省联合运输公司继续经营外，而各企事业、集体、个体(联户)也都参与进来。上下火车站业务量大的工厂、企业等单位也都建立自己的货运汽车队。基建工地上需求量比较大的砖瓦运输,则多由郑州近郊砖瓦厂就近的个体(联户)或集体来承担,砖瓦运输机具则呈现多元化态势,汽车、大小拖拉机、胶轮马车等运输工具在郑州市允许进出的时间和范围内开展砖瓦运输业务。

近年来,郑州的道路货运市场上,也出现了"出租汽车货运"形式(多称"快运",采用装有出租营业标志的小型货运汽车供货主临时雇用。并按时间里程规定费率收取运输费用)。这种"快运"形式的出现是基于郑州20世纪90年代以来商贸城的发展而出现的。目前郑州食品、服装、布匹、鞋业、花卉、小商品等批发市场有二、三十家,对一些轻便、时效性又较强的物品来说,它们需要以"快运"的方式尽快把货物从生产加工地运送到消费者面前或把货物从各批发城运送到各零销点及车站以运往外地,因为它的轻便性,也为"快运"这种形式提供了可能。"货物快运"形式的出现,是道路货物运输的一种进步,也是社会发展的必然。货物在运途上消耗的时间愈短,它的价值成本就会越低,那么在价格不变的情况下,它带给生产加工者和销售者的利润也就越高。而对消费者来说,在较短的时间内收到货物也是所希望的。目前,依托这些批发市场而生存的"快运公司"有几十家,如绿城快运、联开快运、市二运公司快运等。这种"出租汽车"的车型为"厢式",它的特点是车型小(1吨以下),不抛洒,外观美,是城市首选车型,符合城市交通发展方向。市运管处为加强对厢式货车的管理,1998年6月还专门成立了

“厢货管理办公室”。

机动、人力三轮车则在家俱城与客户之间家俱的运送方面发挥着自己的优势。郑州有港联家俱、华联家俱等30多家大小家俱城，机动、人力三轮车车主既承担着运输任务，还承担着搬运任务，满足了消费者的需要。

改革开放以来，城市住宅建设发展很快，居民搬家频繁，作为城市货物运输一项重要内容的集体、民办汽车搬家运输业应运而生。自1991年郑州市出现第一家民办“利民搬家公司”以来，至1994年，全市经批准从事搬家运输的运输公司发展到26家，2000年则拥有67家。受到搬家用户欢迎。

第三节　县(市)、区货物运输

郑州市辖6县(市)在道路货物运输发展方面，有一个共性的特点，即民间运输从货物运输的兴起，到货物运输的发展，都一直占据主导地位。尤其是1984年国家在道路运输领域政策上的放开，个体(联户)运输业者的兴起之后，国营专业运输单位便在市场竞争中常常处于被动的地位。虽然如此，国营专业运输单位在我国的国民经济建设、国防建设、抗洪抢险诸方面仍起着中流砥柱的作用，是其它经济成分的道路运输经营者所不能取代的。

1. 登封。新中国成立后的前30年，由于现代化运输工具不足，特别是山区交通闭塞，人畜力运输是该地区一支不可忽视的力量。据统计，1965年，人畜力运输量占总运输量的69.4%。1965年，因县汽车队上交，全县基本靠人畜力运输。1975年，人畜力运输占总运输量的90.3%。十一届三中全会以后，人畜力运输工具逐步被机动车辆代替。登封汽车运输始于1954年冬。当时开封地区运输总站从新郑调两辆商营汽车驻登封。往返于郑州登封之间,客货混装运输,1955年调回。后由郑州运输总站调汽车往返于郑登线运输。1958年大办钢铁时,登封才有自己的汽车投入运输,但不能满足需要。郑州运输公司的第一、第四汽车队先后驻登封。1975年11月省汽车大队在登封筹建第七汽车队。登封境内山地较多,交通不畅,加上工业欠发达,至20世纪末,货物运力、运量发展都较缓慢。

2. 巩义。明清时期,货物运输靠肩挑、牲口驮、小车推。民国后期,高脚架子车、汽马车(胶轮车)成为较先进的运输工具。20世纪50至60年代,运力结构发生变化,汽车、拖拉机逐步取代了马车、架子车、铁脚车等人畜力运输工具。1966年底发展到汽车110辆,拖拉机55台,摩托车14辆。1978年,全县各专业车队和部门拥有汽车879辆,拖拉机2156台,年货运量79万吨,货运周转量1069.8万吨公里。但是交通运输的发展仍显缓慢,落后于工农业生产的发展。许多货物长期积压,拉不回,运不出。1984年后,运输业实行国家集体、个体多渠道经营,机动车辆迅速增加。据1985年统计,全县有机动车11736辆,是1978年的4倍。参加货物营运的汽车有1388辆,其中国营车队52辆,集体车队65辆,县城各部门155辆,联合体和个体1116辆。参加货物运输的小型拖拉机6562台,基本上都属于个体。年公路货运量65万吨(其中专业车队50.5万吨),年货运周转量5947万吨公里(其中专业车队完成4341万吨公里)。货运能力的提高,使运输市场空前活跃。至2000年的十几年间,货物运输处于稳步增长态势。

3. 新密。建国初期，全县货物运输的主要工具是独轮车和少量的架子车。1954 年 3 月，建立密县搬运工会，组织老城西街、南街及菜园沟、青石河等村 125 人，手推车 100 辆、牲畜 20 头，在冬春农闲时从事县百货公司、粮食局、供销社等单位短途运输。1954 年全县的货运量只有 2.79 万吨，货运周转量为 102 万吨公里，落后的运输工具使煤炭等物资长期积压，无法运出。

1955 年春至 7 月，在原煤运工会基础上，先后建立密县搬运一社、二社，共 63 人，以畜力、架子车从事长途货物运输。1957 年密县搬运一社合并为密县搬运社，有职工 78 人，40 辆架子车，长途货运于新郑、荥阳、登封等地。随着工农业生产的发展，货物运输也迅速发展，从背驮、推拉发展到以铁轮牛车、毛驴架子车、汽马车为主的民间运力。1962 年，受三年自然灾害影响，密县运输状况也与日俱下，当年货运量下跌到 19.9 万吨，货运周转量仅有 350.4 万吨公里，分别为 1960 年的 20.7% 和 26.1%。

1964 年，“密县交通局运输三统办公室”，把私营运输业纳入国家计划的轨道，逐步进行社会主义改造，统一调度、统一运价、统一货源，合理组织群众运输，弥补专业运输工具的不足。从此密县的民间运输较前大有起色，到 1967 年全县货运量 61.58 万吨，货运周转量达 670.1 万吨公里。

1984 年 2 月，国务院决定个体或联户的机动车辆准许经营公路运输，民间运输业得到较大发展，到 1985 年，全县载货汽车达 1527 辆，大小拖拉机 3609 台，还有遍布全县的机动三轮车和小飞虎，从此机动车辆代替了人畜运输。1989 年,全县共完成货运量 598.02 万吨,其中交通部门完成 1.715 万吨,社会民间运输完成 596.31 万吨,分别占总量的 0.29% 和 99.71%,完成货运周转量 20646.57 万吨公里,其中交通部门完成 270.73 万吨公里,社会民间运输完成 20375.84 万吨公里,分别占总量的 1.31% 和 98.69%。

1993 年以后,密县公路建设取得了突飞猛进的发展,7 年来,共新建、扩建、改建公路 850 公里,全县干线公路等级明显提高,使汽车运行速度提高了 3 倍多,2000 年度,新密市货运量达 1497.3702 万吨,实现货运周转量 63109.0033 万吨公里。结构运力,车辆结构和货运量及周转量都有较大提高。

4. 荥阳。荥阳市东临省会郑州,西望古都洛阳,郑汴洛高速公路、310 国道、陇海铁路在其境内穿过。从发展货物运输角度来讲,荥阳可以说是交通便利,区位优势明显。另外,荥阳自 1996 年以来,共筹资 1.0358 亿元,新建、改造地方公路 187.2 公里,这也为货物运输的发展提供了条件。

同郑州其它县(市)一样,20 世纪 50、60 年代以前的货运主要靠人、畜力车和人挑马驮。1959 年,全县共有专业队 110 个,汽车 21 部,架子车 770 辆,当年完成货运量 141 万吨,其中社会运量占到了 70%。十年文化大革命时期,货运市场十分不景气。

十一届三中全会后,荥阳货运发展很快,1984 年有营运货车 256 辆,货运量 34.17 万吨,周转量 1080.4 万吨公里,1990 年有营运货车 781 辆,货运量 136 万吨,周转量 9398.6 万吨公里,2000 年则发展到营运货车 1336 辆,货运量1200万吨,周转量71934万吨公里。

5. 新郑。新郑的道路运输是以明清时的官办邮驿为前奏,逐步更替为民间流通的商业经营。光绪30年(1904)平汉铁路建成通车后,在新郑设新郑车站,就有了为火车装卸、搬运的"脚行"和转运货栈。而民间的客货流通,因受民生凋敝和落后道路条件的限制,仅以肩担、人推、畜拉维持有限的自货自运。

民国34年(1945)新郑县始有畜力胶轮马车(俗称汽马车)。1947年,县东关毛园村马运生开始经营私人运输行,名协丰车场,组织少量民间运输工具承担较为长途的运输业务。

新中国成立后,随着道路条件的不断改善,1951年郑州市运输站在新郑车站设办事处。1953年2月成立新郑县运输站,主要担负密县民用煤往新郑集运和分运铁路下站物资。运输工具的来源,以组织发动县内的畜力马车、铁木轮车、手推车和驮骡等民间工具为主。1954年新郑成为省、地密煤集散基地后,外地车辆特别是私营畜力马车大量调入,煤运量从1950年的1.5万吨激增到4万吨,运输形势相当繁荣。

1958年3月,购进汽车9辆成立新郑县汽车队。从此新郑县的道路运输开始步入新的历程。进入六十年代后,道路运输管理机构开始相应建立。1977年,营运货运汽车发展到161辆,年货运量62.6万吨,道路运输发展相对缓慢。

1978年,党的十一届三中全会召开以后,新郑的道路运输开始步入新的发展阶段。在"多层次、多渠道、鼓励发展"和"国家、集体、个人一齐上"方针指导下,各种运输工具特别是私营运输急剧发展，据统计：1958 年全县营运机动车仅有 9 辆，至 1977 年发展到 985 辆，到 2000 年猛增到 4093 辆。比 1958 年和 1977 年分别增长 454 倍和 42 倍。由于商品经济的迅速发展和现代化运输工具不断增加，社会运输产量也随之上升，1949 年全县货运周转量 100 万吨公里，至 1978 年增加为 1086.2 万吨公里，到 1986 年又增为 5531.6 万吨公里，2000 年 9319 万吨公里，比 1949 年、1978 年和 1986 年分别增长 93 倍、8.5 倍和 1.7 倍。从解放至今新郑货物运输呈两大发展特点：一是从 50 年代至 70 年代中期，运输工具以民间人畜力车为主，运输货源以煤炭、粮食、食盐等生活用品的短途运输为主，运输秩序以硬性的“三统”管理为主。当时大部分属自货运输，属托运成交的数量不大，因而这个时期运输市场的供求，经常处于车少货多的失调状态。二是自改革开放至 20 世纪 90 年代末期，由于货运机动车急剧发展，加之境内各种货源的内外交流日趋增大，因而其运输特点发生了质的变化。即：运输工具以汽车、拖拉机等机动车为主，运输货源以紧俏、大宗和长途为主，市场行为以双面成交，择优托运为主。

6. 中牟。建国前的货运，主要工具是太平车、架子车和手推车，均为个人私有。1929 年，郑开公路峻工，开始经营货物运输。1935 年，设立运输同业公会，负责协调货物运输业务。当时县城设马车行、小车行十余家。1938 年，黄河花园口决提，洪水冲毁陇海铁路、郑开公路，陆路运输中断。日军投降后，运输业虽有所恢复，但依然不振。

1940 年 3 月，始设搬运工会，主要从事中牟火车站货物装卸以及中短途货运业务。1954年春，设汽马车站用于短途运输。1956年并入县搬运站，1956年7月成立县运输站，统管客货运输业务。1958年，组建地方国营县汽车队，购置进口货运汽车8辆，1965年，根据省人民委员会指示，县汽车队将11辆汽车和25名职工移交开封汽车运输公司。1972年县汽车队恢复建制，重操货运业务。

1978年，国家石油部管道三公司迁至中牟县，货运汽车猛增到391辆。县直企事业单位和驻县单位先后成立12个汽车队，拥有汽车399辆，从事自货自运业务。

1984年以来，个体运输业户猛增，运输市场竞争激烈，国营集体运输单位为求企业生存与发展，实行以运为主多种经营方针，提高经济效益，增强竞争能力。1985年，专业运输单位汽车34辆，企事业单位拥有汽车508辆，个体户汽车243辆，个体户货运拖拉机2762台。当年货运量29.4万吨，货物周转量634万吨公里。1990年，全县共有货运汽车894辆。其中专业运输单位汽车22辆，企事业单位拥有汽车629辆，个体户汽车243辆。个体户货运拖拉机3018台，拖车2406台，当年货运量36.75万吨，货物周转量792.5万吨公里。随着中牟境内交通设施改善，工农业生产发展，至20世纪末，运力运量都有较大幅度增长。

7. 上街区。由于上街地处边远，区小人稀，货源较少。1958年成立上街运输公司，1975年仍以人力搬运为主，主要分布于当时的郑州铝厂附近，为仓库的搬运装卸仓储理货提供服务。1975年至1978年间，共完成货运量319.46万吨，货运周转量415.118万吨公里。当时共拥有人力车803辆，专业运输车辆19辆，民间社会运输车辆

130 辆。1978 年后,上街运输业发生了较大变化,公路建设有了很大提高,310 国道就从区中心通过,厂矿、企业也不断增加,再加上国家总体经济形势好转,社会对运输工具需求量大增,到 1984 年这一时期完成货运量 756.35 万吨,货运周转量 1683.11 万吨公里。之后,公路运输市场放开,运力猛增。至 2000 年,货运车辆增加到目前的 1200 多辆,其中个体联户车辆 400 余辆,专业运输公司车辆 30 余辆,企业拥有车辆 800 余辆,完成货运量 250.1 万吨,货运周转量 12449 万吨公里。

第四节 货物运输场站

一、传统货运场站

(一)郑州公路主枢扭总体布局规划的制订

公路主枢纽是指合理布局下的公路运输场站系统。它是以公路主骨架为主体,以水运主通道与铁路干线交汇联结的中心城市为依托,应用中转运输,集客货集散需要,服务设施配套完善,装备比较先进实用,管理科学、信息灵通、功能齐全的客货运输场站系统。交通部提出要从"八五"开始,用几个五年计划的时间,在发展以综合运输体系为主轴的交通建设方针指导下,统筹规划,条块结合,分层负责,建设公路主骨架、水运主通道、港站主枢纽。交通部自 1990 年开始,对公路主枢纽的建设工作做出了一系列安排。郑州市由于所处的战略地理位置和在国家综合运输网中的重要地位,被列为主枢纽城市之一,同时还被列为全国先行开展公路主枢纽总体布局规划的试点城市之一。河南省政府、河南省交通厅、郑州市政府、郑州市交通局对编制规划工作非常重视,组成了郑州公路主枢纽总体布局规划领导小组,下设办公室,经过两年多的不懈努力,1992 年 7 月完成了送审稿。

郑州公路主枢纽总体布局规划,从郑州重要的地理位置,人口密集程度,矿产资源和工农业生产发展水平,交通通讯条件及综合运输网优势和在陇海、兰新经济带中的重要地位等诸多因素分析,无论从公路主枢纽的定义层次,还是形成公路主枢纽的外部环境条件,郑州市成为公路主枢纽的客观因素已经成熟,建立郑州公路主枢纽的外部环境和条件已经具备。

90 年代初,郑州道路运输场站设施薄弱的现实,也呼唤着郑州公路主枢纽规划的问世。郑州市联运公司零担货运站是郑州市区内唯一的公路零担运输场站,1989 年完成零担货物吞吐量 4.9 万吨。由于场地窄小,库容有限,许多条件成熟的零担班线不能开通,受理量也受到限制。据对郑州市货源情况调查,适合于公路零担货物和有采用零担车运输意向的货物达 50 万吨左右场站设施的制约是影响郑州公路零担运输的发展速度的重要因素。

中原集装箱公司郑州中转站是专为接运国际集装箱和国内箱而设计的运输场站,据当时对郑州地区货源情况的调查来看,接送铁路及港口的集装箱将达 8 万余箱,箱货量达 35 万吨,但由于建设资金等原因,至今没有形成设计能力的场站生产设施,从而影响了该场站功能的发挥。

紧邻郑州火车东站的货栈街,多年来自发形成为货运交易市场,平时车辆云集,停放无序,经常交通堵塞影响居民生活和工作,由于缺乏必要的公用性质的停车场和仓储设施，使得运管部门难以把自由混乱的交易市场，变为有序有形、公平竞争、合理运输的交易场所。

近年来，货运配载服务在郑州也发展很快，但配载率所占比重一直不高，空驶率居高不下，究其原因之一，也是缺乏必要的运输场站和设施。

为此，郑州公路主枢纽规划布局领导小组工作班子，在大量调查论证的基础上，完成了规划方案，获得交通部和省政府的批准。规划中，对2000年，2010年，2020年运输量发展水平及公路主枢纽适站量作了测算郑州地区公路货运量分别达到7743万吨、13447万吨和23453万吨，公路主枢纽货运适站量分别为211万吨、360万吨、594万吨。

公路主枢纽总体布局分为两个独立系统，即客运系统和货运系统。每个系统均由若干个独立经营的场站组成，包括场站生产服务、组织管理、计算机通讯、生产生活辅助服务内容。郑州公路主枢纽总体布局方案呈环形枢纽的特征，符合客货流量和城市发展格局。其中货运系统包括：货运中心站、货运南站和货运北站。

(二)郑州目前货运场站状况

为河南外贸进出口服务的郑州公路新港已经开通运营，规划中的郑州公路主枢纽货运站系统，其中的郑州汽车货运中心站建设已初具规模，经营上也已经展开。但目前建设与经营状况和规划要求还有一定的距离，除建设资金一直不能按时到位以外，货运中心站在经营管理和形象宣传上的滞后也是原因之一。

1. 河南公路港。初称郑州公路港，是中国内陆第一个公路口岸，是遵照河南省人民政府的决定，顺应扩大对外开放，改善投资环境，加快发展对外贸易的潮流，于1992年10月24日在郑州开通运营的。原河南省委书记侯宗宾、省长李长春参加了郑州公路港的开通仪式。按照省委、省政府关于“公路港组建时间要快”的指示精神，郑州公路港从项目提出到建成并投入运营仅用了三个月时间。

老公路港建有容纳海关、商检、卫检、动植物疫检，银行结汇及保险等部门办公的联检办公楼，海关监管库建设有集装箱存货场3000平方米和铁路专用线。堆存场设施完备，有以英国进口的世界最先进的叉车，有大型先进正面吊，有大型运输集装箱卡车队，以及其它通信、办公和交通设施。具有“报关”、“货代”“船代”和“箱管”四大职能。经营进出口货物的运输代理、仓储、集装箱堆存、中转换装、掏装箱，以及集装箱的清洗与修理、报关报验、定车定船、结汇、保险等业务，为客户提供一流的服务。

老公路港设有连云港外轮代理公司郑州营业部、国际货代部、国际货运部和业务部，以经营国际集装箱运输为主，兼营散杂发货的公路、铁路、海运多种联运，为客户的进出货物提供“一票到底”的全程服务，以及集装箱运输的门到门运输服务。

到1994年底已办理散杂货2.3万吨，办理国际标箱2300多个，办理的外贸货物出口到30多个国家和地区的40个港口，与一大批进出口和外贸企业建立起稳定的业务关系，保持密切往来，和连云港、天津、青岛、上海、深圳等沿海港口建立起良好的业务关系，在国内外建立起了良好的商业信誉。

设在二里岗货栈街的公路港称为老港，在老港开通运营的同时，加紧筹建新港，1993 年 10 月通过评审，港址设在郑州北郊 107 国道与郑汴洛高速公路交汇处的柳林立交桥东南侧，占地面积265 亩，年吞吐量为3.5 万标箱，超过国际上集装箱一级站 3 万标箱的规模，总建筑面积为2.7 万平方米，地面硬化面积10.331 万平方米，使用铁路专用线一条，并建有 EDI－电子数据交换技术系统，与国际国内联网，取代现有的纸面单证，同国际贸易接轨，实现了“无纸交易”。一期工程于1999 年竣工，现有6000 平方米集装箱堆存场，5000 平方米的仓库面积，4 台20 吨卡车，40 吨正面吊一台，6 吨叉车一台，3 吨叉车 4 台，1.5 吨叉车 1 台。2000 年 10 月由老港搬到现在的 107 国道与郑汴高速路交叉口新港。

河南省公路港的开通，对于打通公、铁、海联运通道适应集装箱外贸运输的需要，扩大与铁路口岸横向协作，加快货物流转速度，实施省政府站桥开发战略，充分发挥公路运输的潜在优势，服务于河南经济建设，向外向型经济发展有十分重要的意义。

2. 郑州汽车货运中心站。它是郑州公路主枢纽总体规划系统的龙头项目。1993 年9 月完成项目可行性研究报告，经河南省计经委正式批准立项，1994 年开始征地、拆迁、勘测等前期工作，1995 年动工兴建。地址在货栈街东端。郑州汽车货运中心站于 1997 年 12 月与郑州汽车客运总公司实现联合后，即解决了建设资金上的不足，又解决了经营管理上存在的一些问题，也给客运总公司开发新的经济增长点带来了机遇。

郑州汽车货运中心站现有叉车、装卸吊车、手拖搬运车，有仓库面积 48000 平方米，停车场 2000 平方米，货物堆场 12000 平方米，主要经营配货、仓储、批发等业务。还拥有百余张床位的招待所和几百套门面房。同郑州运输信息中心联建的货运交易市场，很快就会投入使用，货运信息大楼正在建设。

3. 10 个货运交易市场。为创建国家卫生城市，维护良好的道路交通运输秩序，加强和完善道路货物运输市场的管理，市交通管理部门，根据《河南省道路运输条例》和郑州市人民政府郑政办文（1999）12 号“关于加强市区货运市场管理工作的通知”，结合郑州市货运市场的现状，在郑州市区与郊区结合部一带建立了 10 个货运交易市场。它们分别是：（1）郑州市道路运输信息中心交易市场（洁云路中段）；（2）郑州市航海货运交易市场（郑平路 3 号漓江饭店南侧）；（3）郑州市北环虎风货运交易市场（南阳路与北环路交叉口处）；（4）郑州市西环货运交易市场（西环路与郑上路交叉口处）；（5）郑州市陈砦货运交易市场（北环路与东风渠交叉口处）；（6）郑州市 107 货运交易市场（107 国道与机场路交叉口处）；（7）郑州市货栈东街货运交易市场（货栈东街 192 号）；（8）郑州市五里堡货运交易市场（航海路与新郑路交叉口处）；（9）郑州市郑密路货运交易市场（航海路与郑密路交叉口处）；（10）郑州市郑汴路货运交易市场（家电城院内）。

这 10 个货运交易市场从两年来的经营状况看，由于多种原因，现只有航海、西环、陈砦、货栈东街、郑密路等 5 家货运交易市场运营较好，集聚了周边的货运车辆，产生了较好的经济效益和社会效益，而其他交易市场的经营状况却欠佳，有待加强经营管理。

虽然说，目前郑州的货运场站在硬、软件设施上已经达到了一定规模，但和预定的设计要求之间仍有一定距离，现有的硬、软件设施也还没有完全派上用场，有闲置的现象存在。这与目前有的货运场站坐等货主上门、信息不畅、货源较稀、重收费轻服务和经营理念滞后等因素有关。同时，政府部门也有必要协调发挥好城区内重点货物集散场点现有设施的功能，加快货物疏运的市场化步伐。城区内主要货物集散点如：铁路东站、省公路局仓库、郑州油脂库、市土产仓库、糖烟酒仓库、铁路西站货场等。从前景来看，如果各货运场站的软、硬件设施配套齐全，经营理念先进，经营规则符合国际化潮流，加以政策到位，郑州货运场站的明天是很光明的。

二、现代货运场站

(一)公路主枢纽信息中心

郑州素有“九州腹地，十省通衢”之称，传统的道路运输业是郑州的一大经济支柱。传统道路运输业加上现代信息业，将会使郑州运输业发展如虎添翼；传统运输业，是现代信息业走向社会化、产业化重要的物质基础。郑州市运管部门正致力于这方面的结合，在建的郑州公路主枢纽信息中心就是其中项目之一。

郑州公路主枢纽信息中心位于郑州市航海中路83号，占地面积10000平方米，建筑面积6874.25平方米。其主要功能有：通信服务功能、客货运信息服务功能、行业管理辅助服务、共享数据库功能、呼叫中心功能，为本地区公路运输行业的门户性网站。同时，信息中心还作为全市客运数据监控中心，具有全市客运联网售票、班次与线路调整、统计分析等功能。中心的信息系统方面还包括郑州市交通运输管理处局域网办公、征费、稽查等功能。货运信息传输方面，拟采用由“华夏交通在线”编制的公路货运信息系统。信息中心作为“华夏交通在线”首批联盟单位之一，利用广电网、因特网、电信网等，通过数字电视触摸屏、声讯电话、传真呼机、电脑等设施和设备，采用开放式、分布式网张结构，建立一个面向广大车主、货主和中介机构的开放式信息平台，使社会货运信息能在更大范围内得到共享，达到公开、公平、公正交易的目的。信息中心并向全国车货会员提供停车食宿、仓储理货等多项服务。

信息中心本着“统筹规划、突出重点、分步实施、合理布点、起点适中、兼顾超前”的原则，搭建一个开放性的信息平台，目前已向中国互联网络信息中心（CNNIC）申请域名（www. zzjtnet. cn），购置小型机、路由器、交换机等网络设备。并拟建交易场所两个，一个设在信息中心院内，主体部分为北三层楼大厅，每层 500 平方米，预计 2001 年 8 月份完工；另一个位于市区内 107 国道与货栈街交叉口的郑州市汽车货运中心院内，目前正在进行土建工作。整个大楼为三层建筑、一、二层为 525 平方米大厅，三层为办公室、会议室、常驻信息业户办公场所等，此大楼作为交易系统的远程交易所，依托货运中心这个业已形成规模的有形市场，实现仓储理货、停车、信息收集与传递，达到信息反馈手段的现代化，长期效益颇为可观。

我国已经加入 WTO，需要我们占领市场，引导和帮助企业由“传统卡车公司”向“采用新技术的卡车公司”，再向“拥有卡车的高新技术的公司”的转变，形成物流配送一体化优势。

（二）现代物流业

随着信息技术和网络技术的不断发展，以信息技术为支撑，以网络技术为基础的现代物流理念正在逐渐为人们推崇和认可，并引起政府部门和交通运输业界及工商业界的广泛关注和重视。2000 年 2 月底，国家经贸委等 6 部委局联合下发了《关于加快我国现代物流发展的若干意见》，从国家宏观层面上开始全面推进我国物流业追赶国际化的步伐。根据郑州市所处的交通区位优势和中心城市的地位，郑州市政府及交通主管部门把发展现代物流业提到了重要的议事日程。

郑州市是京广、陇海两大铁路干线和京珠、连霍高速公路交汇处，起着承东启西、贯通南北的纽带作用，这一特殊的枢纽地位和交通区位优势，为现代物流的发展提供了必要的基础条件。

郑州市从 2000 年 10 月份已着手现代物流规划的研究。市交通局运管处与国家计委综合运输研究所的科研人员，经过 8 个月的考察和调研，提出了《郑州市现代物流发展规划》初稿，从郑州市作为物流中心城市系统概念设计、物流基础设施规划、物流信息平台规划、现代物流基本框架、物流发展政策、物流发展示范项目等方面进行了研究，并进入修改、完善和提升阶段，2001 年 10 月份提交论证。总体构想是“十五”期间完成物流基础设施和物流信息两大基础平台建设，营造适应行业阶段性发展的政策环境和工作机制，培育在物流产业中发挥骨干作用的企业网络群体，为使现代物流成为郑州市支柱产业打好基础。

第五节　郑州市主要货物运输企业

郑州市目前的主要货运企业,有河南省郑州联开运输总公司、河南中原集装箱运输公司、郑州市第一交通运输公司、郑州市第二交通运输公司、郑州市第三交通运输公司,以及各县(市)、区运输公司。

一、河南省郑州联开运输总公司

设在陇海东路的省郑州联开运输总公司,系国有运输企业,其前身为1953年7月建立的郑州市搬运公司汽车队,1958年2月转为地方国营的郑州市交通局汽车队,1961年11月改称郑州市汽车运输公司,1969年合并于由省下放到郑州市的郑州公路运输公司。1980年汽车运输企业收归省统一管理后,原郑州汽车运输公司改称河南省汽车运输公司郑州货运公司。在开封地区汽车运输公司撤销建立开封市运输公司之际,将其中的3个车队划归郑州货运公司。1984年归属河南省计经委领导,改名河南省郑州联运公司,后又历经河南省郑州联合运输公司,河南省联合运输总公司,河南省郑州联开运输总公司等公司名称的变化。

河南省郑州联开运输总公司现有下属货运经营单位:货运一公司、二公司、三公司、五公司、零担货运公司,联运集装箱公司公铁联运经营部、货运配载中心、货运信息中心、郑州亚之桥货运信息中心、郑州107货运交易市场、郑州市南五里堡货运交易市场、以及货运十五、十六、十七、十八(快运公司)、十九、二十和货的快运公司共20个生产经营单位。

联开公司的货运业务随市场变化也几经起浮,1999

年该公司加大经营结构调整,重点发展货运。至1999年6月底,联开公司货运车辆已达486台,2000年已达795台,货运已成为公司第二大创利支柱产业。

二、中原集装箱运输公司

中原集装箱运输公司是河南省交通厅和中国汽车运输总公司共同管理的河南唯一专业集装箱运输企业,属于中国远洋运输(集团)总公司(国家计划单列)核心层企业,为中国运输协会集装箱专业运输委员会理事单位和大件运输委员会成员单位。

中原集装箱运输公司设址陇海中路90号,它的前身是1965年为支援攀枝花钢铁基地建设,由河南抽调几个车队组成的第一运输总公司第五分公司,初由河南各运输公司抽调车队轮换,从四川返河南后开始固定下来,1980年4月转建为中原集装箱运输公司,下设郑州、洛阳、南阳3个中转站。

该公司主要承担国际国内集装箱公路、铁路、海上联运,大件设备和散货的"门到门"运输,国际货运代理报关、报检、租船、订舱等,兼营咨询、信息、仓储、维修和销售。立足中原,服务于河南的大交通建设,把河南的物资和产品输送到大江南北,及至中尼边境和戈壁高原。1997年8月份,中原集装箱公司因业务发展需要,经交通部同意,迁往山东。中原集装箱公司驻郑州的二十余年时间里,为郑州交通运输的发展作出了一定贡献。

三、郑州市第一交通运输公司

设在沙口路107号(原址铭功路142号)的第一交通运输公司,是1981年3月由郑州市交通运输公司一站和汽车队合并组建的。这个由人力搬运发展起来的机械运输集体企业,1989 年前主要从事汽车货运、大件物资运输和物资搬运装卸,具有担负长短途货物运输,超长超重货物运输的承运能力。主要承担市内海棠寺铁路车站各种货物的上下站运输,市区以北各厂矿企业生产和居民生活物资运输,为郑州市中型一类集体运输企业。

现有在职职工 643 名,资产总值 3156 万元,净资产 1591 万元,下属二级货运生产经营单位有一车队、二车队、三车队、五车队、六车队、八车队。2000 年度,郑州市第一交通运输公司有货运车辆 663 台,2960 个吨位,货运量 15 万吨,货运周转量 1550 万吨公里。

四、郑州市第二交通运输公司

设在城东路 22 号的市第二交通运输公司,是 1981 年 3 月由郑州市交通运输公司二站与机动车辆厂合并组建的。市二运公司主要承担郑州铁路东站的上下站货物运输,市区东南厂矿企业生产和居民生活物资的运输,并且办理国际间货物联运业务等。

长期以来,市二运公司都十分注重货运市场的挖掘,根据社会需要细化货运业务,把所属分公司分工为大型货物运输、集装箱货物运输、公铁联运、快运、贵重物品运输、危险物品运输等。目前市二运公司拥有营运货车 871 辆,4050 个吨位,其中 75 吨大型货车太脱拉 2 辆,14 吨奔驰 1 辆,半挂车 23 辆,8 吨以上吊车 4 辆,已形成吊叉装卸机械配套,可以满足客户不同的运输、起吊、装卸业务需求。2000 年,市二运公司完成货运量 74.67 万吨,为当年计划的 128.4%,周转量 3082.86 万吨公里为计划的 140.1%。装卸量 16.42 万吨,为计划的 91.2%。无论业务量还是经济效益在郑州市专业运输企业中都是佼佼者。

五、郑州市第三交通运输公司

设在郑上路177号的市第三交通运输公司,1981年3月由市交通运输公司三站和汽车修理厂合并组建。主要负担郑州铁路西站和铁路专用线上下站货物运输,市区以西各厂矿企业生产和居民生活物资运输。

下设货运生产经营单位主要有大型货运分公司、货运分公司、四分公司、西城运输交易市场、快件运输公司等。该公司现有职工720人,拥有固定资产1285万元,是中型一类集体运输企业。现有营运货车502台,2270个吨位。2000年度,货运量14.16万吨,货运周转量6176万吨公里。

六、县(市)、区货物运输企业

郑州市所辖各县(市)区的运输企业,有国营运输企业,有集体运输企业,也有民营运输企业。

(一)登封货物运输企业

1985年以前,登封货运企业主要有县汽车队,之前以经营货运为主,此后以经营客运为主;郑州公司四车队,1968年调入四川支援“三线”建设;郑州公司第一汽车公司,1981年并入登封汽车站;开封公司第七、八车队;县商业局汽车队,1985年有货运汽车12辆,106个吨位;五金矿产进出口公司汽车队登封分队,1985年有职工60人,汽车20辆,160个吨位;登封火电厂汽车队,主要为本厂生产服务,1985年有汽车8辆,33个吨位;登封县粘土矿汽车队,为自身生产服务,1985年有汽车19辆,84.5个吨位;河南煤炭联合运输公司登封汽车队,为提高当时煤炭运送能力而设;颖南汽车队,属民营车队,当时有10辆吉尔130汽车。以上除火电厂车队有汽车28台以外，至2000年其余车队已不存在。

（二）巩义市货物运输企业

巩义市第一运输公司，全民所有制货运企业，主要承担市内货物运输，2000年，有职工222人，货运车辆19辆，固定资产261万元。

（三）新密市货物运输企业

1. 新密市第一汽车运输公司，原名密县第一公路运输公司，创建于1958年。1958年至1982年，密县汽车队（新密市第一汽车运输公司前身）以货运为主，后来以经营客运业务为主。

2. 新密第二汽车运输公司前身是以搬运、装卸为主要业务的密县搬运工会，后改名密县搬运社、密县第二汽车队及现名称。该公司2000年有职工65名，26辆载货汽车，82个吨位，固定资产89万元，年收入51.1万元。

3. 新密市汽车运输公司，前身是密县商业车队，始建于1976年元月，老城食品公司院内，主要为本县商业储运服务。该公司地址几经变迁，现在位于嵩山大道105号。十一届三中全会以后，随着经济政策放开、搞活，商业车队逐步走向社会，既为密县商业储运服务，也为社会服务，由于货运市场饱和使车队效益日益滑坡。1986年，车队将原有货车一举处理掉，全部更新为客车，由货物运输转为旅客运输。

4. 新密市道路运输总公司，成立于1995年，地址设在运管所院内，总公司下设24个分公司，其中包括新密市一运公司、二运公司、新密市汽车运输公司、新密市公交公司、韩庄车队、郑州矿务局旅游公司、各客货运联合体等,是一支强大的具有客货运输能力的新密交通运输实业集团。2000 年共有货车 766 辆。

(四)荥阳市专业运输企业

荥阳市汽车队,全民所有制货运企业,主要担负市内货物运输,汽车队经营几经沉浮,一直实行负债经营,1999 年汽车队实行债转股。同年交通局又投资 20 万元,在新 310 国道南征地 15 亩,为重建汽车队打下基础。

(五)新郑市货物运输企业

1. 新郑市客货运输公司,全民所有制运输企业,主要担负市内和长途旅客、货物运输,2000 年有职工 128 人,货运汽车 17 辆。

2. 新郑市搬运公司,集体所有制货运企业,主要担负市内和长途货物运输,2000 年有货运车辆 16 辆。

3. 新郑市车站装运公司,集体所有制运输企业,主要担负火车站上下站货物装卸和客货运输,2000 年有货运汽车 19 辆。

4. 新郑市薛店装运公司,集体所有制货运企业,主要担负薛店火车站装卸和货物运输,2000 年有货运汽车 4 辆。

(六)中牟货物运输公司

中牟县装运公司,集体所有制货运企业,主要担负县内货物运输和车站装卸,2000 年有职工 183 人,货运汽车 13 辆。

(七)上街区货物运输企业

郑州市上街运输公司,集体所有制汽车运输企业,原系郑州市搬运公司一站的一个队,1958 年支援建设郑州铝业公司时,调入 300 名搬运工人组建而成,主要担负铝业公司和上街区的搬运装卸和客货运输任务。2000 年有货运车辆 22 辆,固定资产 361 万元。

(八)管城区货物运输企业

1. 畅通运输队,1988 年已初具规模,地址设在郑平路,有固定场地 1100 平方米,有办公室,停车场和简易维修车间。内部管理机制完善。法人代表张国文。拥有各类汽车 18 辆,大吨位汽车(8 吨以上)过半,实行统一车辆、统一管理、统一调度、统一结算,已具备一定专业水平,并推行了单车核算制度,运输能力遍及周边 6 省区,2000 年年货运量 28000 吨,货运周转量 62.14 万吨公里。

2. 东城乡"管城汽车队"是一个成建制的专业运输队,专职司机 22 人,法人代表邵振东,是活跃在城区东半部的一支运输生力军。

3. 南曹乡汽车运输队,常年驻在郑铁东站,承揽或承运批量上下站物资,是公铁联运的一支骨干力量,拥有各类汽车 26 辆,还备有中小型吊车,2000 年运送各类货物 6 万多吨,上下站理货 35000 吨。

4. 尚庄汽车队,是个体运输大户肖广顺牵头组织的,有 14 辆车,半数是 8 ~ 12 吨的大吨位车,主要对口省金属一、二库、省水利厅、省土产、化工和省木材仓库等单位。

5. 顺利车队,1995 年组建以来,运转机制及管理职能逐步完善,内部运作日趋规范,目前该车队在册车辆 78 辆。户籍统一、资料齐备、统一管理,年审、年检队里组织进行,所有车辆全部进入微机程序,货车一律是单车经营,2000 年年货运量 31000 吨,货运周转量 124 万吨公里,法人代表徐八斤。

(九)中原区货运公司

郑州市中原运输公司，位于市场街81号，始建于1962年3月，占地4500平方米，建筑面积1362平方米，原由区属6个街道办事处的运输队组建而成。初建时有70余人，从事人力搬运，1976年3月转为大集体企业，1990年有黄河、解放、东风牌运输车辆24部，有职工177人，年营运收入160万元。1993年，按照市委关于特困企业实行“七个一批”解决办法，该企业被撤销，公司场地被联合开发。

（十）邙山区货运公司

1998年前，邙山区有邙山一、二、三车队及华豫运输有限公司，后因市场竞争日益激烈，和其他一些政策原因，而导致邙山一车队车辆大量减少，之后邙山二、三车队和华豫运输有限公司相继解体。

第六节　郑州货物运输市场管理

解放前，郑州市没有统一的交通管理部门，有关交通运输方面的事宜由当时的河南省建设厅工程处和郑县（郑州市）建设科管理，客、货运输能力十分薄弱，人畜力车由当地警察局主管，按期收捐，发车牌和号衣。

1950年11月，郑州市成立运输设计委员会，委员会下设联营站负责组织私营马车、汽车长途运输，设检查站负责城市短途搬运、装卸和运输市场管理。为照顾私营运输业发展，按照省政府规定，所有非营业性的军、公车辆，一律不准经营客货运输。

1952年，河南省运输计划委员会下达了《河南省公路运输市场管理暂行办法》等规定，按照规定精神，郑州市交通运输管理部门对在郑州市境从事公路客、货运输，搬运装卸的单位和运输机具，实行统一计划，统一调度，统一运价和票据的“三统一”管理办法。

统一计划：各机关、学校、厂矿企业和农村，凡经公路运输的物资，均需每月15日前向物资起运地的交通管理部门报送次月的托运计划。专业运输部门和有车单位要在每月的15日前，向当地交通运输管理部门报送次月的运力计划。管理部门要根据先计划内后计划外、先重点后一般、先专业后副业的原则，进行综合平衡做出计划，待上级部门批准后下达车货主双方执行。

统一调度：所有参加流通过程运输的车辆，都必须根据平衡计划安排的运输任务，执行统一调度，凡货源路线固定，车队有专职调度人员者，按月安排运行计划，一月办理一次核发路签换取手续；货源较固定，车队也有专业调度人员者，每5至10天办理一次路签核发换取手续；零星车辆到管理部门设置的调度室报班，领取路签，各专业公司按批准的运输计划自行调度，核发路签。对予不报班，不领路签，不执行调度命令者不予装运。

统一运价和票据：凡参加流通过程运输的汽车和城市搬运装卸，到收运费时，严格执行省订运价和装卸力资标准，使用市交通主管部门印制的统一票据。运费和搬运装卸力资由交通运输主管部门指定的调度室统一结算，否则，银行不予拨款，财务不予报销。

公路客运自20世纪50年代以后，一直由省、地兼营公路运输公司经营，其它部门一律不得经营客运。城市公共汽车主要为市域境内短途旅客服务，不准跨市经营公路客运，跨市（地）公路客运由省交通运输主管部门批准，由公路运输企业营运。

农村多余劳动力和运力，需要参加流通过程运输和从事搬运装卸工作的，要经大队申请，公社审查同意，县交通局批准，发给参运证明，方可有组织有计划的从事这项工作，否则，不得参运。市区内城镇街道从事运输装卸的零散运力和劳动力，经街道居民委员会和公安派出所审查批准，工商管理部门发证后方可参运，由当地运管部门统一组织管理，统一安排业务，统一运输结算。

1957 年 10 月，郑州市运输总调度室(以下称总调度室)成立，它标志着运输市场管理纳入正规，由此，计划运输日趋完善。1958 年至 1961 年，由于“大跃进”时期强调协作运输，运输市场管理调度试行图表作业法为时不长即废止。1961 年至 1965 年，总调度室一度撤销，运输管理基本处于停滞状态。1966 年，总调度室恢复建立，运输市场管理开始趋向好转。“文化大革命”开始后，一切计划被打乱，制度、章程形同虚设，总调度室再度被撤销，运输市场管理陷入瘫痪。1978 年 11 月总调度室恢复建制，1984 年 6 月经批准改为“郑州市公路运输管理办公室”。1984 年 2 月，国务院发出《关于农民个人或联户购置的机动车船和拖拉机经营运输业的若干规定》后，国家允许农民个人或联户用购置的机动车船和拖拉机经营运输业，可以从事货运，也可以从事客运，从此运输市场全面开放，打破了 30 多年来的计划运输由交通企业独家经营的局面。国营、集体、个体一起上，运力猛增，竞争激烈。

1985 年，河南省人民政府颁布了《河南省公路运输管理条例(试行)》，这是河南省公路运输管理方面第一个地方性法规。河南省交通厅依照条例精神，分别制定了《公路运输源泉管理暂行办法》、《公路交通运输检查站暂行规定》、《公路运输管理人员奖惩办法》等 7 个文件，促进了条例的有效落实。

条例中明确：各级运政管理机构是同级交通行政主部门管实施《条例》的职能机构。《条例》规定：凡从事公路运输的单位和个人必须按规定办理车辆检查、驾驶员审验、报户（过户）、工商登记手续，并按人民保险公司规定办理旅客意外伤害、承运货物运输保险，经当地交通主管部门批准后，方准参加营运。经批准参运的客货运输车辆，一律由车籍所在地的公路运输管理部门实行源泉管理。从事货物运输的单位和个人，对政府确定的抢险、救灾、战备等指令性运输计划，必须保证完成。公路旅客运输实行分级管理，县内线路由县交通主管部门审批；跨县线路由地、市交通主管部门审批；跨地、市线路由省交通厅审批，并实行定线路、定站点、定班次运营。严禁拖拉机及未经交通、公安批准载客的车辆从事旅客运输。一切货运机动车辆，必须使用统一的行车路单和货票，客运使用的客票由省交通厅统一印制核发，从事营业性运输和搬运装卸的单位和个人必须交纳国家规定的税金和费用，执行规定的运输价格和搬运装卸费率。外地搬运装卸力量允许进入城区承揽搬运装卸业务。

根据《河南省公路运输源泉管理暂行办法》，和运输管理体制的需要，郑州市 1985 年后建立、健全市、县（区）、乡三级管理体制，县（区）建立公路运输管理所，乡（镇）建立交通运输管理站，形成了市、县、乡三级管理、自下而上的管理网络。1985 年全市建立运管所 14 个，乡交管站 84 个。

管理与服务是运管机构的主要职能。为使运输管理寓于服务之中，变单纯的管理型为管理服务型，市运管处1990年以来组织引导建立公路运输服务性组织，全市建立各类货运信息服务部84家，帮助组织货源，提供信息服务和配载服务，协助车、货主办理有关业务手续。同时，积极发挥市场管理职能，打击欺行霸市、垄断货源、强装强卸等不法行为，努力维护车、货主和群众的合法权益。强调公正执法，严禁以权谋私和损害业户利益行为。

为维护运输秩序，加强运输安全和税费征收，根据河南省政府办公厅豫政办(1985)100号文精神，市运管办会同公安部门在郑州市区公路枢纽处和要道口分别设立4个城市联合检查站和6个公路交通运输管理检查站。4个城市联合检查站分别设在：郑州至黄河桥公路9公里处老鸦陈乡王寨(北)；郑州至平顶山公路2公里+700米处金海区张寨(南)；郑州至开封公路8公里+900米处东十里铺(东)；郑州至上街公路10公里+200米处须水乡西岗(西)。6个公路检查站设在：中牟三官庙，登封卢店，新密三叉口，新郑大高庄，巩义北山口，荥阳城关。

以上检查站主要任务是保护合法经营，取缔非法营运，查处违章运输，执行统一路单和票证，按规定交纳运输规费、以及车辆依线运行等情况进行检查。不使用全省统一路单者按当次运费额2%罚款；不使用运管部门规定的统一客、货票证者，每车罚款10至30元；对私制或伪造票证者，除没收全部非法票证外，依法向法院起诉；欺行霸市、垄断货源、扰乱运输秩序者，罚款100～500元，对违反路政、交通管理规章和偷税漏税的，分别交有关部门处理。

根据《公路运输源泉管理暂行办法》，凡营运车辆、拖拉机均应缴运输管理费，征收办法是：有车队建制的运输企业，按每月营业总额1%征收，没有车队建制的车辆实行按月包干，每月定额交费标准，汽车按同类型车的营业额1%为准，大中型拖拉机每月每吨5~8元，小拖拉机每月每辆7~12元。

1984年交通运输市场放开后，交通运输格局在政策的引导下发生了深刻变化，多家经营相互竞争的局面已经形成，有力地促进了运输市场的繁荣和发育。但由于出现国营、集体、个体（联户）一起上的全民办运输的热潮，使参加运输的车辆大量增加，旧有的运输市场的管理体制已远不能适应改革的需要，因此运输市场出现了一系列的问题，如宏观控制不力、市场机制不完善，产生了无照无证经营、抬价刹价、偷漏税费、欺行霸市、垄断货源、居间盘剥、行贿受贿、贪污票款运费等。有些单位的物资管理人员凭借手中的货源，向运输经营者索要“回扣”；有些不法人员倒卖铁路下站货票，使国家资金中饱私囊等不良现象；因运力发展失控，相互竞争，使车辆及服务设施设备利用率较低，货车空驶率高，实载率下降，运输成本上升，形成了公路货物运输低服务、高消耗、低效益的落后局面，直接影响了企业的经济效益和社会效益。因此整顿运输市场，完善企业内部的经营机制，改革管理体制，合理发展运输能力，促使公路货物运输生产社会化，已成为行业管理部门的重要任务。

1988年起，河南省交通厅、郑州市交通局等有关部门根据中共十三届三中全会提出的“治理整顿，深化改革”的方针，本着“管而不死，活而不乱”的原则，对郑州市公路货物运输市场进行了整顿治理。1988年3月，河南省计划经济委员会、河南省交通厅联合下发了豫交运字第110号文:《关于全面开展公路货运市场整顿的通知》。整顿的具体内容有:(1)调查运力、运量分布情况、建账立卡。(2)刹住运输经济活动中非法索取"回扣",乱要"提成"等不正之风,打击倒卖货票、随意加项提价等不法行为。(3)取缔非法经营,查处抢装强运、垄断货源、欺行霸市、服务质量低劣、运输秩序混乱等问题。(4)推行合同运输,建立货运信息服务中心,使货运管理纳入正常轨道。这次治理整顿分五个阶段进行。第一,宣传发动阶段。第二,培训人员调查摸底阶段。第三,查处经营中的违法乱纪活动阶段。第四,整顿运输秩序阶段。第五,建立货运信息服务阶段。

针对经过一年的货运市场整顿后仍然存在的一些问题,如:整顿工作开展不平衡,个别地方领导对整顿的目的不甚明确;管理和服务的关系摆的不正;有些地方工作不扎实;在开展合同运输中,意向性的合同多,履约率不高等,省计划经济委员会、省交通厅又联合下发了《关于进一步深化货运市场整顿管理的意见》。

郑州市交通行政及管理部门在1988年、1989年、1990年连续三年的公路货运市场整顿工作中,紧紧围绕中央"整顿经济秩序、治理经济环境、全面深化改革"的总方针,根据省政府和省计经委、交通厅的有关通知精神,市县两级交通部门做了大量的工作:成立货运市场整顿领导小组;充分发动群众,奠定货运市场整顿的社会基础;注重培训骨干,加强货运市场整顿的组织力量;全面进行经营资格审验,建立经营业户档案;整霸、刹贿、治乱、堵漏;加强货源计划管理;逐步建立新增运力审批制度，使运力发展纳入轨道；加强货运有形市场管理；建立货运信息服务中心；组织规模经营，走社会化发展的道路；整顿搬运装卸市场和三轮车市场。货运市场整顿之初，市政府成立了以原郑州市副市长张以祥任组长，市政府秘书长、经委主任、市交通局局长等有关部门领导任副组长的领导小组，为全面搞好辖区货运市场整顿工作奠定了良好的组织基础。整顿工作政策性强、涉及面广、情况复杂、难度大，针对这种情况，市运政部门举办各种类型的培训班22次，参加学习人员465人次，对参加整顿的工作人员进行政策、业务培训。

经过深入开展货运市场整顿工作，对18347台营运货车，370个搬运装卸队，435家运输服务业户的经营资格、用工手续、场地设备、资金车辆状况等进行重验。取缔121个非法经营和不合格业户，并查出以私冒公营运车辆296台。通过清理，追缴偷漏的各种规费35.1万元。在审验的同时，各县区都非常重视建档立卡工作，做到一户一档，一车一卡，建立健全了台账报表制度。在“整霸、刹贿、治乱、堵漏”的整顿过程中，发动运输业户自查自纠，在检查队的配合下，对个别运输业户行贿案件立案查处。如：新郑县对垄断县碳化硅厂货源，经常堵封工厂大门，不听说服调解，反而殴打运管人员的新郑个体运输户李付民、陈国林等四人进行了依法拘留；登封县查处并公开处理了该县徐庄乡一个垄断货源的地头蛇。加强货源管理，推动计划指导下的合同运输，是整顿运输市场中的一项重要工作。根据“国家经济合同法”及部颁《货运合同实施细则》等规定，市交通、运管等部门制定了《郑州市公路货物运输管理若干规定》、《郑州市合同运输实施细则》。按照“先管大、后管小,先管住、后管好,管而不死、活而不乱”的原则开展工作。1991 年,市、县二级下文确定了 385 个计划运输管理单位,签订运输合同 1061 份,合同计划运量 531 万吨,占全市汽车货运量 63%,合同执行率 100%,合同履约率 91.8%。1991 年对营运性汽车投放实行计划调控,确保运力投放增长速度控制在 5% 左右。在新车审批中,坚持“先申请、后购买,先更新、后新增”的原则。对运输秩序整顿过程中,坚持在“治标”的同时,在“治本”上下功夫。如加强货运有形市场管理,组建交易市场 17 个,每天有 300 部车进场交易,日成交量在 5000 吨左右,基本遏制了“二道贩子”和“货霸”居间盘剥和其它非法行为。加强货运信息服务,1991 年,郑州市发展信息员 280 名,建立各级信息服务机构 94 个。共组货 254761 吨,组货配载 69728 吨,占组货量的 27%。坚持在自愿加入、“三权”不变、入退自由的原则下,组建运输联合体 71 个,参加各种汽车 1881 部,占个体户汽车总数的 29.1%。新郑率先在各乡镇组建了货运车辆联合体开展规模经营。荥阳成立了“县货运联合公司”,将个体货运车辆统一纳入联合公司组织运输。这对理顺货运市场管理关系,稳定运输市场秩序,起到了积极作用。在搬运装卸市场和三轮车市场的整顿中,对搬运装卸人员,实行编组编队,进行重新登记和发证,发证率达 90% 以上。年完成货运装卸量 2116473 吨,理货量 2586750 吨,周转量 15197627 吨公里,基本刹住了抢装强卸、敲诈勒索、漫天要价、不讲信誉等歪风。

从 3 年的公路货运市场治理整顿中可以总结出以下几点经验:(1)紧紧依靠各级政府,是货运市场整顿工作顺利进行的重要保证。(2)切实搞好经营资格审验和经营行为整顿是关键。(3)坚持综合治理,是落实依法治运的重要手段。(4)确立公有制经济在运输市场中的主渠道作用,坚持多种经济成份协调发展的方针,是运输市场治理整顿的基本原则。(5)加强运力、货源的计划管理,逐步建立计划经济与市场调节相结合的运行机制,是整顿运输市场的主要方向。(6)用经济、行政、法律手段管理市场,不断提高运管人员的素质,是治理整顿和深入改革的根本措施。

对货运市场的治理整顿,非一朝一夕之功,它需要交通、运管工作人员长期不懈地艰苦努力,并牢记"服务"宗旨,以"法"的形式体现在日常管理工作之中。管理工作不能一成不变,千篇一律,应根据社会经济发展,市场需求和大多数运营业户需要而变化,多年来市运管处同志们就是依照这样的工作思路来从事管理实践的。1996年,全市有货运车辆2万余台,当年审验率达98%。全市80%的县(市)区都建有货运交易市场,引导组建联合体车队,从而使货运车辆由分散型向集约型发展。金水区在城乡结合部建起了占地8亩的停车场和配载中心,将该区陈寨村的35台货车组织起来,与全市几十家企事业单位签订运输合同。货运信息,运输服务业基本上纳入行业管理,55家搬家公司全部纳入行业管理渠道。

近年来,为了配合市政府卫生创建、畅通工程等工作,市运管部门加强了货车占道停放的清理检查工作,以规范厢货车辆经营为重点,促进货运市场秩序化管理。在各运输企业和市区各运管所的配合下,货物运输市场在公平竞争、合理运输的轨道上发展前进。

第三篇　运输辅助业

第一章　运输服务业

郑州地处中原腹地，历史悠久，早在3500年前，商朝就在这里建都。现在的郑州又是全国集铁路、公路、航空、通讯等为一体的综合性枢纽城市，长期以来一直是重要的商品集散地和贸易中心。1992年国务院批准郑州为内陆开放城市后，更给郑州插上了腾飞的翅膀。四通八达的铁路、公路网和国际标准的民航场站已构建了郑州现代化大交通的格局。

随着郑州交通运输事业的迅猛发展，郑州的运输服务业也开辟了一个新的天地，有了长足的发展。郑州道路运输服务业的兴起和发展是在改革开放后，它的表现形式主要是货运信息服务、城市搬家运输和汽车租赁。

第一节　运输服务业发展概况

在郑州道路运输服务业的分支行业中，货运信息服务业始于1985年，城市搬家运输始于1991年，而汽车租赁业在郑州的出现则是1994年。短短十几年的时间，郑州市的道路运输服务业经历了从无到有、从零星散户到形成一定经营规模的发展变化。

1985年，为适应工农业生产和城乡商品经济发展的需求，河南省联合运输公司（即现在的河南省联开运输公司）开展了依托公路和铁路运输，搞延伸服务的大胆尝试，进行公铁整车、零担、集装箱代办服务及信息中介、仓储、理货等服务业务，这是郑州地区最早出现的办理货运延伸服务和信息中介的运输服务组织。河南省联运公司的成功运作不仅适应了当时运输经济发展的需要，也为货运信息服务业在郑州的发展提供了成功的范例。在它的影响带动下，一些民办的、集体的货运信息服务业户陆续在火车东站地区和 310、107 国道两侧及郑州主要厂矿、企业周围择址开业。至 1993 年全市货运市场秩序整顿时，郑州市区货运信息业户发展到 30 余家，辖属各县（市）主要货物集散地也都建立了货运信息服务经济组织，初步形成了运输信息服务、托运、配货等多种服务的运输服务网络。到 1994 年底，全市共有货运信息服务业户 84 家，其中全民 13 家，集体 42 家，个体 29 家。1995 年至 2000 年，是郑州市货运信息服务业快速发展的时期。随着经济形势的好转，为货运信息服务业的发展提供了机遇。根据发展与治理并重的原则，交通主管部门组织引导在郑州市区建立了货运交易交场，货运信息服务业户改变了在公路边上、厂矿周围乱设点的作法，逐步进入各个货运市场实施规范化经营，形成了一批规模大、业务精、设施好的运输信息服务企业。截止 2000 年底，郑州市市区各类道路货运信息服务业户 260 家，纳入交通运政部门管理的 138 家。其中全民 1 家，个体 78 家，合资或股份制的 59 家。货运信息服务市场在量的扩展的同时，货运信息业的发展也趋向专业化、规模化，科技含量不断提高，一些通过微机联网，跨区域经营的专业信息中心相继出现，成为郑州交通运输业中最活跃的经济亮点。

郑州市的城市搬家运输始于1991年。由郑州郊区青年农民陈福全创办的“利民搬家公司”成为郑州运管部门批准开业的首家搬家运输业户。这个新生行业的出现，顺应了人民群众的生活需求，一开始就受到了社会的欢迎。以往花钱求人，操心费力的城市搬家问题变得简单，方便了。在管理部门的指导下，搬家公司以其低廉的价格、良好的信誉和服务迅速享誉郑州。到1993年，郑州市搬家公司发展为12家，除利民搬家公司外，实力较强的有军工搬迁部和慧民搬家公司。当年，郑州运管部门开始在搬家运输企业中推行行业标准化服务活动。至1996年郑州市区搬家公司发展到55家，涌现出了如大众搬家公司等一批规模大、管理好、效益好的搬家公司，有些规模小、管理较差的搬家公司被大公司兼并或自行退出市场。1997年，郑州市搬家公司增至67家，车辆数增为250台。由于搬家公司和搬家车辆的迅速增加，搬家运输市场出现了供大于求的矛盾，市场竞争的日益激烈使得一些搬家运输企业生存困难。对此，交通运政部门适时采取了“限量发展、规范经营、标准化服务”等管理措施，维持了搬家运输市场的稳定。截止2000年底，郑州市搬家运输企业有67家，搬家车辆为310台，基本上达到了供求平衡、有序发展的要求，为郑州市经济发展和人民群众生活需要作出了贡献。

汽车租赁业在郑州的兴起较晚。1994年10月，郑州市第一家汽车租赁公司郑州“兴乐汽车租赁公司”成立。开业时间不长就取得了很好的经济效益和社会效益。至

1997 年,郑州汽车租赁业户发展为 8 家,除黄河汽车租赁公司为全民性质外,多为个体或股份制经济成分,经营规模小,车辆档次偏低且多在 10 台车以下,到 1997 年底,汽车租赁业基本纳入交通部门管理。但由于当时没有明确行业管理规定,管理多为粗放型,除了交通部门核发经营许可证外,并无行业管理具体办法。1998 年下半年国家交通部、国家经贸委关于《道路运输辅助业管理规定》颁发后,郑州汽车租赁业逐步走上了有序发展、规范经营的轨道。1998 年底,全市汽车租赁业户为 24 家,车辆不足 200 台。截止到 2000 年底,郑州市汽车租赁业户发展为 31 家,拥有各类租赁车辆 320 辆。由于市场的竞争,使一些规模小、车辆档次低、管理手段滞后的汽车租赁业户被淘汰,而一些国有性质的汽车租赁业户以其经济实力雄厚、管理手段先进、车辆有规模、上档次的优势而后来居上,占据了郑州汽车租赁市场的过半份额,成为汽车租赁市场的主导力量。这种变化预示着郑州的汽车租赁业在市场经济的孕育中逐步走向成熟。

第二节　运输服务业行业管理

一、运输信息服务管理

郑州地处中原,四通八达的铁路和公路网络使之成为全国最大的货物集散地之一,也成为运输信息、配载运输的大市场。

1985 年郑州开始出现货运信息中介服务后,河南省联运公司(即现在的河南联开运输公司)在中央关于加强交通运输横向联合精神及省、市计经委的直接领导下,在郑州铁路局的支持下,于 1985 年开展了公铁整车、零担、集装箱代办服务及信息中介、配货、仓储理货等运输服务业务，主要从事晋煤中转联运业务和郑铁东站地区的联运、中介和代办业务，这是郑州地区最早出现的运输中介服务机构。随着业务规模的日益扩大，河南省联合运输公司通过贷款和内部调剂等筹集资金，建设联运中心营业大楼 1402 平方米及配套仓库 1406 平方米和占地 18 亩的集装箱货物中转站。1986 年劳务收入 14.7 万元，1987 年劳务收入 14.1 万元，1988 年实现收入 194.1 万元，实现利润 62.5 万元。在它的影响带动下，一些民办的、个体的货运信息服务部（站）也在郑铁东站地区和 107 国道两侧及西郊工业区出现。1988 年郑州市区有货运信息部 7 家，均为个体民办性质，且由于信息量小，配载服务能力有限。1989 年元月，为便于管理，扩大郑州运输信息服务业的规模和服务能力，以达到与国内其它中心城市进行信息配货联网的目的，经市编委批准，郑州市交通运输管理处下设“郑州市货运信息服务中心”工作人员设 4 名。其工作任务：一是对全市信息配载服务业进行行业管理，规范其经营行为；二是建立全市的货运信息网络，搞好各服务业户之间的联系；三是在全市大、中型企业开展车辆运力和货源调查，大力推行合同运输；四是与周边城市和一些大、中城市建立运输信息交流网络，促进货物配载业务开展。由于信息服务业还属于初创阶段，行业管理主要以引导、扶持为主。至 1993 年，郑州市道路运输市场进一步开放，主要表现为：一是取消了新增车辆的计划额度管理；二是取消了对运输货源的计划管理，实行市场调节。大宗货源和重点工程建设物资运输由运管部门协调实行合同运输，车、货双方可以择优托运；三是支持个体户采用多种形式联合经营。运输市场的进一步放开，刺激了运输信息服务业加快发展，截止 1993 年底，郑州市运输信息业户达 32 家。交通运政部门加强了货运有形市场的培育和建设，1993 年底，郑州辖区内(含 6 县及上街区)初步建成有形市场 8 个，在货运有形市场内，实现了信息服务、搬运装卸、货物配载、票据结算的一条龙运输服务。同年"货运信息服务中心"合并到货运科，其行业管理工作由货运科施行。1994 年，在全市货运信息服务业中推行标准化管理，分别制定了《道路运输业户管理达标条件》、《文明服务公约》等有关规定。对服务业户实行统一挂牌经营、统一票据管理，除每年一次的年审外，还经常组织检查、设立监督电话等。对遵章守制、规范经营，社会效益和经济效益都好的运输信息服务业户进行大张旗鼓的表彰，颁发荣誉证书和奖牌。1994 年底，郑州市从事货运信息服务业的业户达 84 家。其中全民 13 家，集体 42 家，个体 29 家。为社会提供配载运输信息 32 万条，组织货物 120 余万吨，周转量达 9500 万吨公里。1995 年至 1999 年，郑州市货运信息市场一度出现混乱，全市从事信息、中介、配货业的业户约 200 余户，其中纳入交通运政部门管理的约 80 户，郑州市货栈街一带火车东站地区分布的由原市经委交通邮电科管理的约 70 户，其余没纳入管理的多是近几年在公路旁、宾馆里、批发市场等处出现的临时和无照经营者。这些黑户的出现极大地干扰了郑州运输信息服务业的正常经营秩序，合法经营者利益受到损害，不法经营和违规经营现象时有发生。至 1999 年底，运输信息业管理有较大滑坡，实际管起来的业户为 69 户。造成这种状况的原因有三点：一是管理体制没有理顺,存在着“多头管理”、“政出多门”,致使一些不法业户钻空子;二是管理手段滞后,行业管理缺乏有效的管理手段和制约办法,致使一些黑户、钉子户“僵而不死”,负面影响扩大;三是个别部门受利益驱使,重收费、轻管理,部分信息经营业户没有办理经营许可证却领取了工商营业执照,这种现象加剧了运输服务业市场混乱。对此,运政部门一是向市政府反映情况,从根本上解决“多头管理”、“政出多门”问题。二是加大行业监管力度,对严重违规操作的业户予以取缔经营资格,对合法经营的业户在管理费收缴时给予适当优惠。三是加强市场检查力度,敦促无照经营业户及时补办手续。从 2000 年初,郑州交通运输管理处运输服务业科把主要精力放在运输服务业市场的治理整顿上,主要从以下四方面着手:(1)继续向市政府提交情况反映和建议,敦促协调理顺管理体制,严格按交通部有关文件和法规执行,由交通运政部门对运输信息业实施管理;(2)联合公安局、工商局共同组成执法队伍、对全市运输信息业进行拉网式检查、整顿;(3)郑州市运输信息业户一律进入郑州市十大货运市场经营;(4)邀请各大媒体和新闻部门对检查、治理工作进行全方位报道。由于工作比较到位,对运输信息业的整顿收到了成效,郑州市运输信息服务业市场秩序基本恢复有序经营。截止 2000 年底,全市共有运输信息服务业户 138 家,比 1999 年增加 69 家,其中全民 1 家,个体 78 家,股份 59 家。

二、搬家运输业管理

郑州市的城市搬家运输始于 1991 年。随着郑州市城市规模和市政建设的不断发展,一大批居民小区和旧城改造工程不断竣工，许多居民在喜迁新居的同时也为搬家的困难和繁琐而焦虑。郑州市的搬家运输服务业由此应运而生。1991 年，郑州市第一家搬家公司“利民搬家公司”由青年农民陈福全创办成立了。开业不久，公司就以低廉的价格、优质的服务迅速享誉郑州。郑州市多家新闻媒体予以报道。由于搬家公司初创阶段车辆较少，尽管取得了较好的经济效益和社会效益可还是满足不了社会的需求。1993 年，郑州市搬家公司发展为 12 家，其中较有规模的有 8 家，除了利民公司外，实力较强的有军工搬迁部和惠民搬家公司。1993 年底至 1994 年初，郑州市搬家运输业纳入交通运政部门管理。由郑州市交通运输管理处货运科设 2 名工作人员专职管理。1994 年初，对搬家运输业开始推行标准化管理，分别制定了《郑州市搬家运输业户达标条件》和《文明服务公约》，对搬家服务业户实行统一挂牌经营、统一票据管理、统一办理车辆规费和运营手续。除每年的年审外，经常进行定期检查和抽查。1994 年底对“利民搬家公司”等四家搬家业户进行了大会表彰，授予了荣誉证书和荣誉称号。至 1994 年年底，郑州市区内有搬家公司 21 家，但多数规模小（拥有搬家车辆 2 ~5 辆），1996 年，郑州市搬家公司增至 55 家，涌现了大众搬家公司等一批起点高、规模大、管理正规、效益好的搬家公司。行业主管部门不仅把利民、军工、大众、惠民等较好企业的经验和经营思路整理宣传，还组织现场学习和观摩。在日常管理中注重提高从业人员的素质水平，1996 年对郑州市搬家运输业管理人员进行了分批轮训，还分别对搬家公司的办公场地、办公设施及搬家车辆进行规范化要求，要求店容店貌清洁卫生、洽谈业务使用文明用语，车辆结合年审每年统一喷漆，统一标志，统一喷涂监督电话。1997年，郑州市搬家公司增至67家，搬家车辆增为250台。由于搬家公司数量的急剧增加，搬家运输业市场出现了供大于求、市场竞争日趋激烈的现象，一些规模小、实力差的小搬家企业生存发展困难，有些搬家企业不得不压价承揽业务，使得本来就没有多少利润空间的搬家运输业发展举步维艰。为此，行业管理部门实行宏观控制，果断采取了搬家业户原则上停止审批、搬家车辆限量发展、严格开业技术条件和强化优质服务的管理措施，扶持好的、淘汰差的，在规费征收、车辆年审等方面给予政策倾斜。年内，对规范经营、优质服务的利民等5家搬家企业给予表彰，使搬家运输服务业学有榜样，赶有目标。此外，加强检查管理，建立了票据制度、例会制度、工作制度、培训制度等，搬家运输服务业在困境中有了一定发展。1998年至2000年，对全市搬家运输业的管理除了按以上既定方针实施行业管理外，还经常深入企业中，了解他们的困难，帮助解决问题，例如通过市政府有关部门协调，和市公安局共同解决搬家车辆"跨区经营"问题、和机动车修配管理处协调解决搬家车辆集体办理二级维护事宜等，通过这些作法，使郑州市搬家运输服务业能够顺利、正常、协调地发展。截止2000年底，全市拥有搬家运输业户67家，拥有搬家车辆310台。基本上满足了郑州市区的需求，为经济发展和方便群众生活作出了应有的贡献。

三、汽车租赁业管理

汽车租赁，就是在约定时间里，租赁经营者将租赁汽车交给承租人使用，收取租赁费用的一种经营方式。方便、迅捷、安全、舒适是其特征。

1952年美国专营汽车租赁公司利辛格成立，成为世界上第一家从事汽车租赁的专业服务公司。北京福斯特汽车公司的诞生则掀开了中国汽车租赁业的历史篇章。郑州市汽车租赁业出现较晚，1994年10月，郑州市第一家汽车租赁公司“郑州兴乐汽车租赁公司”成立。这家公司隶属于郑州市出租汽车公司，是企业扩大经营范围，在不断发展的经济社会中敢于创新的大胆尝试。当时公司投资91万元购入10辆轿车经营。由于这种新颖的租车方式适合了当代社会的需求，开业时间不长就取得了很好的经济效益和社会效益。郑州市成立较早的汽车租赁公司中除黄河汽车租赁公司等为全民性质外，大多为个体或股份制，规模多在10台车以下。1997年，郑州市只有7、8家汽车租赁业户，当年，汽车租赁基本纳入交通部门管理，但由于当时没有明确的文件规定和细化的管理办法，所以行业管理属于粗放型管理，除了核发经营许可证外，并无行业管理的具体措施，郑州市汽车租赁业市场处于无序经营状态。1998年下半年，郑州市交通运输管理处运输服务业科成立，汽车租赁业有了专门管理机构。从此，汽车租赁业正式纳入管理渠道。1998年底，全市汽车租赁业户为24家，租赁车辆不足200台。1999年初，运输服务业科加大行业管理力度，采取下去检查、开座谈会的形式对全市汽车租赁业户摸底调查，分别建立了业户档案和车辆台账，结合年审对所有业户租赁车辆统一核发营运证。在检查摸底中，了解到相当一部分业户都有被骗车的遭遇，管理部门便多次召开业户经验交流会、工作例会就回避风险问题互通信息、交流经验、降低风险。在行业管理中,重点扶持一批规模大、起点高、管理正规的汽车租赁企业,在审批、办证等方面给予政策优惠。对于一些规模效益差、经营不好的企业劝其兼并或予以吊销经营许可证。为了培育和扶持发展中的汽车租赁业,在管理费征收上予以照顾,每台车每月仅收取50元。对汽车租赁业的行业管理主要体现在对经营业户经营资格、经营行为、缴纳规费的监督管理。

(一)经营资格的审核和认定

按照《交通部汽车租赁业管理暂行规定》的有关要求,汽车租赁业户开业必须具备以下资格条件:

1. 具备新车不少于20辆,且车辆价值不低于200万元。租赁汽车应是新车或达到一级技术等级并具有齐全有效的车辆行驶证件。

2. 须有不少于汽车车辆价值5%的流动资金。

3. 有固定的经营和办公场所,停车场面积不少于正常保有租赁车辆投影面积的1.5倍。

4. 有必要的经营机构和相应的管理人员,在经营管理、车辆技术、财务会计等岗位上应分别有一名具有初级及其以上职称的专业技术人员。

5. 经营者具有法人资格。

(二)经营行为的监督与约束

按照《规定》要求,从事汽车租赁经营活动的业户必须做到:

1. 遵守国家法律和运输法规,接受行业管理机构管理,执行规定的运价。

2. 加强车辆技术管理,保持车辆技术状态良好。

3. 建立和健全安全责任和经营管理的各项制度,不断提高从业人员素质。

4. 办理租赁汽车业务应签定租赁合同，使用管理部门规定的租赁合同文本。

5. 租赁经营车辆增减必须得到当地运政部门的批准。

6. 未办理汽车租赁业合法经营手续的车辆一律不得用于租赁。

(三)规费缴纳及时。

根据郑州市实际情况，对从事汽车租赁业的经营者采取优惠、扶持的政策，管理费按每车 50 元/月的标准征收。

由于采取了比较得力的措施，1999～2000 年间，郑州的汽车租赁业有了较大发展，截止到 2000 年底，郑州市汽车租赁业户为 31 家，拥有各类租赁车辆 320 辆。经营业户的成份也发生了很大变化，一些规模小、车辆档次低、管理手段滞后的汽车租赁业户被淘汰，而一些国有性质的汽车租赁企业以其经济实力雄厚、管理手段先进、车辆上规模、上档次的绝对优势后来居上，成为郑州汽车租赁业的主力军。

第三节　运输服务业市场管理

郑州市作为全国重要的商贸城市和重要的交通枢纽，其运输服务业在整个道路运输发展中占了重要的位置。从 20 世纪 80 年代出现的第一个货运信息中介组织，20 世纪 90 年代初出现的第一个搬家公司，直至兴起时间不长的汽车租赁服务较短的时间内，郑州市的运输服务业市场发生了重大的变化。至 2000 年底全市拥有各类货运信息服务机构200多家，搬家公司67家、搬家车辆320台，汽车租赁公司31家，租赁车辆逾400辆，运输服务业的兴旺发展，标志着郑州的道路运输业已发展到了一个新阶段。几年来，郑州市交通运输管理处在纷繁复杂的道路运输服务业市场管理上勇于创新，大胆管理，使郑州市运输服务业市场在量和质的方面都发生很大变化。

一、法制建设成效显著，市场管理基本步入法制化、规范化轨道

随着市场经济的发展，在道路运输服务业市场管理中体现依法管理、依法行政、法制建设日益加强。改革开放后，河南省、郑州市分别制订、实施了上百个政府规章和规范性文件，1994年12月27日河南省第八届人大常委会第十一次会议审议通过《河南省道路运输条例》，这是河南省解放以来，第一部地方性道路运输法规。根据《条例》规定，市、县级以上运管部门具有行政处罚主体资格。全市运管系统实行了分级行政、政务分开，促进了运管系统的法制化进程。近几年来，运输服务业市场日益活跃，违规经营现象时有发生，运政管理部门加大了执法力度，运输服务业市场稽查已形成道口把关、源头张网、多家联动、机动出击、号令统一、指挥有力的稽查工作机制，并突出长效管理和综合治理。2000年，共查处道路运输违章近600起，未发生一起行政诉讼、行政复议和行政赔偿案。

二、行业素质明显提高

郑州市交通运输管理处依据交通部有关规定，对全市运输服务行业从业人员开展培训。随着运管处关于《郑州市道路运输从业人员岗位培训管理规定》的实施和运管干部培训中心的启用，郑州运输服务业新增业户需经培训合格后上岗，对以前开业的业户从业人员培训将分批进行。在检查全市运输服务业经营行为和服务质量的基础上，重点进行了运输信息服务业服务质量和文明创优的行业倡导和市场整顿，对严重违规又屡禁不止的，坚决予以取缔，对全市运输服务业户抓服务质量、抓基础管理、抓行业风气，促使了运输服务业整体素质的提高，重塑了运输服务行业新形象，涌现出了一批规范经营、优质服务的运输服务业户。

三、建立有形市场、规范运输行为

1998 年，郑州市政府批准建立了 10 个货运交易有形市场。经过两年来的发展，大多数交易市场能够提供交易、办公、仓储、停车、食宿等多功能服务。郑州市运政部门抓住机会有计划有步骤地对全市运输信息业进行“取缔马路市场和路边店、一律进场开业、规范经营”的布署安排。为此，他们一是加大市场稽查力度，联合公安、工商对不进场经营的业户进行教育、处理；二是及时解决经营业户遇到的问题和困难，疏通各方面渠道，为他们创造一个宽松的环境；三是加大宣传力度，广纳四方货源，真正发挥货运交易有形市场的作用。通过两年来的努力，郑州市运输信息服务业户绝大多数已进入指定的交易市场经营，一个规模化、有序化、正规化的运输信息服务业市场正在形成。

四、道路运政管理能力不断增强

郑州市运政管理部门针对新形势下出现的热点、重点和难点问题，有针对性的开展调研，向上级领导提供决策依据。比如，由于特殊情况，市经委个别部门近年来对市区部分货运信息业户行使着管理权，不利于服务业市场的规范化管理，运管处业务部门，在调研的基础上提供市政府协调解决，终于得到了纠正。再如2000年5月郑州市公安局交警支队下发的关于搬家车辆不得跨区经营的文件引起了搬家公司和市民的强烈不满和关注，郑州市运政管理部门一方面写调查报告，向上级领导和有关部门反映情况，一方面多次与市公安局交警支队协调沟通，最后达成一致意见："取消跨区经营限制，对个别搬家车辆违规行为予以处理"。对于群众投诉的个别信息服务部坑骗车主的行为发现一起，查处一起，决不手软。经过大力整治，运输服务业市场秩序有效好转。

五、依法行政，运政执法水平明显提高

郑州市运政执法水平近几年明显提高。在管理好运输服务业市场的同时注重加强内部管理。开展党风廉政教育，实行领导述职，职工考评制度，促进依法行政，严格依法办事，杜绝"三乱"行为。运政管理人员一律参加法律、法规培训班和业务知识培训，每周抽出半天时间学习交通运输法规和行政诉讼法规和相关法律，学习执法程序和要求，通过长时期的学习实践，运政执法人员已能熟练的运用法规依法行政，为运输服务业的顺利发展保驾护航，真正实现寓管理于服务之中，使运输服务业市场更兴旺发达。

第四节　运输服务业价格

郑州市运输服务业的兴起与发展都是在开放、搞活以后的市场经济中孕育的，其价格由市场而定。

郑州市运输信息配载服务的收费无统一定价标准，

多面议或随行就市，但必须使用由税务部门印制，有运管部门印章的统一运输发票。

郑州市城市搬家运输始于1991年，近年间搬运价格一直没有大的波动。一般说来，搬一车（次）收基本服务费100元，二层以上住户每上一层或下一层另加10元。对老干部、军属、残疾人予以8折以上优惠；对老红军、烈属、五保户免费提供搬家服务。

郑州市汽车租赁业价格目前尚无统一收费标准，基本为约定俗成的市场价格。据了解，郑州汽车租赁价格水平在全国属中等偏上，随着郑州汽车租赁业市场的逐步发展、成熟，价格也会趋于更合理。

郑州汽车租赁价格见表3-1。

郑州市汽车租赁价格表 表3-1

车型	价格（元/日）	限驶里程（公里）	限使时间
长安	130	150~180	
夏利	150	150~180	
捷达	200	150~180	
富康	200	150~180	
普通桑塔纳	220	150~180	
桑塔纳99新秀	240	150~180	
桑塔纳2000	300	150~180	
红旗	400	150~180	
本田	400	150~180	
奥迪	400	150~180	
凌志	800	150~180	
红旗敞篷	1200		半天婚庆
加长林肯	2000		半天婚庆

注：1. 以上租赁价格为随机调查价格，不含驾驶员劳务费。

2. 租赁时间延长或包月、包车，租赁价格优惠，优惠幅度不等，由双方面议。

第五节　运输服务业主要企业

一、郑州市搬家运输骨干企业

(一)郑州市利民搬家公司

利民搬家公司成立于1991年。是由郑州郊区农民陈福全创建的郑州市第一家搬家公司。公司经过十年的发展历程,已由最初的2台车、几个人发展成为拥有各种车辆23台,从业人员百余人,办公及停车场地近3000平方米的大型搬家企业,成为中国家庭服务业协会会员单位。

利民搬家公司在10年的创业历程中注重把社会效益放在首位,为老红军、老干部、残疾人义务搬家近千次;为郑州少林武术节义务搬运各类器材、物品近百车,连续两年为武术节捐款近万元,受到武术节筹委会的表彰和奖励;为残疾人事业、候砦万人吃水工程、捐资助学等公益性事业先后捐款近3万元;收到感谢信、表扬信100多封、各类锦旗、奖状、奖杯、证书等30多件。连续多年被交通主管部门评为先进单位和"服务质量信得过"单位,多次被《郑州晚报》、《郑州电视台》、《大河报》等新闻媒体宣传和报道。而公司法人代表陈福全也于1996年获"郑州市十大杰出青年农民"称号,同年又被评为"郑州市新长征突击手"。现为政协郑州市第十届委员会委员及政协郑州市二七区第五届委员会委员。利民搬家公司以其"信誉至上、服务一流、取信于民、回报社会"的"良好"形象受到了同行业和社会的称道。

(二)郑州市大众搬家有限公司

郑州市大众搬家有限公司成立于1994年元月,是家民营股份制企业。公司初建时仅有3台车,至2000年底,公司已拥有各类车辆54台,管理人员、修理工及搬运工人300余人,公司下属6家分公司遍布郑州市各行政区,是目前郑州市搬家运输服务业中车辆最多、规模最大、实力最强的大型搬家企业。

公司创立以来,全体员工始终本着"全心全意为人民服务,传播文明、服务社会"的经营宗旨和体现"利于民、不扰民"精神的"五不准"、"三满意"、"十做到"的服务公约,为郑州市旧城改造、商贸城建设及居民生活提供了"安全、快捷、方便"的优质服务,获得了较好的经济效益和社会效益。连年被运管部门评为先进单位和"服务质量信得过"单位。

公司成立后,分别制定了经营宗旨、服务公约、职能岗位责任制、管理干部准则、公司誓言、搬家行为规范、奖惩条例及各种规章制度,实现了以制度促管理,以管理促发展,以发展促效益的发展经营思路。公司成立6年来,在不同时期分别开展了"我是大众人,做精神文明使者","争当大众最佳员工","迎国庆、庆回归,别世纪","争当服务能手"等活动,在开展活动的同时,对各部门经理开展"比、学、赶、帮"为主题的百分竞赛,对"职能干部评格"的优胜者授予荣誉称号……。总之,在企业管理上狠下功夫,"内炼素质、外树形象"真正做到"千斤重担众人挑、人人肩上有指标"。大众搬家公司把先进的现代化管理模式和手段引入公司日常管理中,基础台账和各类资料规范管理,车辆技术状况和运行情况反映在可视性极强的各类图表上,人员情况和企业内部管理运行情况也都做到随查随知,一目了然。由于管理到位,经营理念新,大众搬家公司成为郑州市搬家运输行业中的后起之秀。

大众搬家公司把“视客户为衣食父母,将服务质量作为企业生存的命脉”这句话作为大众搬家公司的企业精神发扬光大,深深印入全体员工的脑子里,贯穿在他们的日常工作中。为了达到客户的满意,大到几百公斤的精密机器,三角钢琴,小到一幅字画、一个烟缸,他们一律轻拿轻放,有时防护品不够用,工人在刺骨的寒风中脱下大衣垫在家具上;记不清有多少次,工人们把夹在家具缝里、被褥之中的现金和首饰如数交还主人。就是凭着这种一切为用户着想、客户的要求就是工作标准的服务态度,大众搬家公司被群众誉为“服务社会,传播文明”的搬家公司。

在企业发展中注意不断提高员工的素质是大众搬家公司的独到之处。他们把职工思想教育和法制教育结合起来采用开大会,办培训班、专题讨论等形式提高员工的组织纪律性和法制观念。在员工中开展“多一份精彩,少一份无奈”、“今日工作不努力,明天努力找工作”等形式多样的专题活动,使工人们从雇佣者转换为主人翁的角色,在搬家服务的工作岗位上自觉自愿地干好工作。在教育职工,提高员工素质的同时,大众搬家公司领导时刻把员工当亲人,为他们解决实际问题:双收季节,公司领导赶赴员工家乡,访寒问暖;新年来到给员工家属寄慰问信、为特困员工发补助金;逢年过节送份礼品,开个联欢会;员工婚丧嫁娶,卧病在床,公司领导亲临慰问。以上举措使员工解除了后顾之忧,感到大众搬家公司就是他们的家,他们的根,人人努力工作,把公司挚爱回报给客户。

大众搬家公司创建6年来，为国家经济建设和人民群众的生活提供了良好、周到的服务，其先进、科学的管理模式和手段被同行所称道，该企业已成为郑州市搬家服务业中的一支主力军，成为郑州搬家服务业的品牌企业。

（三）郑州华中搬家有限公司

郑州市华中搬家有限公司成立于1996年4月。初建伊始，底子很薄，只有三部旧车，十几个人，办公设施条件很差，公司经营举步维艰。面对困境，他们不气馁。他们认为设备条件差不可怕，这些都是暂时的，可怕的是人心涣散不团结，只要大家团结一心没有克服不了的困难。在激烈的市场竞争中他们找准了自己的切入点，那就是依靠良好的服务质量、良好的用户声誉求得生存和发展。几年来，他们视用户为上帝，开展优质服务活动，提出"客户满意为第一"的企业服务宗旨。为了落实这个宗旨，公司在员工中反复进行全心全意为客户服务，尽心尽责为客户着想的教育，制订了员工守则、服务守则及各项规章制度，杜绝野蛮作业，提倡文明服务，为了提高服务质量，真正做到让客户满意。他们首先加强员工内部管理，以制度管人，按规章办事，对于损害公司声誉的行为决不姑息，通过严格管理，员工的组织纪律性和法制观念得到提高，树立起良好的职业道德和风气，员工的心和企业兴衰连在了一起。其次，逐步改造更新车辆和设备，使其能适应客户的要求。每辆车都配备一定数量防护用品，保证客户物品在搬家过程中不摔不碰、毫发无伤。加强驾驶员和搬家工人的安全教育，杜绝一切事故隐患，几年来，未发生一起重大的交通和安全事故。建立用户回访卡，倡导在用户中“广交朋友,多交朋友,交好朋友”,及时把用户的意见和建议反馈回来,不断改进工作,以良好的信誉取信于民。截止到2000年底,公司客户满意率达100%,没有一家客户对服务质量不满而投诉。

4年来,郑州华中搬家有限公司艰苦奋斗,忘我工作,从一个不起眼的小公司发展成为有15部车,从业人员60余人并设立了4个分公司的具有一定规模的搬家企业,连续几年被主管部门评为先进单位和“服务质量信得过”单位。

(四)郑州市军工搬迁部

郑州市军工搬迁部成立于1992年。经理龚亚菲,退役军人,凭着在革命大熔炉里锻炼出来的吃苦耐劳,不怕困难的决心和毅力,从两部汽车起家,硬是在激烈的市场竞争中站住了脚。现拥有搬家车辆19台,员工110人,成为郑州搬家服务业中主力军。

该搬迁部成立后的第一件事就是把毛泽东“为人民服务”的题词悬挂在办公营业场所,并以此作为自己的服务宗旨,只要是人民群众需要的,再苦再难也要把活干好。为了社会公益事业和防汛抗灾需要,他们出钱出力,不计报酬,公司成立9年来,先后多次被交通局运管处命名为“先进单位”、“服务质量信得过单位”等荣誉称号,被用户称为“搬家可靠、服务放心”的搬家公司。

郑州市军工搬迁部始终把企业管理和提高员工素质作为立足之本来抓。由于搬家工人多来自农村,文化素质和法制观念相对薄弱一些,为此,公司一方面加强思想、职业道德教育,还有的放矢的为他们上法制教育课,普及法律知识,提高员工素质,另一方面从建章立制着手,制订了一系列规章制度,如员工考勤制度、搬家工作规范、员工政治学习制度、员工请、销假制度、安全行车规定等,全体员工实行半军事化管理,令行禁止,依章办事。由于实行了严格的管理,实现了办公场所整洁卫生,使用物品摆放有序,账表资料分类归档,车辆设备安全运行。搬迁部对用户的承诺是"正点到达、完好无损、态度热情、服务放心"。9 年来,他们以辛勤的的汗水实现了自己的承诺,真正做到完全、彻底为人民服务,为成千上万户人民群众服务到家,赢得了群众好评,也取得了良好的经济效益和社会效益。

二、主要汽车租赁公司

郑州市的主要汽车租赁企业有郑州羽丰汽车租赁公司、郑州公交豫龙汽车租赁公司、郑州铁路金阳光轿车租赁公司、郑州兴禾汽车租赁公司、郑州黄河汽车租赁公司、郑州红旗轿车租赁公司等,在激烈的市场竞争中,他们已建立起贸易伙伴关系,成立了郑州市汽车租赁风险防范联盟,实现了资源共享、风险共担,成为郑州市汽车租赁行业中的主导力量。

(一)郑州羽丰汽车租赁公司

郑州羽丰汽车租赁公司是郑州市电信局投资的三产公司。雄厚的经济实力、专业化的技术指导、完善的现代化办公设施和计算机网络管理,使之体现出了信息时代汽车租赁业的先进与便捷。

郑州羽丰汽车租赁公司与北京今日新概念汽车租赁公司合作,借鉴先进的管理模式,结合郑州汽车租赁市场的特点,形成了自己独有的经营特色:全员统一培训、标准化门店、标准化的服务、标准化的管理。计算机预订系统能快速、有效地将以往繁琐的订车手续在15分钟以内完成，使用户在最短的时间内享受到最好的服务。

郑州羽丰汽车租赁公司现拥有奥迪、红旗、三星太空等车辆40余部，又新增富康(1.4电喷、液压离合、助力转向)车10辆，桑塔纳99新秀(电喷、液压离合、助力转向)10辆，公司还配备有其它各类车辆以服务大众。公司现有管理人员十余人，平均年龄28岁，均为大专以上学历。驾驶员均有10年以上驾龄，有丰富的实践经验与维修技术，时刻为用户提供专业、周到、热情的服务。

郑州羽丰汽车租赁公司拟采取会员制经营方式，这种新颖的用车制度能让广大用户得到最大的优惠与便利。它以互联网为依托，与北京、上海、广州、深圳、太原、杭州等31个城市实现计算机联网，实现车源共享。凡是加入该公司的会员均可在上述城市办理租车业务，享受到一流的服务。羽丰汽车租赁公司能最大限度地满足客户办公、旅游等用车需求。

全国免费预订电话：

800——810——9001

全市免费预订电话

800——883——9999

(二)郑州中原红旗轿车租赁公司

中原红旗轿车租赁有限公司于2000年8月份成立。公司座落于郑州市107国道中原汽贸总公司院内，是隶属于河南省中原汽车贸易集团股份有限公司的子公司。经过一年来的运营，公司现已拥有各种档次轿车百余辆，其中红旗轿车五十余辆，各种豪华轿车数十辆，可以满足不同层次用户的礼仪、婚庆、商务、旅游需求。

公司实行系统的微机化管理，并配备了各类管理人员数十人，有一批高素质司机队伍，本着“顾客至上、服务第一”的原则，以热诚和优质的服务赢得了良好的社会及经济效益。

业务电话：0371—6513720　6513721

0371—6519780（夜）

（三）河南公交豫龙汽车租赁有限公司

河南公交豫龙汽车租赁公司是隶属于郑州市公共交通总公司的三产企业。公司位于郑州市京广北路 27 号，主营汽车租赁，兼营机械设备租赁。公司现有从业人员 19 人，其中管理人员 7 人，驾驶员 12 人。现有租赁车辆 24 台，其中轿车 10 台、微型轿车 8 台、内部租赁车辆 6 台。公司固定资产原值 4368729. 50 元，固定资产净值为 3976280. 36 元。

河南公交豫龙汽车租赁公司成立于 2000 年 5 月。依靠郑州公交公司的雄厚经济实力和公众信任的社会知名度，公司开业初期就得到了市场认可，取得了较好的社会效益和经济效益。但是，公司领导居安思危，针对公司实际和郑州市租赁市场情况提出了公司发展的规划和实际操作步骤：首先从基础管理入手，建立健全各项规章制度，依法办企业，以制度搞管理，员工精神面貌焕然一新，工作效率也大有提高。其次，提出“以客户为中心，一切为客户着想，客户的满意就是企业利益”的公司经营宗旨。为了实现这个宗旨，公司加强了对员工的素质提高和培养，除了对职工的技能培训外，要求员工做到礼貌用语，微笑接待，文明服务，要求员工提高专业知识水平，切实为客户排忧解难。第三，及时引进先进的管理模式和手段,与上海安吉汽车租赁公司合作,成为上海安吉汽车租赁郑州特许经营店,此举将有效地促使公司的经营管理向科学化、正规化方面迈进,能够在激烈的市场竞争中立于不败之地。

三、郑州市信息服务业骨干企业简介

(一)郑州金黄河货运有限公司

公司创建于 1993 年 3 月,设址于黄河公路大桥桥管处,当时只有职工三人,房子一间。现公司迁入郑州市货栈街 192 号郑州汽车货运中心东区 13—14 号。公司主营货运信息、中介服务,兼营货物运输。现有职工 64 名,其中管理人员 6 名。公司下设四个站,分布在郑州市区。法人代表袁天洋。公司拥有固定资产原值 40 万元,流动资金 100 万元,年运输量达 6400 吨,年利润 10 万元。

公司成立 7 年来,走过了一条艰难的创业之路,既有成功的喜悦,更有惨痛的教训,为此,公司狠抓企业内部管理,制定一整套学习、工作、财务等制度,结合本公司实际实行了便于职工自我约束的“十要、十不准”,具体内容如下:

十要包括:信息要准;信息中介费要低;要时刻为客户着想;要和兄弟单位搞好协作;公司内部要团结;对外要维护公司形象;要合法经营;货物要安全运送,严禁事故发生;要遵守本单位制定的一切规章制度;要服从主管部门领导。

十不准包括:不准泄露商业机密;不准对客户耍态度;不准欺骗客户和车主;不准随意承诺或言而无信;不准侵吞公款;不准破坏团结,搞自由主义;不准目无管理部门或其它业务部门;不准另立山头;不准干有损公司名誉的事情；不准违犯公司制定的一切规章制度。

严格的规章制度保证了公司经营的有序进行，自公司成立至今已先后有21人因放任自流，不遵守规章制度被解聘，一大批敬业爱岗，有强烈事业心和责任感的有志人士成为公司的骨干力量。

公司坚持以诚为本、信誉第一的原则，深受广大司机、厂家和客户的信任。现有厂家、公司800余户与该单位签订了长年包运合同，有1000多部车辆挂靠公司，车种多、车型全，可随时运送大、中、小、轻、重、急各种货运物资。公司下属四个站分八个专线发往全国各地。站站可通外地货运车辆，都备有停车场、货物仓库，还设有饭店和住宿部，食宿方便，进出顺畅。公司免费接送货主发出、发入郑州的一切整车、零担货物，确实给外地车辆提供了一切方便条件。“以诚为本、信誉第一”为公司带来良好的经济效益和社会效益，三次被交通运政主管部门评为“郑州市运输服务业信得过单位”。800多个厂家、公司和1000余辆货运汽车更是成为公司的坚强后盾，增强了公司在同行业中的竞争实力。为了更好的服务业户，服务社会，公司提出了新的宗旨、口号和目标。

宗旨是：全心全意为车、货主服务，提高工作效率，降低运费标准，让利于客户。做到有货即运，安全、准时、便捷，全程负责。

口号是：做老实人，挣明白钱，让驾驶员、货主都满意。

目标是：在把郑州业务做好的同时，走出河南，与全国各地货运单位联网、联营，扩大经营规模，提高公司知名度，力争把公司建成一个集货运信息、货物运输、仓储理货、车辆服务等多项服务功能为一身的综合性运输服务企业。

(二)河南长通运输有限公司

河南长通运输有限公司位于郑州市郑汴路中段玉凤路1号,是私营股份制企业,公司主营货物运输,兼营信息服务。

公司在董事长杨志萍(法人代表)“以诚经商,服务为本”的经营思想指导下,经过8年的奋斗,初步形成了以107国道为中轴,南至广州、深圳,北至北京以及省内物流配送的网络。

目前,公司拥有超过注册资金300万人民币的资产,拥有高层管理人员10名,中层管理员50名,员工300名。公司拥有10部大型运输车,20部配送中巴车。公司下设广州、佛山、中山、顺德、深圳、东莞、北京、邯郸、晋城等12个省外分公司,省内14个分公司和郑州市4个分理处,主营货运。每个分公司以日均一车的运量发车,平均日货运量达300吨,月均创收40万元。同时,有效推动了南北物流运转,为郑州商贸城的商品经济发展作出了一定贡献。据不完全统计,目前郑州商户有65%在长通发货。

公司顺应历史潮流,把握运输市场脉搏,博采世界物流精华,以省内市场为舞台,建立健全了省内物流配送网络,得到了众多企业家的称赞。目前公司管理推行内部经理股份制,经理与公司对利润三七分成,每月的优秀员工设有丰厚的奖金,年终的优秀员工有丰富奖品,大大激发了各部员工的主观能动性。

公司本着“取之于社会,用之于社会”的企业宗旨,十分注重自身企业形象的塑造与维护,曾多次参与组织社会文化活动，并多次为社会福利事业及教育事业捐款捐物。仅2000年一年，就捐款捐物累计50多万元。公司及董事长获得区级奖励20余项，市级奖励多项。

长通公司以107国道为中轴，全面发展省内短线，稳固发展东长线。公司基本路线广州线，已有8年的运输经历。发展到今天已成为运输界“广州十大，河南第一”的企业。

建立健全省内物流配送网络。从1999年公司在南阳设立第一家公司，便以可信赖的信誉、高水平的服务，经营省内物流配送业务。现已开通南阳、洛阳、安阳、濮阳、三门峡、新乡、焦作、周口、许昌、漯河、驻马店、信阳、平顶山、商丘等14个地市运输专线，同时在郑州市科技市场、盛和大厦、107国道、洁云路等处设立了4个分理处。

零担整车，全方位服务。公司发展到今天，不仅承接大宗业务，对于小件物品乃至一件两件的业务也对客户服务到位。凭着8年来积累的经验，树立的品牌，良好的信誉，公司获得了广大客户的信赖，同时代理客户的货款业务。

推动河南运输事业的发展。作为河南运输服务行业的排头兵，该公司目前承担了郑州市65%的货运代理业务。该公司表示将以更安全、更快捷、更优质的服务回报社会各界的厚爱。

第六节 从业人员培训

改革开放以来，国家运输政策经过重大调整，鼓励各种经济成份的业户参加营运，道路运输事业发生了重大的变化。但是,随着道路运输业不断向规模化、正规化、信息化方向的发展,对从业人员的素质水平有了更高的要求,因此,加强对道路运输业从业人员的培训工作已成为交通运政部门的重要工作。

一、从业人员培训机构设置

1996 年元月,经市编委批准,郑州市交通运输管理处设置了统计培训科。其主要职责是:负责单位内部运政人员的业务培训;负责全市〔含 6 区 6 县(市)〕道路运输业从业人员的上岗培训;负责培训教材的编辑、培训授课、考核、办证的具体事宜;负责统计工作等。科内有专职工作人员 5 名。至此,郑州市运输从业人员的培训工作走上了规范化的轨道。

二、从业人员培训管理

郑州市交通运输管理处对道路运输业从业人员的培训工作十分重视,多年来列入相关业务部门的责任目标,坚持常抓不懈。要求培训工作做到年年有计划、有教案,切实保证培训内容、教员、时间、效果四落实,分工一名业务处长定期检查指导。近年来,培训工作取得了明显的成效。1996 年培训从业人员 15 期,培训学员 2600 人;1997 年培训 22 期,培训学员 3900 人;1998 年培训 18 期,培训学员 3500 人;1999 年培训 25 期,培训学员 3956 人;2000 年培训 25 期,培训学员 6685 人。截至到 2000 年,累计培训从业人员 20641 人,大大地提高了从业人员的素质。在培训管理工作中,坚持做好以下方面工作:一是建立健全严格的培训管理制度。主要包括培训考核制度、培训考勤制度、培训人员课堂管理制度、培训办证制度等。二是坚持定时、定员、定地点的三定原则,确保培训质量。每个月的18日为学员报到时间,培训课时不少于24小时,时间3至4天(视不同岗位而定);每期学员不超过100人,如人数多,本期再续办一次;培训地点定在郑州市公路运输管理干部培训中心。三是对培训学员实行半军事化管理,作息时间严格规定,认真考勤。四是选好教员,确保授课质量和授课效果。五是坚持以书面考试为主的培训考核,低于60分者重新补考。凭考试合格证办理营运证件。六是全面推行持证上岗制度,对于新开业人员坚持先培训、后上岗;对于已开业未参加培训的从业人员要分期补课,参加培训。对参加培训学员登记建档,并输入微机管理,培训合格证一律微机打印,自动存档。通过这些作法,郑州市从业人员培训已步入了正规化、科学化的管理轨道,有效地提高了道路运输业从业人员的运输法规观念和业务水平。

三、从业人员培训内容

从业人员培训学习的主要内容是:(1)国家、交通部和省、市有关道路运输法规、条例、规定;(2)道路运输业开业经济技术条件和运输经营基本知识;(3)运输从业人员应具备的职业道德和服务质量标准等。培训教材以市交通运输管理处组织编辑的60万字的《郑州市道路运输从业人员培训教材》为主,培训教员由市交通运输管理处和其他管理部门的领导及各业务科室的负责人担任,专题培训特邀请专业人士进行授课。由于他们既有理论知识又积累了大量的实践经验,所以授课针对性和实用性强,达到了很好的授课效果。

四、从业人员培训基地

郑州市道路运输业从业人员培训基地设在郑州市公

路运输管理干部培训中心。

郑州市公路运输管理干部培训中心，又名“怡翠园度假村”，位于郑州市西南隅48公里的浮戏山环翠峪中心风景区，由郑州市交通局兴建，1998年后交由市运管处管理之后，运管处又筹资扩建了部分房舍，完备了有关服务设施。该中心设有大中小会议室、学习室，配置了多种培训学习器材，“中心”食宿方便，通信顺畅，具有接待大型会议的各种服务功能。

“怡翠园度假村”恰在风景区的中心，东有“神仙洞”的奇观，西望“卧龙台”的雄姿，南观“落鹤涧”的幽深，北听梅山瀑布的水声。特别是高达70余米，人称河南第一跳的“蹦极跳”使人回味无穷。春天满山翠绿，蜂飞蝶舞，百鸟争鸣；夏日冠荫如盖，远山雾锁，树木葱葱；金秋泉水碧澈，层林尽染，红叶传情；冬季银妆素裹，山舞银蛇，别有情趣。怡翠园四季风景如画，景象万千，勾起人们不尽的遐想。

怡翠园建筑别致，欧式风格，异国情调。白墙红顶，点缀在绿山苍翠之中，曲桥流水，看尖塔红亭湖中倒映。柳丝细细、曲径弯弯，绿草如茵，如诗如画。怡翠园已成为风景区中又一道风景。

培训中心（怡翠园）拥有各档床位近200个，并有装修齐备的甲级套房。每个房间均配有电视、空调、暖气和卫浴设备。中心建有可容纳200人左右的大会议室（教室）、能容纳35人的中会议室和20人左右的小会议室。有面积250平方米的大卡拉OK歌舞厅和80平方米的小舞厅，有全套卫星接受设备并能独立完成、制作、播放节目。大餐厅和小餐厅可同时容纳200人就餐，客人在此还可品尝到如野兔、野鸡、野蛇等山珍及新鲜的野菜。

培训中心还配有健身房、洗浴部等其它娱乐休息设施。能充分满足客人的需求，使人们在紧张的开会、学习之余身心得到极大的放松和愉悦。

第二章 汽车维修与管理

伴随着我国道路运输市场的蓬勃发展，汽车维修业在郑州市也呈现出了红红火火的局面。目前郑州市汽车维修业户已发展达2000家，形成了由全民、集体、个体、合资和股份制等多种经济成分并存、充满竞争活力的维修经营格局，通过行业管理部门的组织与引导，汽车维修市场正向着布局合理化、经营专业化、秩序规范化的方向发展。

第一节 汽车维修发展沿革

郑州市的汽车维修业发展史可大体分为两个阶段。一是在计划经济时期，汽车配件供应由交通主管部门统一管理，汽车维修主要由交通部门独家办厂或公路运输企业自办修理厂，实行分片定点，按计划统一安排进厂修理。这在当时汽车配件供应困难，汽车修理能力一时不能满足需要的情况下，有重点地保证了公路运输企业和重要单位的汽车维修是需要的，但汽车修理难的问题没有得到很好解决。二是改革开放后，由计划经济逐步转为社会主义市场经济时期，旧的管理体制和生产经营模式被打破，随着公路运输市场的放开，出现了国有、集体、个体一齐上的局面。有车单位自办的修理厂不再是单纯的自我服务，而是面向社会，汽车配件不再实行计划供应,充裕的配件保证加快了汽车维修市场的发展。有车单位或车主可自由选择修理厂家,汽车维修逐渐呈现卖方市场态势,维修业竞争趋于激烈,修理质量问题逐渐突出,加强对汽车维修市场监督管理被列入了交通主管部门的议事日程。

一、计划经济时期的汽车维修市场

郑州解放初期,地方拥有汽车甚少,且几乎都在公路交通部门,汽车维修也是由公路交通部门自办。1949 年 1 月,设在鲁山的豫西公路管理局汽车修理厂和设在开封的豫皖苏公路管理局汽车修理厂随着两个主管局的合并而在郑州建立了中原公路管理局汽车修理厂,同年 8 月河南省国营运输公司建立后,改为该公司的汽车修理厂,1954 年 12 月又改为郑州运输中心站的汽车修理厂。该厂共有 250 余名职工,其主要技术骨干多来自国民党政府统治时期公路部门的老修理工,当时设备也仅有手摇皮带车床、台钻等简陋设备十余台,主要承担公路运输营运车辆的维修。这是郑州地区最早出现的汽车维修企业。1953 年进入社会主义建设第一个五年计划时期,省公路运输局根据驾、修合一的要求,将该厂的修理工和维修设备调往营运汽车较多的许昌、信阳地区成立汽车保养厂,郑州汽车修理厂更名为郑州汽车修配厂,改为主要生产市场供不应求的汽车配件。

随着社会车辆的不断增加,汽车维修滞后问题更加突出。河南省交通厅于 1956 年筹建郑州汽车修配厂,郑州中心运输站汽车修理厂原班人马参加筹建,逐步发展成为拥有千余名职工的河南省最大的汽车修配厂。

“大跃进”时期的营运汽车,由于重使用、轻维修,超载和超负荷拖挂运输，车辆损坏十分严重，中央交通部于1961年在全国汽车维修会议上提出了“先维修，后制造”的方针，河南、郑州交通部门开展了群众性的车辆维修，以迅速恢复汽车运输生产能力，并对汽车修理力量作了调整。将郑州汽车修配厂改为郑州货车修理厂，不再生产汽车配件，集中力量搞大修。建立郑州客车修配厂，消除河南客车修理的空白点。1963年底、1964年初，先后组织郑州货车修理厂和郑州客车修配厂领导干部和职工，到上海对口参观学习，推广先进经验。

郑州客车修配厂是省政府根据省委工业调整会议纪要精神，在郑州轻工业机械厂基础上筹建的，通过扩建厂房，增添设备，从全省抽调有经验的修理技术工人，扩大修理生产能力。该厂设计年大修客车600辆（只大修客车车身，发动机、底盘转货车修理厂修理），主要承担全省的大客车修理和配件生产，并进行客车改装。管理体制由市手工业局归口省交通厅后，实行两级管理，即投资、设备、计划、材料和产品分配，由省统一管理，党政、财务和企业管理由市领导，产品分配曾一度由交通部统管。

两个汽车修理大厂建立后，汽车修理难问题有所缓解，但修理设备落后，设备数量不足，专业修理设备缺乏，技术力量薄弱，修理费用高，与当时汽车品牌杂，陈旧车辆多，配件不能满足供应，待修车辆多的实际很不相适应。由于客车修配厂的改装大客车、旅行车占去了1/3生产能力，1971年只大修客车264辆，1972年大修客车256辆，不能满足全省需大修大型客车600辆、大修小型客车670辆的需要，于是郑州等地市公路运输公司的保修车间，逐步发展成为可承担大修的修理厂，修理厂又增建客车修理车间，就地解决长途客车的修理问题。

1969年，郑州货车修理厂转制生产汽车，由交通系统划归机械系统后，汽车修理能力大为降低，于是郑州公路运输公司修理厂进行扩建发展，市汽车运输公司也建立了修理厂。1978年，市汽运公司修理厂与郑州市向阳汽车铆钉厂、向阳电器厂等厂合并，建立郑州市汽车修配厂，隶属市交通局领导。

与此同时，拥有较多车辆的外贸、水利、粮食、基建、厂矿等社会公共单位，在出现汽车修理难之际已具备了一定的汽车自修能力，有的便由保养车间发展为大修车间或修理厂。

二、改革开放后的汽车维修市场

改革开放中的公路运输市场全面开放后，国有、集体、个体运输一齐上，汽车迅猛增加，汽车修理亦以计划经济时期的交通部门统管和独家办厂，发展为社会多家办厂，国有、集体、个体和中外合资修理厂（站）纷纷建立，社会公共单位的自办修理厂面向社会，形成广泛的汽车修理市场，有车单位或车主可以自由选择修理厂（站），修车难问题得到了解决。

1994年底，全市机动车辆已突破13万辆，汽车维修业户发展至1642家，从业人员19265人，其中汽车大修厂45家，汽车修理站173家，专项修理部1424家，各汽车制造厂在郑州设立的特约维修站59家。全市汽车维修业年产值达2.01亿元，上缴税利4837万元。

从1995年到2000年，随着交通主管部门对维修市场管理的加强，郑州市汽车维修业经历了二个大的发展阶段：

第一阶段：从 1995 年初到 1997 年底，为“四改三”阶段。1994 年，交通部颁发了《汽车维修大修企业开业技术条件》（JT/T 3135—1994）和《汽车维修企业和专项修理企业的开业技术条件》（JT/T 1234—1994）。1995 年初维修管理部门依据上述技术条件将修理厂、修理站、修理部和专项修理部，结合各自生产技术能力，分别改定为汽修一类企业（相当于大修理厂级）、二类汽车维护企业（相当于站级）、三类汽车专项修理部（小修部及专项修理站）的“四改三”工作，并调整了一、二、三类业户的发展比例，对新批业户严格控制。至此，郑州市汽车维修业布局较为合理，结构比较科学，维修设施设备得以充分利用，行业发展趋于规范和专业化。

第二阶段：从 1998 年到 2000 年为“完善规划、贯彻国标”，行业发展步入科学化、正规化阶段。1998 年初，市机动车维修管理处制订了《郑州市汽车维修行业发展规划》（试行），从维修布局、技术指标（供需、结构比例）、科技进步（设备、人员）和发展措施等四个方面明确了维修行业的发展方向。交通部颁布了汽车维修业修理质量标准后，1999 年又进一步对《规划》予以充实和完善。为了更好的落实国标和发展规划，市修管处从 1999 年 5 月到 2000 年 8 月对全市一、二类汽车维修企业进行了“国标”的宣传和贯彻，成立了领导小组和工作机构，实行现场考核、集体审批、严格把关的办法，将全市一、二类企业由 302 家压缩至 210 家，汽车维修能力和修车质量较前有了很大提高。随着郑州市公路交通的发展和商贸城建设步伐的加快近年来汽车维修业户发展迅速。截止到 2000 年底，全市机动车辆已突破 34 万辆，汽车维修业户已达到 1698 家，其中一类企业 56 家、二类企业 302 家、三类企业 1340 家。结构比例为 1∶3∶60，从业人员 28546 人，年生产（维修）能力达到 35 万辆次，产值近 10 亿元。

第二节　汽车维修管理机构

1984 年公路运输市场开放以来，机动车修配行业发展迅猛。为了加强对机动车修配市场的管理，1989 年 4 月 17 日经郑州市编委批复，将设编于郑州市公路运输管理办公室的车辆维修管理科职能分离出来，扩编建立郑州市机动车修配管理处，事业编制，定编人员 20 人。内设办公室、技术科、证审科、机动车修理市场管理科。1998 年 9 月经市编委批准，原编制人数不变，内设科室由“三科一室”改为“四科一室”即：资格审查科、维修质量管理科、车辆技术管理科、市场管理科和办公室，之后，又增设了行政执行室和政教科。直属二级机构五个：郑州市机动车修配行业协会、郑州市汽车综合性能检测中心、郑州市特种车辆检测中心、郑州市汽车技术培训学校、郑州市机动车修配管理处综合开发公司。

第三节　汽车维修行业管理

一、汽车维修市场整顿

改革开放以后，随着郑州汽车维修市场的放开，各种经济成分的修理厂、站纷纷建立，在激烈的市场竞争中，由于一度管理工作跟不上，出现了一些维修企业无章可循，开业无标准、技术无规范、工作无定额、质量无检查、收费无统一、修理质量差的问题，有的业户采取不正当手段招揽修车，给回扣或“搭车”售物现象明显，维修市场秩序混乱情况严重。对此，郑州市机动车修配管理处根据

1986 年省交通厅、省工商局、省物价局、省标准局、省税务局联合发出的《关于加强汽车维修行业管理的通知》精神对全市 824 家维修厂、站进行整顿。在普查的基础上，根据其规模、设备、技术力量确定其经营范围和资质认证，重新核发经营许可证。在整顿中将汽车维修行业资格卡分为四大类：一类为可承担汽车大修和总成修理的汽车修理厂；二类为可承担三级保养的汽车修理站；三类为可承担一、二级保养和小修的汽车修理部；四类为汽车专项修理部。以上四类维修业户都必须执行省物价局和交通部门制定的《汽车修理收费标准》。经过这次整顿，郑州市的汽车维修市场秩序得到净化。

1994 年以前，汽车维修行业除个别合资企业外，大部分汽车维修企业处在凭老设备、老经验修车的粗放修理生产阶段，市场供给能力大于需求，汽车修理厂、站的结构比例也不合理。从 1995 年开始行业管理部门针对供大于求的主要矛盾，采用宏观调控和微观规范的行政手段，依据国家有关政策和相关标准对郑州市汽车维修市场进行全方位的治理整顿，主要作法：一是利用新闻媒介大造舆论，宣传行业法规，扩大管理部门和维修行业在社会上的知名度。修管处在《河南商报》开辟了每月一期的汽车维修之窗栏目。二是根据交通部新颁布的维修行业国家标准，对全市维修企业进行资格重新认定。采取加大市场检查力度、严格把好年度审验关，加强对社会修理质量投诉案的处理等措施，努力规范业户经营行为。同时，坚持以结构调整为主线，采用以一类企业为龙头、二类企业为骨干，以大带小的方法，加强调整产业结构，改善企业布局，提高科技含量，促使维修行业走向规范化、专业化。三是根据国家维修管理法规滞后的情况，积极参与汽车维修业地方性管理标准的修订，创造行业管理的必要环境。四是积极组织全市维修行业开展“质量信得过”活动，树立行业新风。

二、汽车维修管理争创一流

市修管处在对郑州市汽车维修市场的管理中大胆探索，敢为人先，创下了全省5项第一。

1. 营运车辆实行了定级挂牌经营制度。

为把道路运输管理年活动引向深入，修管处2000年10月对全市营运客车核定级别，发放技术等级牌，统一悬挂，便于乘客识别和社会监督，确保了营运客车良好的技术状况和行车安全。使车辆技术状况管理内容与形式得到了有机结合，实现了质的突破，此项工作方法在全省是第一次被采用。

2. 按照新国标对维修企业重新进行资格认证。

修管处自1999年7月开始，用一年时间对郑州市区内143家一、二类维修企业按照新国标《汽车维修业开业技术条件》逐一进行资格认定，特别是设备、人员、经营场地达不到国标规定的，作降级处理。其中136家一、二类维修企业通过了资格认定。每个认定企业平均新购设备7至8万元，全市一、二类维修企业总计购设备1020万元，企业从业人员及设备、经营场地全部达到国标要求。认证工作力度之大为全省第一。

3. 提高科技含量，对汽车维修企业实行微机网络化管理。

2000年6月，修管处投资100万元，建设行业微机网络管理系统。管理系统分为8个子系统，即：维修企业管理系统、机动车辆技术管理系统、汽车综合性能检测站管理系统、市场检查管理系统、维修企业资格审查管理系统、行政执法管理系统、维修企业子系统、综合查询子系统。2000 年 10 月该系统投入使用。该系统的使用,标志着汽车维修行业管理从此走上了现代化、正规化、科学化轨道。目前,该项工作开展郑州在全省尚属首例。

4. 建设多功能的汽车技术综合服务基地。

修管处于 2000 年 6 月投资 1100 万元,建成了郑州市汽车技术培训学校、特种车辆检测中心、二级维护标准化作业线等三项工程,总称汽车技术综合服务基地。其中,特种车辆检测中心车辆综合性能检测车间(如图 3-1)安装了全省目前唯一的 A 级特种车辆检测线。综合服务基地占地 24 亩,集行业培训、汽车综合性能检测、车辆修理与维护、汽保设备营销、汽车加油为一体,是目前全省唯一的同时具有五项服务功能的综合服务基地。

图 3-1　郑州市特种车辆综合性能检测车间

5. 营运车辆检测达到“五统一”。

截止到2000年底，郑州市共有汽车综合性能检测站9个，从业人员125人，年检测能力14.4万辆次。其中包括1个A级特种车辆检测线、1个A级综合性能检测线、7个B级综合性能检测线，另有检测车一台。

全市汽车综合性能检测站在管理上达到了“五统一”：一是检测项目和标准统一；二是检测周期统一；三是收费标准统一；四是使用行业检测发票统一；五是使用印章统一。

“五统一”的实行改变了行业管理政出多门、交叉管理的混乱局面，树立了运政人员的新形象。车辆检测“五统一”的作法开创了省内同行的先河。

三、汽车维修行业发展规划

依据交通部行业标准和1996年我国《汽车维修行业发展规划》，修管处于1997年底制订了《郑州市汽车维修行业发展规划》（试行），在几年的工作实践中又不断进行充实、完善，使行业发展规划更加科学和切实可行。规划的基本内容是：

1. 建立规范的修配市场，即有形汽配大市场；

2. 大力发展市区外环道汽车修理业户；

3. 在郑州市每条进出市区的主干道两侧（省国道上）建设二类以上维修厂；

4. 依据市场情况，对一、二类维修企业进行总量控制，着重引导一、二类企业增加投入，加速改造，适应日益发展的现代化的汽车新技术、新工艺的需要。对于三类企业，可按开业条件完全放开。依靠市场需求公平竞争，实行优胜劣汰，达到供需总的动态平衡，郑州市汽车维修行业状况见表3-2。

郑州市公路交通部门维修企业情况，见表3-3。

郑州市一类汽车维修企业情况见表3-4。

郑州市汽车维修行业状况表 表3-2

项目 年份	车辆保有量（万辆）	维修企业				从业人员	年修理能力（万辆）	产值	实现利润
		总数	一类	二类	三类				
1995	13.2	1588	45	176	1367	26996	13.4		
1996	14.1	1715	51	188	1476	25725	14.8		
1997	18.4	2347	67	216	2064	37552	21.45		
1998	25	2168	77	215	1876	34688	25.2		
1999	30.02	1988	63	174	1751	23763	23.73		
2000	34.8	1698	65	302	1340	31577	36.1		

郑州市公路交通部门维修企业情况统计表 表3-3

名称	地址	经济性质	在职职工	固定资产	法人代表	厂房	车场	库房	年修理能力	通用设备	专用设备	检测设备
郑州市第三交通运输公司汽修厂	南阳路155号	集体	57	200	周舒慧	760	5100	513		10	27	14
河南省交通厅机械化工程处汽修厂	新郑路	全民	46	9797	部庄永	2214	2480	150		45	27	8
河南省郑州联运公司汽修厂	陇海路297号	全民	55	170	赵河燕	1300	2100	275		50	30	6
郑州市公共交通总公司第一汽修厂	京广北路27号	全民	75	138.63	张怀生	4900	1210	1500		55	40	11

续上表

名　　称	地址	经济性质	在职职工	固定资产	法人代表	厂房	车场	库房	年修理能力	通用设备	专用设备	检测设备
郑州市第三交通运输公司北环汽修厂	北环路	集体	25	5	赵鸿新	400	4040	100		18	5	9
郑州市第二交通运输公司中洲汽修厂	石化路	集体	37	291	吴俘山	563	3000	1000		18	6	8
河南省郑州汽车客运总公司汽车大修厂	南仓西路	全民	73	60	吴国强	419	2010	314		48	26	16
郑州市交通技校汽车修理站	南阳路	全民	33	22	吉维普	220	450	110		8	10	2
河南省交通学校汽车修理中心	航海西路	全民	25	56	高连周	1306	100	80		5	12	9
郑州市公路管理总段汽车修理站	张魏砦	全民	15		李春史	152	972	368		10	9	8
郑州宇通客车股份有限公司售后服务中心	货栈街174号	股份	22	50	彭　才	2444	160	615		2	26	8
中国第一汽车集团公司郑州服务站	航海中路	集体	35	113	张怀生	640	6360	960		5	12	8
郑州市公交公司小汽车修理部	郑花路1号	集体	4	1.6	袁福生	80	180	30		4	4	
郑交一公司修理站	南阳路269号	集体	12	5	杨世民	200	800	100		10	2	

郑州市一类(部分)汽车维修企业情况统计表　　表 3-4

序号	合格证号	企业名称	人数	经济形式	核算形式	负责人	地　址	电　话	类别
1	1001	郑州加力汽车修理有限公司	33	股份有限	独立	赵旭东	金水区纬五路56号	5998543	一类
2	1002	郑州市嵩山汽车修理厂	61	集体	独立	王延亮	二七区桃源路40号		一类
3	1003	河南东华汽车修理有限公司	67	责任有限	独立	范　东	金水区农业路		一类
4	1004	郑州龙华汽车修理有限公司	53	个体	独立	马文香	中原区中原路		一类
5	1005	河南省黄河汽车修理有限公司	50	股份有限	独立	任志民	金水区红旗路26号	5953870	一类
6	1006	河南电力汽车修理厂		全民	独立	张跃民	中原区西站路76号	7511249	一类
7	1007	河南外事办旅游汽车有限公司汽车修理分公司	47	全民	独立	索　丹	金水区机场路	6326196	一类
8	1008	郑州新港源汽车服务有限公司		全民	独立	王计忠	金水区经三路5号	5970325	一类
9	1009	河南省郑州市汽车客运总公司汽车大修厂	73	全民	非独立	吴国强	金水区南仓西路6号	6316297	一类

续上表

序号	合格证号	企业名称	人数	经济形式	核算形式	负责人	地址	电话	类别
10	1010	黄委会汽修厂	58	全民	独立	王照发	管城区顺河路53号	6302176	一类
11	1011	上海大众汽车申豫特约维修站	48	全民	独立	牛安琪	管城区城东南路116号	6819405	一类
12	1012	河南小汽车修理有限公司	86	合伙	独立	池祥圣	金水区郑花路25号	5726666	一类
13	1013	河南省委机关汽修厂		集体	独立	孙宪元	金水区经五路39号	5901830	一类
14	1014	河南省郑州联运公司汽车修理厂	55	全民	独立	赵河燕	管城区陇海东路297号	6323729	一类
15	1015	省机电汽车修理中心	61	全民	独立	王军	管城区城东南路118号	6827140	一类
16	1016	上海大众汽车河南销售服务有限公司	68	合伙	独立	焦振献	中原区大学南路6号	8718039	一类
17	1017	河南圆通贸易有限公司汽车维修中心	46	股份有限	独立	李书博	金水区民航路	5999491	一类

续上表

序号	合格证号	企业名称	人数	经济形式	核算形式	负责人	地　址	电　话	类别
18	1018	河南外运汽车修理公司	75	全民	独立	庞来泉	金水区东三街12号	3941956	一类
19	1019	郑铁工程一公司汽车修理厂	51	全民	独立	王金平	二七区石化路52号	8378597	一类
20	1020	郑州公交豫龙汽车服务有限公司		责任有限	独立	郑　岩	二七区航海西路177号	6975742	一类
21	1022	郑州市金源汽车修理厂	60	集体	独立	司留元	金水区东明路16号	6316505	一类
22	1023	河南瑞通汽车服务有限公司		股份有限	独立	李金凤	金水区农业路东段	5678899	一类
23	1024	河南顺达尔汽车修理有限公司	46	合伙	独立	张拥军	金水区经三路46号	5726726	一类
24	1025	河南省邮政运输局汽车修理厂	58	全民	独立	詹志旺	管城区货栈街东街路189号	6313588	一类
25	1026	河南省军区汽车修理所	59	全民	独立	纪东风	金水区纬一路6号	3936468	一类

续上表

序号	合格证号	企业名称	人数	经济形式	核算形式	负责人	地　　址	电　话	类别
26	1027	郑州市华龙汽车修理有限公司	50	股份有限	独立	何银森	管城区城北路9号	7613955	一类
27	1028	郑州市第三交通运输公司汽修厂	67	集体	独立	周舒慧	邙山区南阳路155号	3722384	一类
28	1029	河南省交通厅机械化工程处汽车修理厂	46	全民	独立	部应永	管城区新郑路206号	6824349	一类
29	1030	郑州市公共交通总公司第一汽车修理厂	75	全民	非独立	张怀生	二七区京广北路27号	6963142	一类

第四节　高科技在维修行业中的应用

通过管理部门近几年的宏观调控、正确引导和强化管理，郑州市汽车维修行业规划比较科学，布局比较合理，维修能力大幅度提高，高档、豪华车辆修理难的问题已基本解决。随着高科技的发展，一些先进设备、先进管理手段在汽车维修行业正在得到应用。

一、汽车综合性能检测站

（一）第一台汽车综合性能检测车投入使用

1989年9月，郑州市机动车修配管理处购置了第一台汽车综合性能检测车，开始对修竣车辆和作业维修质量进行质量抽检，其检测结果作为半年技术等级评定和评选郑州市汽车维修质量信得过单位的主要依据之一，该车已检测6000余辆修竣车辆。

(二)第一条A级汽车综合性能检测线建成并投入使用

1999年元月,郑州市机动车修配管理处投资300余万元在北郊下坡杨,建成了郑州市首条A级汽车综合性能检测线,即"郑州市汽车综合性能检测中心",如图3-2。该中心受维修管理部门委托,从事道路运输车辆技术状况及修竣车辆检测业务,所出检测结果作为管理部门评定车辆技术等级、参运条件、发放、吊扣营运证及调处维修质量纠纷的主要依据。一方面为行业管理服务,另一方面为机构改革、人员分流扩宽了就业渠道。到2000年12月31日,该检测线共检测车辆80000余台次。对于保障在用运输车辆技术状况完好,有效监控汽车运输业车辆技术状况、加强汽车维修市场质量监督、维护承、托修双方的合法权益发挥了重要作用。

图3-2 位于郑州市北郊的汽车综合性能检测中心

(三)汽车技术综合服务基地建成

2000年6月，市机动车修配管理处又在南三环与107国道交叉处开工建设河南省首家汽车技术综合服务基地，包括：郑州市特种车辆综合性能检测中心、郑州市汽车技术培训学校和郑州市二级维护标准化作业线，共投资1100余万元，2000年底建成，计划2001年全部投入使用。该基地集车辆检测、维修技术工人培训、新技术、新工艺推广、汽车二级维护作业服务、加油服务为一体，为全省第一个汽车技术综合服务基地。

1997年以来，各市（县）、上街区，根据行业管理部门要求，也先后分别建成一条B级汽车综合性能检测线。

至2000年底，郑州市汽车维修行业共投入建设资金2100余万元，建成汽车综合性能检测站（中心）9个，其中A级检测站2个、B级检测站7个，另有检测车1台，检测站建设的数量和规模均居全省首位。

为保证企业修竣车辆质量，根据行业管理部门要求，维修企业自己建检测线，进行自检。

二、新技术、新设备应用

郑州市汽车维修行业新技术、新工艺、新设备的应用开始于河南省小汽车修理有限公司（原交通局客车厂一修理车间基础上发展起来的）。

1994年，郑州市首台四轮定位仪在郑州事达汽车修理部投入使用。

1995年，郑州市首家专业尾气治理、发动机的整合企业诞生——郑州市丰池汽车尾气治理公司。

三、微机技术的利用

1991年，河南小汽车修理有限公司在全省率先利用微机对修车全过程进行监控，至2000年底，郑州市大部分一、二类企业都利用微机对企业生产进行管理,大大提高了工作效率,保证了修理质量。

2000 年 6 月,市机动车修配管理处投资 100 万元,建成计算机网络,该网络系统分为 8 个子系统,即:维修企业管理系统、机动车辆技术管理系统、汽车综合性能检测站管理系统、市场检查管理系统、维修企业资格审查管理系统、行政执法管理系统、维修企业子系统、综合查询子系统。2000 年 10 月该系统试运行,计划 2001 年 4 月与骨干维修企业联网。

第三章　汽车驾驶员培训学校与管理

随着我国社会主义市场经济建设的发展和人民群众生活水平的提高,作为现代化交通工具之一的汽车已不再是机关和企事业单位的专利,已成为越来越多的人们日常生活中不可或缺的代步工具。大量的汽车和现代化生活需求都需要有经过正规培训教育并具有实际操作技能的汽车驾驶员。于是,汽车驾驶员培训学校应运而生。

第一节　驾驶员培训学校管理机构

一、管理机构

郑州市驾驶员培训学校管理处于 1996 年 8 月经市编委批准成立。地址位于郑州市中原区伊河路 16 号,全民事业单位,正科级规格,内设四科一室即办公室、业务一科、业务二科、稽查科、培训科。编制人数 8 名,现有职工 21 名,法定代表人为王志宏。

二、驾驶员培训学校管理处主要工作职责

该处的管理职责主要是:

1. 贯彻国家和河南省有关驾校培训管理的政策、法规和标准,制定出切实可行的行业管理规定;

2. 负责本辖区内驾校的规划、布局及年度审验工作;

3. 负责驾校教员、教练员的业务考核和资格认定并核发准教证;

4. 负责教练车辆和教练设备的安全、技术性能的检验;

5. 根据驾驶员培训教学大纲和培训计划的要求,监督、检查驾校培训质量;

6. 对参加培训的学员审核发放有关证件。

第二节　汽车驾驶员培训学校行业管理

驾驶员培训,是一项服务于道路运输的基础性工作,驾驶员培训学校的资格、条件、培训能力都有统一、严格的要求和标准,对驾驶员培训学校的管理也是道路运输行业管理的一个组成部分。同时,因为驾驶员培训学校的经营具有国有、集体、股份制、私营等多种经济成分参与的特点,所以,加强驾驶员培训学校的行业管理,提高培训质量,保证交通安全,确保向社会输送合格驾驶员是行业正常发展的需要,也是社会安定的需要。

郑州市驾驶员培训学校管理处是交通主管部门管理驾驶员培训行业的职能机构。该处成立以来,根据国务院关于加强机动车驾驶员培训学校管理工作的通知、《河南省道路运输条例》及《河南省机动车驾驶员培训行业管理办法》的有关规定依法行政。采取严格资格审验、规范申报手续、加强基础管理、深入实际调研及检查监督经营行为等多种手段进行有效管理。在具体管理中,认真考核和认定驾驶员培训学校理论教员和教练员，对其中具备资格和达到规定标准的，核发准教资格证书；对全市驾驶员培训学校的教练设备、场地和车辆的技术状况建立台账，经常检查，确保技术性能和安全；制定切实可行的规章制度，对驾校的培训质量和收费情况适时进行监督检查；完善基础工作，对培训学员档案、学习驾驶执照、培训教材发放等分别建档立卡；运用法律、行政和经济手段加强汽车驾驶员培训学校组织管理，监督和纠正违规行为，按照统一规划、合理布局的原则，抓好驾校开办者的资格审查。近年来，根据部分驾校重收费轻教学，培训存在形式化的不良倾向，及时进行了行业整顿，促进了驾校的教学与管理，培训质量不断提高。目前，驾驶员培训行业健康发展，有序经营的新局面已经出现。

截止到2000年底，全市拥有机动车驾驶员培训学校32家，其中全民2家、集体16家、个体13家、股份制1家。年培训能力达1.6万人，实际培训近万人。

郑州市机动车驾驶员培训学校情况见表3-5。

2000年底郑州市驾驶员培训学校情况一览表 表3-5

序号	学校名称	学校地址	年培训能力	实际培训名额	经济性质	培训项目	联系电话
1	河南省交通学校驾驶员培训学校	桃园路42号	500人	504人	集体	B、C	7445140
2	郑州市交通技工学校驾驶员培训学校	南阳路154号	500人	120人	集体	B、C	3736245
3	郑州市黄河机动车驾驶员培训学校	荥阳市豫龙镇毛寨村	500人	120人	集体	B、C	4969162

续上表

序号	学校名称	学校地址	年培训能力	实际培训名额	经济性质	培训项目	联系电话
4	郑州市嵩山机动车驾驶员培训学校	新郑机场经济开发区	500人		私营	B、C	2466072
5	郑州市中岳机动车驾驶员培训学校	齐礼闫乡郑密路	500人	384人	私营	B、C	8987834
6	郑州市中原机动车驾驶员培训学校	中原路110号	500人	600人	集体	B、C	7612908
7	郑州市东方机动车驾驶员培训学校	107国道东姚寨村	500人	384人	股份制	B、C	5946133
8	郑州市交通运输一公司汽车驾驶员培训学校	翠花路立交桥西路南	500人	240人	集体	B、C	3822247
9	郑州市光大机动车驾驶员培训学校	航海路504号	500人	744人	私营	B、C	6827119
10	郑州市红旗机动车驾驶员培训学校	北环与107国道南50米	500人		集体	B、C	5716345
11	郑州市大众机动车驾驶员培训学校	农业路水上乐园院内	500人	312人	私营	B、C	3833088
12	郑州市公安高等专科学校驾驶员培训学校	河南公安高等专科学校	500人		集体	B、C	3755168
13	郑州市公用事业局公交技校（大客车培训）	航海路中段	500人	480人	国有	A、B、C	8983565
14	巩义市汽车驾驶技术学校	巩义市石灰谷岭路5号	500人	600人	集体	B、C	4350299

续上表

序号	学 校 名 称	学校地址	年培训能 力	实际培训名额	经济性质	培训项目	联系电话
15	登封市少林机动车驾驶员培训学校	登封市少林大道6号	500人	288人	集体	B、C	2860058
16	郑州市上街区机动车驾驶员培训学校	上街区许昌西路	500人	192人	集体	B、C	8112929
17	郑州市海燕机动车驾驶员培训学校	中原区冉屯路1号	500人		集体	B、C	7575782
18	郑州市交通机动车驾驶员培训学校	兴隆铺路9号	500人		国有	B、C	3734641
19	郑州市速达机动车驾驶员培训学校	金水区柳林乡郑华公路	500人		私营	B、C	5692042
20	郑州市中联机动车驾驶员培训学校	中原路118号	500人		集体	B、C	7637343
21	郑州市兴华机动车驾驶员培训学校	颖河路与华山路交叉口	500人	216人	私营	B、C	8987168
22	郑州市华山机动车驾驶员培训学校	颖河路与华山路交叉口	500人	216人	私营	B、C	7648385
23	荥阳市机动车驾驶员培训学校	郑上路	500人		集体	B、C	4960046
24	郑州市鸿程机动车驾驶员培训学校	郑州市郑花路	500人		私营	B、C	5729830
25	郑州市第三交通运输公司驾驶员培训学校	南阳路156号	500人		集体	B、C	3722598

续上表

序号	学 校 名 称	学校地址	年培训能 力	实际培训名额	经济性质	培训项目	联系电话
26	中牟县机动车驾驶员培训学校	中牟县拥军路	500 人	360 人	私营	B、C	2176789
27	郑州市华中机动车驾驶员培训学校	郑平路与南三环交叉口	500 人	360 人	私营	B、C	8727886
28	郑州市友谊机动车驾驶员培训学校	郑汴路 96 号	500 人	240 人	私营	B、C	6518171
29	河南省德诚机动车驾驶员培训学校	郑上路 153 医院东隔壁	500 人		私营	B、C	7811505
30	郑州市邮政机动车驾驶员培训学校	郑州市货栈街 188 号	500 人		集体	B、C	6334933
31	郑州市成功机动车驾驶员培训学校	北环路中段	500 人		私营	B、C	3720412
32	郑州市鸿兴驾驶员培训学校	航海路西段	500 人		私营	B、C	8972999

注:培训项目的 A 指大型客车、B 指大型货车、C 指小型汽车。

第四篇　企业发展

推行企业管理现代化，促进企业发展，并使企业紧跟时代发展步伐，是建设有中国特色的社会主义现代化事业的一个重要组成部分，是党中央国务院为了保证实现我国建设四个现代化的宏伟目标而提出来的。党的十三大明确指出："现代科学技术和现代化管理是提高经济效益的决定因素，是使我国经济走向新的成长阶段的主要支柱。"还指出："科学技术进步和管理水平的提高，将在根本上决定我国现代化建设的进程，是关系民族振兴的大事。"党的十三届七中全会进一步指出："90 年代在我国社会主义现代化建设的历史进程中是非常关键的时期"。在党的十四大、十五大报告中也都明确指出："国有企业是我国国民经济的支柱。搞好国有企业改革，对建立社会主义市场经济体制和巩固社会主义制度，具有极为重要的意义。""建立现代化企业制度是国有企业改革的方向。要按照'产权清晰、权责明确、政企分开、管理科学'的要求，对国有大中型企业实行规范的公司制改革，使企业成为适应市场的法人实体和竞争主体。"

郑州市交通运输企业与交通工业，面对科技发展日新月异，加入 WTO 成为我国发展的必然，市场竞争更为激烈的局面，普遍认识到：进一步转换企业经营机制，抓好现代企业制度改革，加强企业管理，练好内功，引进先进的现代企业管理制度和管理经验，是摆脱企业目前困境,求得企业发展的必由之路。在党的十四届三中全会《决定》精神的指引下,认真落实《企业法》、《公司法》,郑州市交通运输企业与交通工业经过多年的探索与努力,发生了历史性地转变:内部改革逐渐深化、企业经营自主权进一步落实、企业管理得以强化、资金和经营结构得以优化、企业规模得以拓展、多元化经营取得初步成效,大多数企业都进入了良性循环发展状态,河南省郑州汽车客运总公司、河南宇通快运股份有限公司、河南省郑州联开运输总公司、郑州市第一、二、三交通运输公司,郑州市出租汽车公司、郑州宇通客车股份有限公司、郑州市公共交通总公司等企业,都不同程度地取得了令人称道的成绩。

第一章　专业客运企业

河南省郑州汽车客运总公司是一个老企业,进入市场经济日益完善的20世纪90年代以后,通过联合、重组、兼并,深化企业内部改革,加强人才培养,加强精神文明建设等管理行为,老企业不仅在竞争更为激烈的市场经济大潮中没有落伍,反而走到了河南交通运输行业的前列,焕发出了勃勃生机。成立于1997年11月份的河南宇通快运股份有限公司,则是在我国进一步深化改革、即将加入WTO的大环境下,完全按新的运行机制和运营模式成立的。河南宇通快运股份有限公司成立伊始,就爆发出了惊人的力量,豪华的车辆,崭新的员工形象,主线"公交化"的经营思路,快货、旅游协调发展的策略,成为河南乃至全国旅客运输战线上的一道亮丽风景线。

第一节　河南省郑州汽车客运总公司

一、历史沿革及现状

至2000年,设在大学路1号的郑州汽车客运总公司(以下简称“总公司”),是河南最大的一家专营公路客运的国有大型企业。总公司的前身是1949年1月11日建立的豫西公路管理局郑州运输站。同年1月28日改为中原公路管理局郑州运输站,同年7月改为河南省公路管理局郑州运输站。同年8月归属新建立的河南省国营运输公司,列为省营企业直属一等站。1954年12月升格为郑州运输中心站。1958年8月再次升格为郑州公路运输公司。1980年1月初改为河南省汽车运输公司郑州公司,1983年3月客货运输分离后专营旅客运输,改称河南省汽车运输公司郑州客运公司。1986年12月下放郑州市交通局主管,1988年更名河南省郑州汽车客运公司,1992年更名为河南省郑州汽车客运总公司。1991年8月,河南省政府确定为省二级企业规格。

总公司现有职工8000余人,主营长途汽车客运,兼营汽车货运、停车场、汽车货运交易、信息服务(中介除外)、房屋租赁、住宿、日用百货、食品、印刷、货物仓储、汽、柴油零售等业务。现有营运客车1004台,座位26380个。其中高档车41辆,中档车603辆、普通车490辆。二级机构有一公司、二公司、三公司、四公司、巩义公司、登封公司、新密公司、八公司、九公司、郑州站(长途汽车站)、京广站、客运总站、欧亚快车公司、货运中心、实业开发公司、物资供应站、油料供应站、欧亚大酒店、中原大厦等19个生产经营单位。营运线路490条,里程644227公里，其中省际长途线路219条，里程260764公里，年产值2.12亿元，现资产总值4.5亿元，主要生产和经济指标在国内同行业中都位居前列。

二、发展多元经营，在联合、重组、兼并中壮大发展

国际大公司发展史上每一次质的飞跃、大的发展，大都是通过兼并形式来完成的，每一次兼并举措的成功，都会带来一加一大于二的效果，兼并可以使强者愈强，可以使弱者变强。郑州汽车客运总公司深谙兼并联合的规律，每一次与其它企业间的兼并、联合，都会使总公司在社会形象、经营规模、经济效益上更上一个台阶。

总公司第一个兼并案的操作成功，是1992年兼并郑州市晶体管厂。当时客运市场竞争愈来愈激烈，而自已所管理的郑州长途汽车站停车场仅4000平方米，远远不能适应企业的发展。总公司看中了位于陇海路与金海大道十字交叉地带上的郑州晶体管厂地址，通过努力兼并成功。兼并所带来的效果是显而易见的，该厂占地面积5900平方米，建筑面积2200平方米，出入市区方便，客源充足，适于做汽车站使用。于是总公司投入资金，并进行广泛宣传，很快这个过渡性的汽车站"京广站"就发展了起来，当年开辟线路103条，覆盖全省，辐射河北、山东、安徽、山西、湖北周边5省。迄今已有了容纳404辆汽车的停车面积，运营线路59条，年票房收入达1195.315万元。对郑州晶体管厂实施兼并，是河南省郑州客运总公司系列成功兼并案中迈出的第一步。

20世纪90年代中期，随着各专业货运企业以及其它有运输能力的企事业涉足客运行业，客运市场竞争越来越激烈，营运车辆实载率愈来愈低，当时国家又出台了一系列鼓励有能力的大企业兼并、购买、联合中小企业的政策，在这种情况下，总公司大胆决断：再走联合、兼并之路。客、货运输是道路运输中的“两条腿”，要走好路，单靠一条腿的力量是不行的。而当时的郑州汽车货运中心站的经营规模、经营效益以及所起到的社会作用，远没有达到郑州公路主枢纽货运中心站所应起到的社会作用。1997 年 12 月总公司与郑州汽车货运中心站实行了联合；中原大厦在竣工之初可以说是郑州市的标志性建筑之一，后来由于郑州市酒店业如雨后春笋般地兴起，而中原大厦在内部经营管理、资金等方面一直不很到位，中原大厦衰落了。2000 年 1 月 24 日客运总公司与中原大厦实行了资产重组；还有 1998 年 2 月与郑州客运总站实行了联合；2000 年 8 月 30 日与巩义市汽车站实行了资产重组。

联合郑州汽车货运中心，开拓了总公司在货运业务方面的市场，吸引客户进场交易，发展货运信息服务和代理业务，扩展仓储业务，带动住宿、修理、中转业务的发展，培育总公司新的经济增长点；联合郑州汽车客运总站，增加了客运经营场地，提升了客运经营能力，增强了企业的整体实力；联合中原大厦，打通了长途汽车站南北出入站通道，有效地解决了郑州长途汽车站长期存在的场地狭小，营运车辆进出站困难和发展线路、班次受制约等瓶颈问题。利用中原大厦酒店业的优势，就地取材可以更好地发展住宿餐饮业务；联合巩义汽车站，解决了巩义市客运市场多家竞争，经营秩序混乱等问题，也有利于总公司细化经营线路，向县、乡道路客运发展。通过企业间的兼并、联合,对客运总公司来说,在经营规模、整体实力上是一次次的提升。同时对另一方来说,通过资金、先进管理经验地注入,在发展上也起到质的飞跃。

通过近几年的发展,总公司已形成了以公路客运为主体,汽车货运及信息交易、汽车维修、旅栈餐饮、旅游、计算机技术开发等多业并举,全面发展的新格局。新格局的形成,多个经济增长点的形成对于抵御市场风浪的冲击,将会起到巨大的作用。

三、深化内部改革,转换经营机制

1995 年元月 1 日,客运总公司在所属运输生产单位中统一实行了"核定基数,确保上缴,费用自理,超利全留,欠利自补,自负盈亏"的两级经营承包责任制。与此相适应,对所属各生产经营单位(郑州长途汽车站除外)一律实行内部独立核算方式,并将主管会计收归总公司统一管理,一律实行大、小单位,主副业一个财会主管,限期收回账外资金,严格财会核算制度,严格内部审计监督等,这对调动基层各生产单位和单位承包人的经营积极性,理顺经营秩序,净化经营环境,发挥了重要的推动、保证作用。1996 年,总公司进一步深化内部改革,全面推行以单车经营承包为核心的生产经营方式改革。1997 年总公司根据现实需要,通过调查研究,及时制定出了新的承包办法,对部分老旧车辆实行了资产转让承包,对所购新车实行半额或全额融资购车承包,打破了单一的单车经营承包模式,深化、发展了单车经营承包改革,是对单车经营承包模式的丰富和完善。在转变各基层生产、经营观念,提高承包者承受能力和完善具体操作过程三方面都取得了进展。总公司综合情况见表 4-1。

河南省郑州汽车运输总公司综合情况表

（1995 年～2000 年）　　　　表 4-1

年度	在职职工（人）	客车总量（辆）	其中			营运线路（条）	营运班次（个）	客运量（万人）	周转量（万人公里）	产值（万元）	利润总额（万元）
			高档（辆）	中档（辆）	普通（辆）						
1995	4428	737	4	180	553	380	927	1429.4	116645	7456.51	594.56
1996	4088	814	4	190	620	400	960	1377	110810	13069.91	786.58
1997	4195	856	20	246	590	420	1000	1259.1	99891.7	13892.11	646.41
1998	4470	1029	31	423	575	450	1100	1456.89	122400	15388.13	508.03
1999	4104	1023	35	560	428	470	1200	1245	107906.5	16237.53	128.67
2000	5902	1004	41	603	360	490	1300	1158	99128	21215.82	139.31

四、在客运市场上狠下功夫，取得全面发展

旅客运输是客运总公司的当家业务，几十年来不仅产生了巨大的经济效益，也产生了巨大的社会效益。近年来，客运总公司顺应时势，积极优化车辆结构，调整线路布局，致力于发展高速客运。

1. 抢占高速客运制高点。自 1994 年 12 月 26 日河南省第一条高速公路郑汴高速公路通车以来，高速客运成了道路旅客运输中的一块香饽饽。总公司及时发现所辖运营车辆不能适应高速客运市场竞争的情况后，迅速调整车型，融资购进一批“依维柯”车参与省内高速公路运输和热点线路运输，在当时较好地扼制了省内高速公路班线和热点班线市场占有率下滑的状况，并逐步恢复了市场占有份额。依维柯车型的黄金运营期是 20 世纪 90 年代中期至 90 年代末期的 5、6 年时间，而豪华大巴将是高速公路客运车辆中的首选车型。为积极参与跨省高

速公路客运市场竞争，总公司投资500万元参股宇通快运公司，经过辛勤培育“宇通快运”很快成了省内外高速客运中的一个知名品牌。总公司又投资2000万元组建了欧亚快车公司，主营河南省内高速客运。又投资1500万元对郑州长途汽车站和中原大厦实施整体改造，增加郑州长途汽车站停发车场面积6000平方米和售票房、候车厅面积610平方米，专门开辟了高速公路发车区。1998年又筹资购买豪华车辆经营其它主干道的快运，拓宽运输经营领域，积极调整营运线路班次，大力发展总站、京广站营运线路、班次，积极接纳融资挂靠车辆进站经营。

2. 优化车型结构、线路和班次。1999年为适应道路发展和市场需求，合理调整车型结构，即将线路上的大型中、低档车辆逐步调整为中型车辆为主的高档快速车辆，特别是跨省长线，省内中心城市和县级的城市线路。为加快车型调整步伐，总公司鼓励各单位依托现有营运线路积极调整车辆，鼓励职工个人购车进客运总站和京广站及巩义、登封、新密三个汽车站经营。2000年，客运总公司全年共淘汰老旧大型客车88台，更换和新增中、高档营运客车140台，进一步优化了车型结构，提高了车辆的科技含量。目前，总公司中、高档中型客车548台，占全部营运客车的55%，中、高档客车644台，占全部营运客车的65%。总公司还根据铁路速度提高和车次增加及道路客运市场激烈竞争对旅客流向、流时、流量的影响，积极调整优化线路、班次结构，满足旅客出行要求。全年共恢复线路6条、班次16个，新开线路3条，新增班次47个。

总公司充分利用客运线路、班次资源，实行郑州长途汽车站、客运总站、京广站微机联网统一售票和营运车辆相互配载优势，扩大了总公司始发线路班次在郑州市的覆盖面，使总公司拥有的1600个班线资源得以充分有效地利用，同时也方便了旅客购票乘车。

五、加强职工教育，提高科技素养。

一个企业职工素质的高低将直接影响到这个企业的生存与发展。郑州汽车客运总公司始终对这一点保持着清醒的头脑。他们始终本着“实际、实用、实效”的原则，以现代教育的方法、内容为核心，开展多渠道、多层次、多形式的教育方式，根据社会发展和技术进步对职工进行思想品德和业务技能教育。可以说是着手早、起点高、组织完善、成绩显著。

客运总公司1986年4月28日就成立了职工教育管理委员会，直属总公司党委书记领导。1990年10月4日又成立了工人考核委员会。总公司设有教育处，下属各基层单位设有相应的职工教育领导小组，并由基层单位一位领导分工负责该单位职工培训工作，还设有专职教育干事和1~2名兼职教师及教室、资料室（柜）等必要设施。总公司从工资总额中按1.5%比例抽取教育经费，专款专用，从而为职工教育的开展提供了资金保证。根据职工实际情况，对职工进行岗位培训、开展继续教育、高等教育、中专教育培训，其中又分技术工人和管理干部培训，目前客运总公司有各类专业技术人员623人。

客运总公司还利用自身技术优势为社会服务。1989年起，开始举办初、中、高级汽车驾驶员、维修工、汽车客运服务人员等工种职业技能的培训班，12年来已为社会培训各等级学员1496名，培养合格率在90%以上。从

1995年至2000年均被评为郑州市劳动局职业技能开发工作先进单位。1997年客运总公司组织人员编写的《汽车客运服务人员等级培训教材》一书，填补了目前郑州市汽车客运服务人员等级培训教材的空白，受到郑州市交通局、劳动局、人事局等部门和社会各界的好评。

六、加强精神文明建设，促进总公司发展。

加强职工职业道德建设，全心全意为旅客服务，让旅客有“宾至如归”的感觉，是加强精神文明建设的重要内容，如图4-1。近年来，总公司相继开展了讲文明树新风，“企业精神大讨论”，争创“文明服务明星”、“服务质量零投诉”，“热爱家乡，增辉郑客”系列职工职业道德教育活动，结合本公司实际工作，赋予了精神文明建设生动、丰富的内容，让职工们感觉到精神文明建设不是枯燥乏味的，而是实实在在在自己身边，触之可及的。

图4-1 郑州汽车客运总公司的青年志愿者服务队为旅客排忧解难

为加强精神文明建设，客运总公司把精神文明建设的内容通过丰富多彩的载体来表现出来。如利用自办的《郑州客运报》、郑客闭路电视，以及班组学习会、安全例会、黑板报、宣传栏作为精神文明建设的阵地。结合年轻人的特点还通过“唱、颂、讲”比赛，爱企业爱岗位演讲比赛，书法、绘画、摄影比赛，文艺汇演，职工运动会等文体活动，通过这些多式多样的形式，既丰富了职工的文化生活，陶冶了职工的情操，又振奋了企业精神，增强了企业的凝聚力和向心力。

改善经营环境，搞好创建工作，也是加强精神文明建设的一项重要内容。总公司先后投资几百万元对客车站硬件设施进行改造，修建花园，硬化路面，购置花卉盆景，清除卫生死角，使站容站貌有了很大变化。郑州长途汽车站，郑州汽车客运总站，登封公司，新密公司先后获得“省爱国卫生先进单位”，“省级花园式单位”称号。

经过辛勤培育，郑州客运汽车总公司的精神文明建设得到了社会的认可，目前总公司所属各单位中拥有省部级文明单位四个，市级文明单位八个。郑州长途汽车站获交通部“文明汽车站”称号和“郑州市职业道德十佳单位”称号，窗口售票员厉红获“十佳标兵”称号，郑州市汽车客运总站获“郑州市职业道德建设十佳单位”称号，欧亚大酒店获省会“十佳宾馆”、“市级青年文明号先进单位”，“中国消费者基金会优质服务单位”称号，登封汽车站获交通部和河南省“文明汽车站”称号。

1995 年～2000 年河南省郑州汽车客运总公司荣获各项荣誉称号如下：

1995 年度

总公司被河南省交通厅评为教育工作先进单位；

总公司被郑州市委市政府评为经济体制改革先进单位；

总公司被郑州市交通局评为交通工作先进单位；

郑州长途汽车站、登封汽车站被河南省交通厅命名为省级文明汽车站。

1996 年度

总公司被郑州市政府评为交通工作先进单位；

总公司被河南省交通厅评为交通工作先进单位；

总公司党委被郑州市委授予先进党组织称号。

1997 年度

总公司被郑州市委市政府评为优秀思想政治工作企业；

郑州长途汽车站被授予全国一级客运站；

郑州长途汽车站被郑州市委评为职业道德建设十佳单位。

1998 年度

总公司被郑州市委评为优秀思想政治工作企业。

1999 年度

总公司被郑州市政府评为“三优杯”竞赛先进单位；

总公司被河南省交通厅评为运输企业深化改革先进单位；

总公司被郑州市交通局评为创建工作先进单位；

客运总站被郑州市委评为职业道德十佳单位；

郑州长途汽车站、新密公司被郑州市委市政府评为文明单位标兵。

郑州长途汽车站被授予“省级青年文明号”单位。

2000 年度

总公司被郑州市交通局评为优秀思想政治工作先进集体。

总公司荣获郑州市“十佳纳税企业”。

1995 年～2000 年连续被评为郑州市交通系统宣传

先进单位。

第二节　河南宇通快运股份有限公司

一、公司成立

河南省宇通快运股份有限公司是在省政府、交通部和省交通厅关心、支持下成立的河南省首家跨行业、跨地区、跨所有制形式客运企业，并完全按照“产权清晰，权责明确，政企分开，管理科学”的现代企业制度来运作的。

国家“九五”期间重点建设了“两纵两横”高速公路，其中的一纵（北京至珠海）一横（连云港至新疆霍尔果斯）全长1160公里贯穿河南12个主要城市，并在郑州交汇，京珠、连霍高速公路中的两段汴—郑—洛、许—郑—安先后建成通车后，高速客运初期的依维柯车型给河南客运市场注入了新鲜血液，带来了一定活力。而此时的成渝、汉宜、广深、西宝、沪宁等高速公路上跑的却是车内备有电视、冰箱、车载电话、空调、卫生间的高级大客车。上海、江苏等地分别成立了专营高速公路客运的“上海公路快速客运中心”和“江苏宁沪高速公路快速客运有限责任公司”等机构。成立以经营高速客运为主的快客公司，让高级客车成为其中的主角，已成为各高速公路结点枢纽城市的必然选择。同时，交通部1995年印发的《关于加快培育和发展道路运输市场的若干意见》中提出“以干线为依托，以沿线国有运输企业为基础，以产权连接为纽带，在自愿的原则下，鼓励横向联合，组建跨地区，跨省（区、市）经营的大型道路运输或其它形式的集团公司，以提高道路运输业的规模经营效益”。

在这样一个大环境下，河南宇通快运股份有限公司成立了。

是共同的见识将它们连到一起，是资金纽带使它们“心心相印”。1997 年 11 月，河南省交通厅劳动服务公司、北京国交贸易公司、郑州宇通客车股份有限公司和郑州汽车运输总公司、新乡汽运总公司等七家大、中型国有公路运输企业共十家单位联合参股组成了“河南宇通快运股份有限公司”。1998 年 5 月，宇通快运又吸收了南阳汽运总公司等 13 家大、中型国有公路运输企业做为新的股东。同年 10 月份，宇通快运吸收省交通厅公路港以土地作价入股，接受宇通快运转股 1000 万元，公司股东变更为 24 家。1999 年，安阳、新乡两家客运公司与北京国交贸易公司三家股东转让股本金 1600 万元，2000 年 8 月，宇通快运又吸收焦作市交通局作为新股东。公司股本进行盘整和转化后，目前，宇通快运共有法人股东 25 家，实有资本金 1.33 亿元。股东按各自在股份制企业中所拥有的股份参加管理，享受权益，承担风险。

打破了地区分割，打破了落后的生产经营管理观念的宇通快运，适应了市场对企业的要求，为发展打下了良好的基础。

二、机构设置和员工队伍

公司设有股东大会和董事会、监事会。董事会设董事长 1 人，董事 7 人(交通厅 4 人，宇通客车 2 人，郑州客运总公司 1 人)，分别由股东大会选举产生。监事会设主席 1 人(由开封运输公司担任)，监事 5 人(分别由开封、鹤壁、洛阳一运、洛阳二运、许昌五家运输公司担任)。

公司生产经营实行董事会领导，监理会监督下的总经理负责制。聘任总经理 1 人，副总经理 3 人。机构设置有公司总部机关、郑州分公司和七个经营管理处(北京、洛阳、开封、安阳、新乡、鹤壁、焦作),公司总部机关设“六部二室”(公司营运部、财务部、企业发展部、技术安全部、人事部、证券投资部、公司办公室和监察室),郑州分公司均为“站队合一”体制,中州宾馆停靠点和安阳服务区为公司两个独立的配载站点。另外,宇通快运还设立了旅游公司、快货公司。其中旅游公司为控股子公司。

公司现有聘任制员工318名,其中公司和基层分公司、管理处、二级管理及辅助管理人员98名(包括旅游和快货公司),司乘人员150名,维修及后勤生产人员70名,员工中大、中专以上文化程度的占32%,具有高级专业技术职务任职资格的2人,中级职称19人,初级职称13人。员工中党员人数58人,占职工总人数的20%,女职工为员工总数的18.3%。

三、公司规模与经营效益

宇通快运成立后,抓住高速公路不断延伸,公路基础设施条件不断改善的有利时机,扩大企业规模,提高人员素质,通过创一流客车、一流车站、一流服务、一流经营、一流管理,树立了企业新形象,成了河南道路旅客运输的示范性窗口。

宇通快运现已开通郑州至北京、天津、石家庄、太原和洛阳、开封、新乡、安阳、鹤壁、焦作、许昌、平顶山等地至北京、太原、天津、石家庄等35条省际高速公路快运班线,并开通了郑州至洛阳城际班线,日均发60多个班次,营运线路里程3.6万公里。2000年3月,宇通快运与洛阳二运公司、开封汽运公司合资成立“宇通快运旅行社”,目前已开辟了桂林、黄山、青岛、苏杭、张家界、承德和省内少林寺、石人山、红旗渠等几十条旅游线路。快货公司实现年收入达260万元。

现在,宇通快运已形成了以河南各中心城市至全国省际间高速公路客运和集装箱、快件货物运输为主,兼营汽车维修、汽车配件销售、汽车出租、旅游,公路客、货运信息服务的多元化经营模式。

宇通快运注册资本8000万元,公司总资产1.21亿元,流动资产4901万元。1999年度实现净收入3246万元,税金107万元,利润总额85万元;2000年实现净收入3742万元,比1999年同期多创收496万元,税金增加16万元,利润总额比去年同期增加28万元。现有凯斯鲍尔、沃尔沃等国际一流营运大巴66部,营运辅助车辆12部。较大型保修设备9台。办公用设备价值60万元。基建用地101亩。

四、实行目标管理

提出和推行目标管理模式,是宇通快运不断完善自身制度建设的一项重要举措。

1999年末,宇通快运在总结前段经营管理的情况下,提出和推行了目标管理模式:按照宇通快运生产实际,将生产经营管理划分为运输生产,技术安全,财务成本,企业发展四大目标体系。确定了目标控制的指导思想,通过采取措施,分解和量化了具体指标,提出和实施了目标管理的考核办法,产生了较好的效果,生产经营各项经济技术指标都有较大的提升。

1999年与1998年度相比,客运量提高了58%,客运收入提高了40%,2000年度与1999年度相比,主营净收入增加15.28%,上交税费增加14.95%,在油料大幅度上升、折旧率提高的情况下，增加利润28万元。

为了使宇通快运适应新形势的要求，再上新台阶，宇通快运在企业发展方面做了大量工作。经过调查研究发现，有品牌运输公司参与的“快货”，将是未来货物运输的一支生力军，便大胆决策，组建快货公司。并与开封汽车运输公司、洛阳二运联手，组建了宇通快运旅行社，郑、汴、洛等地的旅客可以方便快捷地直达全国各大风景名胜游览区。快货、快游成立以来，呈现出了良好的发展态势。另外，公司基地方案已获省计委批准，现已开工建设，公司维修中心已完成准备工作，可与基地建设同步进行建设，公司证券投资部成立，公司投资收益运作将进一步规范。

技术安全管理是公司管理的一个重点。宇通快运和各基层生产单位都不断加强和完善安全生产的指挥管理机构，明确了安全生产第一责任人和相关责任人。宇通快运下发执行《安全生产管理条例》、《驾驶员安全守则》等一系列管理制度，层层签订了安全生产责任书，把安全生产的责任落实到基层和每个员工。两年多来，公司开展了“安全生产百日赛”、“安全生产周”、“爱车评比”、“三品检查”和“安全生产大检查”等系列活动，让每一位一线员工思想深处都要时刻紧绷一根“安全生产”的弦，而不敢有丝毫麻痹大意。同时强化安全生产管理的各项基础性工作。

加强安全生产管理，首先在技术上要有保障。购买世界一流大巴和国内名牌客车，配置了空气悬挂、防侧滑、防抱死、“110”联动报警、录像监控系统等先进技术装备，有力的管理和配套措施，为公司安全生产提供了有效地保障。

五、深化人事、劳动、分配制度改革

公司成立以来，按照《公司法》的有关规定，在企业人事，劳动用工和效益分配三个方面，从调动和保护广大员工生产积极性，提高劳动生产率，提高经济效益的根本点出发，进行不断改革完善，以适应企业生产经营的需要。

1. 根据股份制公司的规范化操作要求，公司设立了股东大会、董事会和监事会，对公司总经理和生产经营领导班子任命及经营发展计划等重大事项进行决策，公司中层领导班子由公司经营领导班子招聘选用，动态考核，能上能下。

2. 按照“坚持标准，吸收优秀人才，合同化管理，动态淘汰，进行不断的思想业务技术培训和考核，建立一支合格的职工队伍”的思路，宇通快运二年来面向社会公开招聘了200多名驾驶员和站务、乘务和维修服务人员。全部进行岗前职业道德、业务技术等培训工作。用“创新、求实、拼搏、奉献”的企业精神对职工统一思想，使员工对宇通快运的“经营宗旨，企业价值观，道德行为准则”有一个明确的认识和理解。对工作和生产中表现突出的给予延长劳动合同或物质奖励，对30余名违规违纪员工进行除名，留用察看和经济处罚等处理，经过努力职工素质有了明显提高。坚决查堵“法轮功”人员进京，每年的春运、“5·1”、“10·1”旅游季节，广大员工顾大局，识大体，全心全意为旅客服务，为社会交上了满意的答卷。

3. 在分配制度改革上，宇通快运逐步规范了公司基本工资制度和生产经营业绩考核办法，对成本项目和管理费进行定额控制，直接与劳动报酬挂钩。在操作方式上，改过去一味放权为集中与放权相结合，剔除了不必要的分配开支。宇通快运正在研究和制定系统的岗位责任制及其考核办法，争取使分配效力渗透到每一个基本单元，进一步调动员工生产积极性。

六、高级客车创“硬件名牌”，服务质量创“软件名牌”

一流的车，一流的管理，一流的服务，使宇通快运在短短三、四年内成了河南运输企业中的佼佼者。

在创建之初，宇通快运就以上高档大巴为目标。它们选择了国际一流大巴“凯斯鲍尔”、“沃尔沃”，车内配置了可调式航空座椅，车载卫生间，无线电话，彩电 VCD 以及其它先进技术装备。有了好的硬件设施为服务质量上档次打下了基础。宇通快运把公司经营的主干线郑州—北京线路做为精品线路，选择最好的车型和优秀车组上线运行，加大发车密度。推行精品线路“五星级车”和“星级优秀服务员”评比方案，突出抓正班、正点、车容、车貌和配餐供应等关键部位。目前该线实载率已达60%。对工作人员的服务规范和操作要求，在吸取外地成功经验，结合本公司实际情况之后制定了系列规章制度，对驾驶员、乘务员、站务员、导乘员、快货员、导游员工作标准及 VCD 播放、纯水配餐管理办法都有明确的规定，并进行抽查和监督。为使监督工作落到实处，公司成立了专门的服务质量管理机构，配备了电视监控系统进行动态跟踪，检查人员采取明查和暗访相结合的方式，发现问题，纠正失误。宇通快运在主要站点设立了“总经理意见箱”，随车发放意见反馈卡，向社会公开服务承诺。

体现“集约化、网络化”经营特色的“公交化”经营和“支线配载”模式，是宇通快运经营高速客运的一大特色。

在省会郑州和开封、洛阳、新乡、安阳等13个中心城市开通了至北京、天津、太原、石家庄、西安省际班线，及郑州—洛阳旅游班线，正班，正点。在已开通线路的城市设置专门的售票窗口，建设豪华的高速快运专用候车室，实行定位、流动和随车购票相结合，对团体、包车和重点厂矿、学校、机关、企事业单位进行电话预约，送票上门，接送客服务，收效良好。

车容车貌，员工精神面貌，能给人以最直观的感受。宇通快运对车辆进行统一喷漆，颜色鲜艳、亮丽，形象设计图案简洁大方，富有现代化气息。员工新工装衬托着员工气质高雅，大方。宇通快运注重树形象，两年来在电视、广播、报纸、期刊、政府通讯等新闻媒体上发表了上百篇材料和新闻稿件。

在成立之日起就坚持走"集团化，集约化，规模化"发展之路，拒绝旧体制干扰的宇通快运，目前已成为一个操作规范，充满生机与活力的高速公路运输企业。

第二章　客货兼营运输企业

河南省郑州联开运输总公司、郑州市第一交通运输公司、郑州市第二交通运输公司、郑州市第三交通运输公司和郑州市出租汽车公司，都是在郑州市搬运公司的基础上演变发展起来的。

1951年秋，市搬运公司购买了一辆货车，1952年发展到两辆，1953年又发展到23辆。1953年7月，市搬运公司召开行政会议，决定建立一支经济上独立核算的汽车队机构，称郑州市搬运公司汽车队，这就是河南省郑州联开运输总公司的前身。

建国后,郑州市总工会组织从事城市客运的黄包车工人,建立人力运输工会黄包车大队,由市搬运公司代管。1955 年,对社会上涌现的散车进行整顿,会同先前的黄包车大队,于同年 11 月组建了郑州市三轮车合作社,隶属交通处领导,后与市搬运公司合并成立了市交通运输公司。

1981 年 3 月,市交通运输公司撤销,所属搬运一站与汽车队合并,组建了市第一交通运输公司;搬运二站与机动车辆厂合并,组建了市第二交通运输公司;搬运三站与修理厂合并,组建了郑州市第三交通运输公司;原交通运输公司客运站改为郑州市客运公司,即现在的郑州市出租汽车公司。

第一节　河南省郑州联开运输总公司

从联开公司近 50 年的发展史中可以总结出以下几点:(1)因社会发展和政策调整而名称多次变化;(2)善于审时度势而求变化;(3)联开人在逆境时不气馁,在顺境时不骄傲,从长远考虑,作及早打算。

一、联开公司历史沿革

1953 年,市搬运公司的汽车数量达到 23 台,成为郑州道路运输中的一支主力军,为了便于加强对汽车运输实行经济核算,随时检查汽车收支情况,更有效地发挥现代化运输工具的积极作用,市搬运公司 7 月中旬召开了行政会议,经此会议研究决定:建立一支经济上独立核算的汽车队机构,市财委 7 月 24 日复文批准。至此,市搬运公司汽车队成立,地址设在兴隆街,1956 年迁到陇海路东段。市搬运公司汽车队的名称沿续到1958年5月17日改为郑州市交通局汽车队,归属市交通局直接领导。

在“大跃进”期间成长起来的交通局汽车队,在职工队伍,运输工具,机械设备等方面都有了新的改善和发展,已具备了扩大企业管理体制的规模。为适应整个经济形势对运输业的要求,市交通局于1960年6月22日,报请市委批准,将原郑州市交通局汽车队和郑州市汽车修理厂合并,成立郑州市运输公司。在“大跃进”之后国家经济处于调整时期的1961年底,为加强对交通运输工作的领导,使汽车运输企业适应于国民经济调整后的比例关系,经郑州市委常委12月12日会议研究决定:原郑州运输公司更名为郑州市汽车运输公司,成立郑州市汽车修配厂,建立中共郑州市汽车运输公司委员会。

1969年9月10日,省营企业郑州公路运输公司所属二车队、客车队、保养车间以及公司机关下放郑州市。郑州市革命委员会决定于10月1日正式成立郑州市公路运输公司。1969年2月至12月郑州市交通运输公司的名称更为郑州市交通运输公司一车队,同年年底与郑州市公路运输公司合并,称郑州市公路运输公司。公司地址为陇海东路45号。1978年,按照省革委豫革(78)91号文的指示,原下放的郑州公路运输公司部分收归省交通局直接管理并与省汽车大队合并,仍称“郑州公路运输公司”。1979年1月1日起,市属部分启用“郑州市汽车运输公司”原印章。1979年11月,省政府批准,改革汽车运输企业的管理体制,成立“河南省汽车运输公司”,统一领导和经营全省交通系统专业客货运输业务,将郑州市汽车运输公司改为省管企业,人、财、物由省公司统管,年底办清交接手续,1980 年起正式实行。公司更名为河南省汽车运输公司郑州市公司。

根据开封地区撤销后所辖行政区变动的情况,为适应改革的需要,河南省交通厅豫交人(1983)476 号文件“关于调整郑州、开封市三个汽车运输公司建制的批复”称:1983 年 3 月 19 日将河南省汽车运输公司郑州市公司改为河南省汽车运输公司郑州货运公司,除该公司原有车队外,原开封公司七、八、九三个货车队等划归该公司领导。企业规模扩大,1983 年底在册职工 2040 人,营运货车 383 辆,总吨位 2430 吨,固定资产原值和流动资金 2370.5 万元,成为省会一支国营专业货运骨干力量。

如果说以上联开公司名称的变更主要是政府行为、隶属关系需要等非生产经营因素的话,那么 1984 年公司名称的改变则是生产经营因素在其中起着重要作用,这次名称的改变进而明确了该公司的经营范围和业务性质,在该公司的发展史上具有里程碑式的意义。

为适应工农业生产增长和城乡商品经济流通的需要,加强铁路与公路运输之间的横向联系,实行“一票到达”,减少货主在运输中多头绪、多环节办理中转手续,缩短货物运输时间,方便货主,1984 年,国家经委等部门联合颁发了《联合运输工作条例》。同年 9 月 6 日,经河南省编制委员会豫编(1984)222 号文件批准,以河南省汽车运输公司郑州货运公司为依托,成立河南省联合运输公司,归属省计划经济委员会领导,公司设在郑州市大学路 131 号。省联运公司成立时,公司全员人数 2018 人,其中固定职工 1625 人,拥有固定资产原值(账面)2752.15 万元,净值(账面)2022.21 万元,各种车辆 407 辆,其中生产车辆360辆，挂车119辆。共有生产场地285.05亩，其中郑州市76.5亩，巩县（六车队）63亩，登封卢店（四、五车队）144.95亩。厂房共有22708.18平方米，其中郑州市14391.83平方米，登封卢店9407.68平方米，巩义4971.8平方米。

根据省政府1986年5月6日会议(86)号会议纪要精神，按照党中央、国务院有关简政放权的规定，实行政企职责分开，有利于发展联运，促进生产搞活流通的原则，省计经委与郑州市政府经过协商后，河南省联合运输公司全建制下放到郑州市，归市经济委员会领导，改名为河南省郑州联合运输公司。根据郑州市政府编委郑编（1987）127号文，1987年11月，与郑州市联合运输公司合并，仍称河南省郑州联合运输公司。

1994年5月，郑州市经委批准公司更名为河南省郑州联合运输总公司。

1995年“联开公司”名称开始起用。这次更名则是市场经济运作下的产物，“联开”蕴含着两个毫不关联的企业“联合公司”和“郑州开关厂”。1993年3月联合公司与郑州开关厂协商租用该厂场地，作为客运发车场，并很快成为具有一定规模的汽车站。1995年7月28日，中共郑州市委，郑州市人民政府企业产权制度改革联席办公会议（1995）第10号文批准，同意河南省郑州联合运输总公司与郑州开关厂实施合并。合并后的企业名称为“河南省郑州联开运输总公司”，独立法人资格，企业性质为全民所有制，归属交通局管理。

这次企业名称的改变可谓实至名归，瓜熟蒂落。之后，联开公司进入了多元化经营快速发展时期。

二、1953年至1983年计划经济时期的生产经营。

（一）第一个五年计划时期

汽车队时期，在管理组织机构上不断完善，先后配备了文书、车务、调度、统计、人保、安全、材料供应和总务等专职干部。汽车队下设三个汽车分队，一个装卸队，一个保养车间。1960年有汽车98辆，其中专业运输货车95辆，总吨位为956吨，职工1121人。

这一时期，河南省人民政府由开封迁移到郑州，各类建筑物资运输量急剧增长，1957年比国民经济恢复末期的1953年，货运量增长4.59倍，周转量产值增长12.4倍。这一时期高指标、瞎指挥、浮夸风和“共产风”为主要标志的“左倾思想”在汽车队中泛滥，大放“卫星”，大搞“百吨巨龙”的汽车列车化活动，脱离了当时的实际。致使车辆完好车率仅为61.44%，货运量12.808万吨，周转量186.709万吨，千吨公里成本394.01元，全年亏损40925.75元。

这一时期为郑州市市政建设做出了巨大贡献，同时也造成了许多不必要的浪费。

同时，这一时期企业管理趋于完善。主要表现在调度管理解决了以往车辆积压，人员窝工，空驶率过高，运输效率低的现象；计划统计工作为加强企业管理，提高经济效益，完成计划运输任务打下了基础；财务管理加强了计划和成本核算；劳动工资管理有利于调动职工积极性；另外还在技术管理、材料管理、生活福利各项管理方面，基本上形成了一个新型社会主义企业的一套制度。

（二）1960年至1976年时期

该公司管理机构设置和下属基层单位有：公司机关

六科，为秘书科、生产技术科、人保科、运输科、计财科、供应科；生产单位为汽车一队（柴油车队）、汽车二队（汽油车队）、汽车修理车间、挂车制造车间、汽车配件车间。公司体制的基本形式得到确定。

1961 年后为挽救“大跃进”时期带来的损失，该公司遵照党中央的“调整，巩固，充实，提高”的八字方针，全公司进入调整时期：通过思想政治教育和组织建设以调整干部职工的思想混乱问题；通过加强企业管理以调整公司生产经营；通过建立图书馆、棋艺室，以丰富职工业余生活；通过调资以提高职工积极性。经过调整，公司出现了新的生产高潮，呈现出团结一致，你追我赶，争当先进的景象。1965 年，全年完成货运量 477678 吨，周转量 4712.464 吨公里，完好车率 85.18%，全年利润 194431.86 元。这一时期，无论公司企业面貌，还是生产经营都发生了可喜的变化。

1966 年 5 月至 1976 年 10 月的“文化大革命”十年动乱，也波及到了该公司。期间一些群众造反组织相继成立，受“踢开党委闹革命”以及“文攻武卫”思想的煽动，领导干部被揪斗，公司党组织和有关部门陷入瘫痪，各种规章制度被视为管、卡、压的东西被废除，致使生产陷入一片混乱。1976 年，“四人帮”反革命集团横行期间，全国范围内开展反击右倾翻案风活动，公司运输生产停滞不前，货运九个月、客运七个月没有完成计划，大修厂两个月只修出一部车，客车脱班晚点，退票旅客日达 800 人，给国家建设带来了损失，给人民生活带来了不便。

（三）1977 年至 1983 年时期

粉碎“四人帮”之后的 1977 年，公司货运提前 92 天、客运10天、大修厂61天完成全年计划，实现利润223.46万元，比1976年增长三倍以上。八项经济技术指标超过企业历史最好水平的有货运周转量、燃料、成本、利润、车吨产量。

党的十一届三中全会之后，我国进入了社会主义现代化建设新时期，党中央提出了对整个国民经济实行“调整，改革，整顿，提高”的方针，该公司在认真执行八字方针的基础上，深入开展了以“优质、高产、低消耗”为中心的增产节约活动。1982年完成货运量31.7万吨，为计划的99.1%；周转量3226.5万吨公里，为计划的112.4%，节约汽、柴油148701公升，完成工业总产值41万元，为计划的124%。大力推行以运输生产调度和计划、劳动、技术、安全为主要管理内容的运输生产管理，为运输生产任务的完成提供了制度保障。

1953年至1983年这一时期，该公司的运输生产是以国家宏观调控为主，具有“计划经济”的特色，为国家的经济建设，国防建设，做出了突出贡献，但同时也束缚了公司的发展。

三、1983年至1995年时期，深化内部改革，开展多种经营

（一）实行公司内部改革，促使经营机制与制度建设适应市场经济的发展

1. 根据中共中央，国务院中发（1982）2号文件，《关于国营工业企业进行全面整顿的决定》精神和省交通厅具体部署，于1983年11月开始对企业进行全面整顿。首先按“四化”要求，整顿建设领导班子，加强思想政治教育工作。通过整顿，公司两级领导班子年龄结构、知识结构

趋于合理;以经理为首的生产经营系统政令畅通,以职工代表大会制为中心的民主管理体系初步形成,政治工作系统日趋完善,加强了党的纪律检查工作;经营管理系统,生产指挥系统,全面技术质量管理系统进一步建立和完善,企业综合性管理职能得到加强,朝着现代化管理的目标前进了一步;按定员组织生产,妥善安排了富余人员;严格了劳动纪律,加强了职工职业道德和业务素质教育;同时整顿财经纪律,清查1979年来所有账目,建立、健全财会制度,制定了运输收入管理办法,加强了流动资金管理,加强了成本管理,建立了三级核算,制定了《汽车队经济核算办法》;整顿完善了经济责任制,改善企业经济管理。主要推行目标管理,总体目标设计后进行层层分解,形成宝塔形包装体系,做到"千斤重担大家挑,人人肩上有指标"。并制定《经济责任制考核实施细则》,严格考核目标责任人。改进奖金发放办法,克服奖金分配上的平均主义,采取记分算奖,做到上不封顶,下不保底;对公司生产和职工生活中长期存在的"脏、乱、差、漏、挤"老大难问题进行整顿,同时,加强劳动保护和治安消防工作。

2."加快改革步伐,深化企业内部改革",是党的十三大提出的中心任务,引进竞争机制和风险抵押承包机制是深化改革的有力措施。1988年郑州市委五届二次扩大会议决定,我市大中型企业凡是没有承包的,年内一律引进两制进行承包。根据国家有关法规和政策,为落实公司与市政府签订的五年承包合同,全面推行了内部经营责任制,转变经营机制。

具体措施为"一包,三推,四改"。即:承包任务为总经营目标;层层推行风险承包,推行“满负荷”工作法,推行“企业内部银行”办法;改革领导体制,改革机构设置,改革人事用工制度,改革分配制度,有力地推动了公司的全面改革。

实行公司内部承包。按照“包死基数,确保上交,超收分成,欠收自补”的原则,确定公司与各核算单位之间的分配关系。1988 年推行第一年,充分调动了广大干部、职工的积极性,全年实现利税总和 300.9 万元。1990 年是公司承包经营的第三年,由于运输市场萧条,公司实现利润 133 万元,只为年计划的 48%。1991 年亏损 214.7 万元,1992 年亏损 208 万元。推行全员资金风险抵押承包后,增强了全体职工在企业中的主人翁意识,强化了利益共享、风险共担的机制。推行内部银行和满负荷工作法,是我国经济体制改革实践中创造出来的科学管理方法。1988 年下半年起,公司建立了内部银行组织机构,通过内部银行业务的开展,加快了资金的周转,在内外资金极度紧张的情况下,保证了公司生产经营的正常运转。另外还进行了领导体制、优化劳动组合、标准化管理工作、内部管理等方面的改革。

3. 1993 年的改革是在困难中艰难起步的。由于 1988 年“内部经营责任制”改革没有达到预期的效果,亏损比较严重,负面影响仍重重压在职工干部们的心上。1993 年改革经历了由探索到发展的两个阶段,以货运为突破口,整体推进,不断深入,不断发展。

货车推行风险抵押承包和实行产权有偿转让租赁承包。车队按照“包死基数,确保上交,超利分成,欠利自补”的原则与公司签定承包合同,基层单位层层承包,划小核算单位，打破“大锅饭”。这种方式也存在着风险制约机制不健全，拼车辆拼设备等弊病。

新的领导班子为了搞活企业，在人事、用工、分配制度方面进行了改革。在人事制度上，做到“能者上，平者让，庸者下”；在用工制度上本着精减效能的原则，对机关科室定编定员，全公司实行劳动合同制，以法律形式确定双方的劳动关系；在分配制度上，体现了“按劳分配”的原则。

（二）生产经营迅速发展

这一时期生产经营主要是发展公铁联运和汽车零担业务，客运业务开始发展。1985 年成立省联运公司后，逐步扩大联运业务，巩固扩大了晋煤中转联运业务和郑州东区的联运代办业务。全面地开展公铁联运整车、零担、集装箱代办服务以及仓储、理货等业务。1989 年与京广线、陇海兰新等片线联运网协作关系进一步密切，成立了由郑州、连云港、徐州、西安、宝鸡、兰州、乌鲁木齐七城市的联运公司组成的“陇海兰新线集装箱运输总公司”。1992 年公司经营结构调整时，零担作为该公司发展的重点，年底，零担货运车达 47 辆，零担货运干线 58 条，全国中转站点 1900 个，年运量 16001 吨，周转量 7190084 吨公里。

1993 年，在充分进行客运市场调研的基础上，3 月，与郑州开关厂协商租用该厂场地，作为发车场，1994 年底共有 41 台车辆参与客运经营。对于联运公司来说，一个长期以来经营货运业务的运输企业，来从事客运经营，走的是一步险棋，硬件设备如营运车辆和汽车站是一片空白，软件如没有从事客运经营的经验等。这些困难是挑战，更是机遇。货运市场不景气，而客运市场在郑州却开展的如火如荼，没有经验同时也就没有束缚和藩篱，可以独辟蹊径，另走新路。租用处于二马路位置的郑州市开关厂，可以说在客运市场上走好了第一步，事后也证明该公司向客运靠拢走了一步妙棋。1994 年该公司又抓住机会组建了出租汽车公司，初称银通公司，1994 年 4 月更名为河南省郑州中联出租汽车公司。

四、1995 年至 2000 年，联开总公司时期

1995 年 7 月 28 日，河南省郑州联合运输总公司正式与郑州开关厂实施合并。名称为"河南省郑州联开运输总公司"。开关厂有利的地理位置和该公司的运输优势，为"联开快运"的诞生创造了条件。1996 年郑州至洛阳高速公路贯通，同年 9 月，总公司组建"联开快运"，并迅速占领高速客运市场的制高点。在二马路汽车站开辟高速客运专线发车场地，又相继开通了漯河、平顶山、驻马店、信阳、商丘、周口、濮阳、焦作、南阳、安阳等 10 余条高速客运专线。1998 年客车 490 台，依维柯等高档车型 300 台，占客车总数的 63%，客运利润占总公司的 91.1%。2000 年，营运客车已达 574 台。经过苦心经营，"联开快运"已成为河南客运市场上的一个名牌。

出租车、公铁联运、零担不断发展。2000 年底，出租车辆达 492 台。出租车公司不断加强规范管理，成绩突出，1994 年被郑州市评为"格林福杯"先进单位；1995 年被评为郑州市"散花杯"行业先进单位；1996 年被评为郑州市"青年文明号"；1997 年被省、市评为"青年文明号"。零担运输一直是公司的支柱产业，经过转变经营机制，克服了重重困难，如今又焕发了青春。同时"联运业务"也得以巩固。

开关工业得到扶持。开关厂成为总公司下属独立核算的生产经营单位后，经过一段时间的调整恢复期，1996年实现产值173万元，开关一分厂上缴利润1.8万元，开关板分厂上缴利润1万元。

1999年4月兼并郑州汽车东站，同年9月整体收购二马路62号、64号房地产并进行硬件建设，加上登封卢店车站，汽车站数达3个，使总公司客运事业如虎添翼，企业规模进一步扩大。公司财务情况见表4-2。

公司财务情况一览表

（1993年～2000年）

表4-2

数目 项目 年度	全年总收入（万元）	全年总成本（万元）	全年利润（万元）	交纳税金
1993	1968	1880	－112	68
1994	1067	690	64	59
1995	1052	750	－234	86
1996	1639	1103	－105	114
1997	1976	1006	12	185
1998	2962	1381	190	30
1999	10243	8665	128.4	503
2000	12285	10282	171.7	536.7

调整经营结构，重点发展货运，促进总公司全方位发展。为应付市场经济中诸多不确定因素的制约，使公司全方位均衡发展，立于不败之地，该公司居安思危，从长计议及早打算，将发展重点调整到货运上来。总公司与国家信息中心和中国交通运输协会联系，于1999年组建了“郑州亚之桥货运信息中心”，同全国80多个城市联

网,分别投资对107国道零担公司、集装箱公司进行硬件建设,建成“107国道货运市场交易中心”和“南五里堡货运市场交易中心”,至2000年底,营运货车已达795台。2000年6月23日,总公司成立货的快运公司,将货运业务进一步拓展见表4-3。

公司车辆吨位(座位)固定资产一览表

(1993年~2000年)　　表4-3

项目 / 数目 / 年度	汽车数量				吨位(座位)		年末固定资产(万元)
	客	货	出租	自用	吨位	座位	
1993	41	202		9	1273	1786	1577
1994	41	160	56	10	1118	1789	1635
1995	141	146	222	11	1026	3133	7180
1996	255	153	344	13	1087	6653	7244
1997	401	178	375	14	1250	9070	9331
1998	490	328	492	16	2086	11206	10661
1999	490	567	492	35	3447	10904	15000
2000	547	795	492	41	4988.7	12607	14265.8

第二节　郑州市第一、二、三交通运输公司与出租汽车公司

一、郑州市第一交通运输公司

郑州市一运公司近年来坚持“一业为主,多种经营”的经营策略,以主业的发展带动其它专业的发展,而其它专业的发展又反过来促进了主业的发展,收到了相辅相成,齐头并进的成效,生产经营情况见表4-4。

郑州市第一交通运输公司生产经营综合情况表

（1996 年～2000 年）　　表 4-4

项目 年度	经营收入（万元）	利润总额（万元）	货运车辆（辆）	客运车辆（辆）	车辆吨数（吨）	客运量（万人）	货运量（万吨）	货运周转量（吨/公里）	固定资产净值（万元）
1996 年	467.1	0.27	238	22	1250	6	1.6	183.7	1101.6
1997 年	750	1.5	291	19	1450	9.18	4.9	729.5	1018.6
1998 年	900	-19.1	428	19	2082	14.4	7.8	846	1352.2
1999 年	1400	-60	648	18	2932	10.5	17.8	1461	1350.7
2000 年	1600	1.6	663	17	2960	7.5	15	1550	2228.2
合　计	5117.1					47.58	47.1	4770.2	
平　均	1023.4					9.52	9.42	954.04	

市一运公司是从 1995 年 3 月，建立南阳路长途汽车站起，开始从事旅客运输的。期间，一运公司又对汽车站投资 70 万元改善停车环境，硬化停车场地，修建售票房。之后又和其它大站联营，利用大站的实力带动自己的客运业务。

市一运公司充分利用自身多年的货运经营优势，发展搬家运输业务。成立了郑州市较早的惠民、吉祥等搬家公司经营实体，之后又相继采取公司与职工合资的方式，成立了天发、民心、万福、惠安等搬家公司，共拥有各类搬家车 79 辆，安排待岗人员 20 余名。并取得了良好的经济效益。根据市场需要，市一运公司建立了机动车驾驶员培训学校。“九五”期间，为郑州市输送合格驾驶员 4000 余名，多次被郑州市评为优秀驾驶员培训学校。

市一运公司的货运主业在“九五”期间也得到了巩固和发展，到 2000 年底发展到 663 辆货运汽车，2960 个吨位。另外，市一运公司在汽车维修、燃油经营和房地产租赁经营方面也取得了好的成效。

转换经营机制，加强企业管理。本着以提高企业经济效益为中心，提高企业活力和市场竞争能力为目标，市一运公司推行单车承包制，后来又将这一制度进一步完善，实施以产权有偿转让为主要内容的承包制，以及融资车辆联合经营制。

企业管理上实行合同管理，并聘请两名律师作公司法律顾问，使公司经营逐步走向法制轨道。同时对下属各机关单位，各科室实行目标管理责任制，个人收入与经济效益挂钩，目标管理责任制与合同制相结合，统一领导独立核算，二级管理，取得了较好的效果。

"九五"期间，市一运公司把精神文明建设和各级领导班子自身建设列入重要议事日程，制定了《加强精神文明建设实施方案》，并开展多种形式的教育活动如"庆七一"，迎"回归"活动，增加了实效性。

二、郑州市第二交通运输公司

市二运公司通过深挖货运市场业务潜力，大力开展客运业务，积极开展多种经营，加强内部管理等有力措施，经济效益在全市集体运输企业中连续多年列为第一位。

市二运公司为唱好货物运输重头戏，发挥自身优势，重视经营结构调整，根据公司实际搞好运输业务分工，把下属生产经营单位设置为：大型货物运输分公司、集装箱运输分公司、快运分公司、联运分公司、搬家分公司、普通货运公司等 12 个分公司。拥有牵引能力达 100 吨的大型平板车和 40 英尺车，20 英尺集装箱专用车，有黄河半挂、东风半挂、金鸽半挂等半挂车 23 辆，载重达 75 吨的太脱拉 2 台，以及 25 吨长江吊 1 台，8 吨黄河吊 3 台，自营、联营货车达 871 辆。吊叉装卸机械配套，可以完成不同要求的运输、装卸和起重业务，如图 4-2。2000 年，完成货运量 34. 67 万吨，为计划的 128. 4%；周转量 3082. 86 万吨

图 4-2　郑州市第二交通运输公司特种货物装运场景

公里，为计划的 140. 1%；装卸量 16. 42 万吨，为计划的 91. 2%，经营收入、业务利润情况见表 4-5。

市二运公司经营收入、业务利润情况表　　表 4-5

项目 年度	运输生产（万元）						多种经营（万元）					
	经营业务收入			经营业务利润			经营业务收入			经营业务利润		
	计划	完成	%	计划	完成	%	计划	完成	%	计划	完成	%
1991	843	1026. 9	122	101	144. 2	143. 0	677	886. 95	101. 4	64	37. 65	59
1992	895	1225. 6	136. 9	108	165. 4	153. 1	629	635	100. 9	41	46. 8	114. 2
1993	1060	1513	142. 7	156	200. 9	128. 8	646	1093. 8	169. 3	53	64. 0	120. 8

续上表

项目 年度	运输生产(万元)						多种经营(万元)					
	经营业务收入			经营业务利润			经营业务收入			经营业务利润		
	计划	完成	%	计划	完成	%	计划	完成	%	计划	完成	%
1994	1140	1259.9	110.5	161	183.2	113.7	740	743	100.4	58.2	88.2	152.1
1995	1070	1399	131	158	200.9	127.0	660	1442	218.0	78	155	199
1996	1360	1909	140	168	253.4	151.0	1040	1896	182.0	100	173	173
1997	1580	2140	135.5	284	311.0	109.5	1300	1887	145.0	174	266	153
1998	2010	2829	141.0	380	479.0	126.0	1250	893.0	71.0	88.0	115.0	130.0
1999		2998.2		426	622.2	146		540.9		92	157.9	172
2000		2437		466	706	152		1501		100	206	206

为发展客运业务,不断加强对站场设施的建设。从1995年起,先后投入370多万元,对郑州南、北两个汽车站硬件设施进行改造。南站投资330.5万元拆除车间房170平方米,拆除锅炉房,硬化14000平方米车场地面,建筑站房面积2490平方米。投资北站40.6万元进行场地硬化及维修厂改建。对南、北两个汽车站及时调整线路、班次,并开辟精品线路。

在企业管理方面,南北两站实行“末位淘汰制”,增强职工责任感,调动职工积极性。目前市二运公司有营运客车170辆,3770个座位,2000年客运量265.15万人,自营车辆情况见表4-6。

二○○○年度市二运公司自营车辆统计表　　表4-6

单位＼车型		霸驰	太脱拉	东方红	黄河半挂	东风	东风半挂	金鸽半挂	江铃	江阳	黄河吊	长江吊	汉阳半挂	少林	解放半挂	江阳半挂	南京	合计	平板挂车
一队		1	2	3	5	2		1		2	3	1	2					22	16
二队						7			6					1				14	
四队					3	4	4	3		3					1	2	3	23	
五队							2											2	
合计	台数	1	2	3	8	13	6	4	6	5	3	1	2	1	1	2	3	61	16
	运量	14	130	28	105	26	60	65	18	23	24	25	20	1	15	30	6	590	274

市二运公司在多种经营方面主要有汽车修理、汽车零部件销售、物品信托、客运住宿、货运信息服务、货运代理等业务，建有招待所2个，货运代理中心两个。另外还成立有二运出租汽车公司。

截至2000年底，市二运公司在职职工1048人，固定资产原值5880.22万元，产值收入7472.79万元，利润总额46.16万元。

2000年，市二运公司被市政府授予“民族团结进步模范单位”，被市交通局评为“2000年度实施竞争激励机制优秀单位”。连续多年被市委、市政府授予“振兴郑州达标夺魁先进单位”、“明星集体企业”等荣誉称号。

三、郑州市第三交通运输公司

市三运公司以抓货运市场为主，同时以郑州客运西站为龙头积极开发客运业务。1995年投入260万元对客运西站进行改建，硬化了停车场，装修了候车大厅和售票室，使西站面貌大为改观，成为郑州西部的一个形象窗口。汽车西站被中原区授予“文明单位”称号,1998 年被授予郑州市“军民共建文明单位”。

1995 年以来,市三运公司累计投入 350 万元资金在南阳路155 号院内扩建汽修厂,占地6000 平方米,不仅可以保障公司内的车辆修理,而且还可以承揽社会上的维修车辆。

货物运输一直是市三运公司的主营业务。2000 年共有普通货车 502 辆,货运量 14.16 万吨,周转量 6176.36 万吨公里,见表 4-7、4-8、4-9。另外还兼办有驾驶员培训学校,西城运输交易市场,快件运输公司和郑上路副食品批发市场,以及搬运装卸业务,形成了客运、货运、修理厂和批发市场业务四大支柱。客运情况见表 4-10、表 4-11、表 4-12。

郑州市三运公司营运货车情况表

(1995 年~2000 年)　　表 4-7

年度	营运货车(辆)	吨位(个)	营运车辆(辆)			不同经济成分			营运拖拉机(台)
			普通货车	集装箱车	特种车	公路运输部门车辆	社会其它组织车辆	个体车辆	
1995	28	378	28			28			
1996	128	926	128			128			
1997	251	1477	251			251			
1998	359	1847	359			359			
1999	351	1709	351			351			
2000	502	2270	502			502			

郑州市三运公司货物运量情况表

（1995 年～2000 年）　　表 4-8

年度	货运量（万吨）			货运周转量（万吨公里）		
	合计	其中		合计	其中	
		公路运输部门	社会		公路运输部门	社会
1995	1.65	1.65		587.48	587.48	
1996	3.65	3.65		2519.52	2519.52	
1997	7.06	7.06		4018.72	4018.72	
1998	10.13	10.13		5025.43	5025.43	
1999	9.9	9.9		4649.96	4649.96	
2000	14.16	14.16		6176.36	6176.36	

郑州市三运公司生产经营综合情况表

（1995 年～2000 年）　　表 4-9

年度	在职职工（人）	固定资产净值万元	生产能力		运量		收入效益	
			货车（辆）	客车（辆）	货运量（万吨）	客运量（万人）	产值收入万元	利润总额万元
1995	797	194	28	19	1.65	46.17	1410	25
1996	742	138	128	122	3.61	79.57	1827	11
1997	716	241	251	147	7.07	77.62	1948	16
1998	709	715	359	162	10.13	79.39	2385	22
1999	706	840	351	173	9.9	114.78	2188	3
2000	720	826	502	164	14.16	148.11	2285	4

郑州市三运公司旅客运量情况表

（1995 年～2000 年） 表 4-10

年度	客运量（万人）			旅客周转量（万人公里）		
	合计	其中		合计	其中	
		公路运输部门	社会		公路运输部门	社会
1995	383	3	380			
1996	373	4.8	368			
1997	404	6.3	397			
1998	361	7.6	353			
1999	382	8	374			
2000	319	5	314			

郑州市三运公司营运客车情况表

（1995 年～2000 年） 表 4-11

年度	车辆合计（辆）	座位合计（个）	营运客车			车型		
			公路运输部门	社会其它组织	个体	高档	中档	普通
1995	19	919	19				4	15
1996	122	4049	122				10	122
1997	147	4844	147				20	127
1998	162	4781	162				30	132
1999	173	5200	173				40	133
2000	164	4975	164				51	113

郑州市三运公司客运线路、班次情况表

（1995 年～2000 年） 表 4-12

<table>
<tr><td rowspan="2">年度</td><td rowspan="2">营运线路（条）</td><td rowspan="2">营运里程（公里）</td><td colspan="2">省际</td><td colspan="2">地市际</td><td colspan="2">市域</td><td rowspan="2">日均班次（个）</td></tr>
<tr><td>线路（条）</td><td>里程公里</td><td>线路（条）</td><td>里程公里</td><td>线路（条）</td><td>里程公里</td></tr>
<tr><td>1995</td><td>6</td><td>3480</td><td>3</td><td>3000</td><td>3</td><td>480</td><td></td><td>75</td><td>10</td></tr>
<tr><td>1996</td><td>16</td><td>8180</td><td>6</td><td>7200</td><td>9</td><td>980</td><td>1</td><td>75</td><td>20</td></tr>
<tr><td>1997</td><td>21</td><td>10230</td><td>8</td><td>9100</td><td>12</td><td>1130</td><td>1</td><td>75</td><td>27</td></tr>
<tr><td>1998</td><td>33</td><td>13400</td><td>11</td><td>11200</td><td>21</td><td>2200</td><td>1</td><td>75</td><td>31</td></tr>
<tr><td>1999</td><td>50</td><td>16700</td><td>12</td><td>12800</td><td>37</td><td>3900</td><td>1</td><td>75</td><td>50</td></tr>
<tr><td>2000</td><td>52</td><td>17000</td><td>12</td><td>12800</td><td>39</td><td>4200</td><td>1</td><td>75</td><td>60</td></tr>
</table>

1995 年公司经营机制进一步转换，变公车单车承包经营责任制为以公车为主导，积极发展融资和挂靠车辆的规模经营车队目标责任制，提高了企业的活力和社会竞争力。

四、郑州市出租汽车公司

市出租汽车公司自建国以来至 80 年代末期，在出租汽车档次、业务开展等方面一直是郑州市同行业的领头羊。进入 90 年代，随着运输市场全面放开，尤其是 1994 年郑州市出租汽车开始放开经营权，价格相对低廉的“出租面包车”（又称黄面的）涌入市场后，市出租汽车公司的“老大”地位受到挑战，并很快被大众、荣兴、大成、中联等出租汽车企业甩在了后面。

此时的市出租汽车公司面对内外交困的局面，冷静思考，积极探索，通过改变出租汽车经营模式，提高出租车档次，内引外联，开展多种经营，走出了一条适合自己的发展之路。

1992 年,该公司抓住郑州市大力发展出租汽车的时机,利用本公司的办公场地、管理人员和停车场地的优势开展引资工作。同年 2 月份,引资成功,该公司与深圳蛇口安达实业股份有限公司联合组建“郑州(蛇口)安达出租汽车公司”,安达提供 100 台出租车辆和 5 万元启动资金,所得利润按比例分成,开辟了郑州市出租车市场引资的先例。1996 年,市出租汽车公司又将安达联营公司买断并入市出租汽车公司,之后又不断应对市场的挑战,提高车辆的规模和档次。目前,该公司拥有各档次出租小轿车 127 辆,巩固了该公司的主导产业地位。

市出租汽车公司在多种经营方面也加大了力度。从 1984 年至 90 年代初,该公司曾一度拥有 20 余辆客车和 20 多条线路从事长途客运业务。汽车租赁是市出租汽车公司发展的又一重点。1994 年,郑州市出租汽车公司对广州、深圳等城市的汽车租赁业进行充分调研后,大胆把此项业务引入郑州,成立了郑州市第一家汽车租赁公司——兴乐汽车租赁公司。投资 91 万元购入 10 台轿车经营轿车租赁,满足了不同消费人群的需求,产生了良好的经济和社会效益。此后,公司不断地加大投资力度,扩大租赁车辆规模,提高经营车辆档次。1999 年 2 月,公司贷款 116 万元自筹 74 万元新购 15 台桑塔纳轿车投入运营,2000 年 4 月,又贷款 200 万元,购入桑塔纳轿车 11 台。目前已拥有 36 台租赁车辆,在郑州 28 家汽车租赁公司中,成为较大的一家。

除此之外,市出租汽车公司在房地产开发上也投入了较大的人力和物力。1976 年,该公司利用共建的形式,投资 15 万元购得长途汽车站四楼的 600 平方米房产,

1980 年大楼建成后，开办旅社用于安置公司待业青年。同年 11 月，公司又投资 170 多万元建成了二马路六层临街楼，1985 年 5 月再次投入 30 多万元建造二马路单面楼，均发展成招待所和旅社，成为公司创收的一大渠道。1987 年，该公司正式更名为郑州市出租汽车公司。

1992 年，该公司又投资 180 多万元，对二马路公司临街楼房进行彻底改造装修，成为火车站地区中档招待所，至此公司旅社拥有的床位达 400 多张。1994 年到 1999 年，该公司在北环路先后投资 200 万元，在杂草丛生的土地上建起近 5000 平方米的生产用房。

市出租汽车公司经过多年的努力，已形成了相对稳定的生产经营格局：依据北环地势开阔，交通便利的特点，形成以房产开发为主的运输服务业；凭借火车站地区黄金地段的优势和往来旅客相对密集的特点，形成以二马路 22 号为基础的旅栈业；依据市内拥有多处房产，形成以临街门面房为基地的房屋租赁业。目前，公司形成了以出租汽车运输为主导，以旅栈业为基础，一业为主，多业共同发展的经营格局。

长期以来，市出租汽车公司两个文明一起抓，坚持向“精心管理要效益，向优质服务要效益”的经营指导思想，形成了适合自身发展的经营格局，经济效益不断提高。近 20 年来，公司产值增长了 3.18 倍，固定资产增长了 7.16 倍，1996 年被二七区政府授予“文明单位”称号。

2000 年度，市出租汽车公司在职职工有 398 人，其中专业技术人员有 25 人，大学本科以上学历 4 人。客车总量 132 辆，客运量 18 万人次，周转量 600 万人公里，产值 300 万元。综合情况见表 4-13。

郑州市出租汽车公司综合情况表

（1995 年～2000 年）　　表 4-13

年度	在职职工（人）	客车总量（辆）	其中		客运量（万人）	周转量（万人公里）	产值（万元）	利润总额（万元）
			小轿车（辆）	其他车（辆）				
1995	438	72	68	4	85	2820	247	0.4
1996	426	76	73	3	63	780	282	0.8
1997	413	98	96	2	18	650	315	1
1998	408	107	105	2	16	610	308	0.6
1999	400	122	120	2	15	615	318	1.3
2000	398	132	132	0	18	600	290	1

第三章　郑州市公共交通总公司

郑州市公共交通总公司，始创于 1954 年，是具有社会公益性质的国有大型公交客运企业，主要承担郑州市区及近郊的客运任务。

多年来，公交总公司始终坚持“服务第一，乘客至上”的宗旨，追求社会效益与经济效益的共同发展，以“安全、准点、方便、快捷”的服务赢得了良好的社会信誉，充分发挥了国有公交企业的主导作用。尤其是近几年来，公交总公司通过实施“外引内联，兼并联合，一业为主，多元化发展”的战略，开展集团式经营：一是壮大核心企业经营实力，加强核心企业的投资功能，增强“龙头产品”的辐射能力；二是通过兼并、控股等方式发展子公司，壮大集团公司的经济实力;三是以资产、资本为联结纽带发展合资、合作企业。

经过发展,公交总公司初步形成了以城市客运为主兼营车辆维修、石油销售、汽车租赁、出租旅游、广告发布、驾驶员培训等多种经营的多元化格局。企业也由单纯的国有经济成分发展成为拥有国有经济、集体经济、合资经济并存的经济综合体。

公交总公司以市场为导向,以发展为动力,强化改革,内抓管理,外抓扩展,企业规模和综合实力不断增强。目前拥有四个运营公司一个直属车队,二个汽车修理厂共七个生产运营单位和经济开发总公司。下属还有职工医院、幼儿园、公交技校等生产辅助单位以及豫龙汽车租赁公司,豫龙公交旅行社两个控股子公司。并与台湾东裕国际集团公司合资兴建了郑州中裕置业发展有限公司、郑州中裕汽车修理服务有限公司、郑州丹尼斯文化娱乐有限公司、郑州丹尼斯百货有限公司,与香港康利有限责任公司共同成立了中外合作企业——郑州通利公共交通有限公司,与河南永兴置业有限公司共同成立了永兴保龄球俱乐部。

截至2000年底,公交总公司拥有职工4585人,运营线路78条,运营车辆1407台,线路总长1060.45公里,固定资产总额3.75亿元。2000年度,运营里程达6218.58公里,客运总量26813.75万人次(不含老年乘车证人次),利润总额为2145.6万元,较财政控亏指标减亏398.65万元。

第一节　立足公交　服务大众

自1954年2月1日郑州市公共汽车公司正式营运,

开辟1路、2路、3路3条公交线路以来，随着道路条件的改善，十多年来郑州市的公交营运线路取得了长足的发展。截至2000年底，市公交总公司已拥有公交线路78条，线路长度1060.45公里。尤其是“九五”期间，就新开辟线路54条，新增线路长度773.15公里，并不断适时调整、延伸线路，使线路布局更加合理与完善，以满足大众的需求。线路覆盖面发展到每平方公里3.49公里。公交总公司本着广覆盖、高档次、大密度、快更新的公交经营策略，在市区内已基本实现了“有路就有公交车”，发车间隔3~4分钟，市民乘坐公交车步行半径小于500米的目标。

充分发挥小公共汽车走街串巷，灵活机动的优越性，在背街小巷、居民小区及市郊乡镇，增开小公共汽车专线，作为大公交的补充。截至2000年底，拥有小公共汽车线路31条，市郊的18个乡镇，达到乡乡通公交车。公交线路的广泛普及在城市社会生活和经济生活中起到了沟通交流，促进发展，服务群众，联系政府的作用。

公交总公司在从事公交事业初期，由于我国没有生产客车的能力，所需车辆，或由进口货车改装而成，如美国道奇T110，苏制吉斯，捷克布拉格RND，匈牙利却贝尔、依卡罗斯等。或直接进口客车，如匈牙利依卡罗斯30单机客车等。进口车且以柴油车居多，如图4-3。随着国民经济的发展，国产客车的诞生，公交总公司转向以购买国产汽油车为主。如解放单机客车，京一型客车等，但是当时我国生产客车的能力和速度很薄弱，公交总公司除改装所购客车，以缓解郑州市区内日渐突出的运能与运量的矛盾外，还与郑州客车修配厂，工程机械厂等九家单位联合研制了“郑州牌”铰接式客车 13 辆投入运营。另有“郑汽牌”、“二七牌”、“中州牌”客车 20 余辆。那时，市公交公司只有运营车辆 169 辆。

图 4-3　郑州市五、六十年代的公交客车

1978 年党的十一届三中全会后，国家实行了改革开放的经济政策，公交车辆的购置由纯计划分配，改为计划供应与市场供应相结合。市汽车公司利用市财政拨款及企业自筹资金，至 1989 年底购买了“京华客车”、“新乡客车”等十余个品牌的客车 408 辆。

进入 90 年代以后，改革开放进一步深入，客运市场竞争激烈，公交公司的经营策略是：更新、提高大公交，重点发展小公交。至 2000 年底，市公交总公司开通了空调 901、906，双层大巴 601、603 等线路，共有豪华空调车 20 余辆，其中宇通空调客车 8 辆，双层大巴 36 辆，中巴车 266 台。各种档次、规格，漂亮美观的双层大巴车、冷暖空调车、礼仪观光车构成了省会郑州亮丽的风景，同时也满足了不同消费群体的乘车需求。

另外,公交总公司还有清洁、卫生、无污染的电车200余台。

城市公共交通是城市重要的服务窗口行业,其服务质量的高低影响着城市的形象。因此,郑州市公交公司一直把运营服务管理工作放在重要位置。

首先建立健全了一系列规章制度,把各项服务管理制度纳入公司《制度汇编》,其中“车务员服务守则”中规定了六项标准:(1)准点行车,逢站必停,有空请上,上好走车;(2)态度和蔼,诚恳待人,对孕妇、老、幼、病、残人照顾周到,主动疏导,耐心解答;(3)做到“三报”(报站名、时间、票价),“三宣”(宣传换车地点,宣传安全事项,宣传月票使用规定);(4)提高售票技术水平;(5)进出站平稳,不摔、不夹,保证安全;(6)经常保持车辆整洁。此后,又将“守则”内容进一步完善、补充,制定了《统一服务用语》33条,重新修订《车务员工作细则》,《车务员业务知识汇编一百条》、《车务员文明礼貌服务的十项标准》等等,将行车服务工作进一步规范化制度化。

进入90年代,面对新时期出现的新问题,市公交公司结合实际,又制定了《运营管理实施细则》、《无人售票驾驶员服务规范》、《关于加强小公共汽车运营管理的规定》等若干规定,使有关工作人员有据可依,有章可循。

加强监督检查,是保证服务质量不断提高的重要手段。公司依据制定的《检查组职责范围》,采取跟车检查,中途上车抽查,站台检查,明查和暗查相结合的方式进行监督检查行车服务情况。1983年,服务质量检查正式纳入经济责任制考核,与职工的经济效益相挂钩。公司对于出现恶性服务纠纷的重要责任人,视其情节轻重、认错程度、态度好坏，给以必要的经济处罚或警告、记过、降级、留用察看、解除合同或开除的行政处分。对于1996年9月18日，汽车2路3—145号车上发生的公交三公司职工娄新峰辱骂来自农村的一家三口人一事，总公司对这一事件进行了严肃处理，给娄新峰以记过处分。

"九五"期间，公交总公司坚持开展规范化服务活动，提高了公交职工的职业道德水平和规范化服务技能，使服务质量明显改善。近年来，先后有五条线路，80多个车组分别被建设部、团省委、郑州军分区、团市委等单位命名为"优质服务线路"，"共青团线路"及"规范化服务车组"，"青年文明号车组"、"民兵号车组"等。4路108号车组荣获"全国青年文明号"称号，37路线连续多年保持了"青年文明号线路"、"河南省精神文明建设示范点"荣誉称号。涌现出了肖喜花、班芬英、冉桂芳等一大批部、省、市级先进人物。仅2000年度，市公交总公司就收到各类表扬信1400封，新闻媒体表扬257次，乘客来电来访表扬1143次，归还乘客物品折款达26000元。2000年度，市公交总公司被市委、市政府授予"改革与发展先进单位"、"文明单位标兵"、"助残先进单位"等荣誉称号。

市公交总公司多年来，取得了精神文明和物质文明双丰收，向全省、全国乃至境外人民展示了郑州公交行业的精神面貌，展示了郑州人的精神气质和文明修养。

第二节　加快集团式发展步伐

企业集团是在改革开放方针和产业政策的指导下，根据经济分工和专业化协作的原则，由若干个企业在横向经济联合基础上形成的优势互补型的企业组织。而公共交通企业，是具有公益特点的生产性、服务性企业，它不同于其它经营性企业，不能完全按商品经济规律的要求，实行完全的自主经营，在诸多问题上受政府和市场的双重制约，因而一直是处于薄利或者亏损的局面。为减轻国家财政负担，增强企业经济实力，提高职工福利，安排公司富余人员、困难职工家属，公交总公司从 1970 年起，先后兴办了家属工厂，组建了劳动服务公司和经济开发总公司，并利用自身地理位置的优势，引进外资，兴办合资企业和联营企业，走以一业为主，发展多种经营的道路。

公交公司第一个多元经营的企业，是 1970 年汽车公司与工人第一新村居委会联合，组织公司困难职工家属和街道居民兴办的“郑州市人民汽车公司附属家属工厂”。组建初期共有 20 人，没有主要生产项目，只是为汽车公司剪纸垫，洗棉纱，并实行独立核算，自负盈亏。1971 年家属工厂开发生产门路，由洗棉纱转为生产二吋虎头钳，并开展汽车修理业务。由于规模扩大，便搬迁到向阳西街（现管城西街）。1972 年扩大了经营范围，转向社会服务为主，1976 年职工达到 200 人。1978 年汽车公司与家属工厂脱钩，交市苗圃管理，后又转归市煤气公司，并更名为郑州市煤气公司用具厂。

市公交总公司为满足城乡人民日益提高的物质文化需要和适应不断增多的外国友人观光旅游及港澳台同胞、海外侨胞归国省亲的需要，曾两度组建出租旅游车队。

1954 年公共汽车公司一成立，就兼办出租业务。为厂矿企业、省市各类会议提供租车服务，采用窗口租车，电话租车,预约租车三种形式。职工最多时达 35 人,16 辆出租车,其中吉普 4 辆,面包车 12 辆。后因“文革”动乱,经济萧条,摊派过多,车辆失修等原因,出租小车队遂于 1974 年被撤销。

1979 年 4 月,为贯彻执行国民经济“调整,改革,整顿,提高”的方针和满足广大人民群众的需要,经市委批准,汽车公司重新组建了出租旅游车队,开辟郑州至登封少林寺,郑州至开封两条定点旅游专线。二是积极向各机关、团体、社会各界人民群众提供会议租车,参观旅游、探亲访友、急诊住院、婚丧嫁娶、经商贸易以及海外侨胞回国,港、澳、台同胞到大陆观光、旅游探亲等出租旅游服务。

市公交公司成立后,出租旅游车队改称为出租旅游汽车公司。1985 年 10 月,出租旅游汽车公司更名为第一出租旅游汽车公司,有职工 130 人,小轿车 53 辆。1993 年 10 月至 1994 年初,社会上刮起了“黄面的”风,郑州市有 100 多家“面的”出租汽车公司相继成立,因其价格相对低廉,严重冲击了公交公司的出租车业务。随后,公交总公司筹措资金购进了 40 余辆“面的”车,采取承包的方式,度过了难关。至 1996 年底,公交出租汽车旅游公司有运营车辆 100 辆,职工 52 人,其余为外聘人员。

1985 年 4 月 17 日,公交公司为继续巩固出租旅游业务,成立了“郑州市飞龙汽车出租旅游公司”,同年 10 月 27 日更名为“第二出租旅游汽车公司”。主要经营郑州至开封、新乡、焦作、平顶山、长垣等大客车出租旅游线路。公交公司对第二出租旅游汽车公司于 1989 年元月实行领导班子集体承包,以群体担保的方式,实行租赁承包。为便于开展对外出租旅游业务,更名为“商都出租旅游车队”。经营线路扩展到13条。1996年,人车一并交公交五公司代管。

1981年元月16日,汽车公司根据1980年国家召开的“全国劳动就业会议精神”,报请郑州市劳动服务公司批准,成立了“郑州市人民汽车公司劳动服务公司”。曾经营过商店、旅社、广告公司、修理厂等业务。从1981年成立到1992年的12年间,在安排待业青年,给公交公司输送劳动力及创造经济效益等方面,都曾取得过良好业绩,曾先后五次被市劳动服务公司和市公用局劳动服务公司评为先进单位。但由于经营者缺乏经验和法制观念淡薄,不按经济规律办事,也给总公司造成了一定损失。1992年并入新成立的经济开发总公司。

经济开发总公司成立于1992年10月16日,集体性质。按照公交公司公交(1992)第117号文规定:公交经济开发总公司实行自主经营,独立核算,自负盈亏,并按照“两权分离”,“主副分离”的原则,分立账户,具有法人资格,独立承担民事责任。初期的经济开发总公司主要管理公交公司内部的一些经济实体,如中州电车工程公司、摩托车修理厂、广告公司、公交技校和四个加油站等。加油站统一组合为石油经销部,公交技校经劳动组合开始向社会招收学员,培训驾驶员。

后来经济开发公司开始拓展业务范围,向外寻求合作。先后接收了华夏糖酒公司,联合开办了金盾安全门窗厂,美食湾酒家,海岸线烧烤城,自办了公交物资贸易公司等企业,做过汽车和汽车配件贸易。

截至1996年底,经济开发总公司拥有下属单位11

个,其中自营单位 8 个,联营单位 2 个,代管单位 1 个;有职工 246 人,拥有固定资产和流动资金 617.3 万元。

为拓宽经营发展渠道,增强企业发展后劲,提高本公司管理人员经营管理理念,进一步解放领导班子的思想观念,公交公司利用自身地理位置的优势和行业特点,积极引进外资,于 1993 年起,与台湾东裕国际集团合资兴办了四个合营企业。

郑州中裕置业发展有限公司,是第一家合资企业,双方投资额为 5333 万元,全额注册。其中郑州公交公司以土地 13320 平方米的使用权和房屋、设备折价 1600 万元投入,占总投资额的 30%;台湾东裕国际集团公司以现汇和机械设备、办公用品、交通工具及其它物资计 3733 万元投入,占投资总额的 70%。主要经营房地产及综合配套服务设施的开发、租赁、销售。双方以各自认缴的出资额对合营企业的债务承担责任。双方按其出资额在注册资本中的比例分享利润并分担风险及亏损。合营企业的最高权利机构为董事会。董事会有 13 人组成,其中市公交公司 4 人,台湾东裕国际集团公司 9 人,董事长由台方委派。合营期 50 年。第一期开发项目 45000 平方米,集商业、娱乐、写字、公寓于一体的综合大厦于 1994 年 4 月动工,并于 1997 年 9 月竣工。

郑州中裕汽车修理服务有限公司,是市公交公司与台湾东裕国际集团公司,于 1993 年 11 月 11 日合资兴办的。投资总额为人民币 3790.5 万元,注册资金为 1999.6 万元。市公交公司以土地 10233.1 平方米的使用权折价 537.25 万元,机械设备折价 52.77 万元,房屋 617.27 平方米折价 9.88 万元,总计 599.9 万元投入,占注册资金的

30%。台湾东裕国际集团公司以现汇和机械设备折合1399.77万元投入，占注册资本的70%。经营范围为承接各种车辆修理服务及汽车零部件的生产与销售。双方按其出资额在注册资本中的比例分享利润并分担风险及亏损。市公交公司4人，台湾东裕国际集团公司9人计13人组成董事会，董事长由台方委派。郑州中裕汽车修理服务有限公司经过1994年和1995年的筹建，7118平方米的生产厂房和2783平方米的商品营业房于1995年底竣工，于1996年5月15日正式营业。1996年，该公司拥有比较先进的大、中型设备计72台，年生产能力达到大、中修车辆650辆，零、小修车辆3000余辆。

郑州丹尼斯文化娱乐有限公司，是市公交公司与台湾东裕国际集团公司合资兴办的第三个合营公司，创办于1996年3月，市公交公司出资300万元，台湾东裕国际集团公司出资700万元共1000万元，全额注册。双方以出资额在注册资本中的比例分享利润并承担责任。经营餐饮、电子游艺、卡拉OK舞厅、保龄球馆。

郑州丹尼斯百货有限公司，是市公交公司与台湾东裕国际集团公司合资兴办的第四个企业。市公交公司以土地使用权折价1600万元出资，台湾东裕国际集团公司以现汇及其它物资计3733万元入股，共计5333万元。经营百货批发零售，与百货配套的餐饮娱乐及其它商业服务。于1997年11月16日开业的“丹尼斯百货”很快就在郑州这个商贸战销烟四起的城市里站稳了脚跟，并成为商界中的知名商场，与二七商圈遥相呼应。

另外市公交公司还与省内其它企业共同设立股份制或联营企业，借以壮大公交公司的综合实力。如由市公交总公司、公交广告公司、河南省公交协会等发起设立了股份制企业——公交豫龙汽车租赁公司。公司凭借强大的资金实力和完善的服务体系,加盟了中国上汽集团安吉汽车租赁全国运营网络,成为中原颇具实力的汽车租赁公司。公交豫龙旅行社,是一家经省旅游局批准,由市公交总公司、市公交广告公司、河南公交豫龙汽车租赁有限公司出资组建的。旅行社下属旅游车队拥有 11 座到 45 座的大、中、小型空调旅行车数十辆,为河南“假日经济”的发展服务。

市公交总公司利用位于东明路与纬四路西北角的 1600 平方米公司修理厂院内场地及厂房折价 200 万元与永兴置业有限公司联营兴建永兴保龄球俱乐部,永兴置业投入 800 万元,这一联营企业解除了电车公司 30 名富余人员的后顾之忧。

始建于 1986 年的公交公司第一修理厂位于京广路 27 号,在保证完成公司生产计划的前提下,还开展了横向经济联合,先后与中南汽车贸易公司、第一汽车制造厂、万山特种车辆制造厂、北京轻型汽车有限公司、北京商用汽车制造厂、北京旅行车厂、北京内燃机厂等建立了业务联系,为它们成立了车辆服务站,既保证了上述单位的售后服务,也为自身获得了良好的经济效益。

第三节 深化改革 加强经营管理

企业的经营管理工作是随着运营生产的发展逐步完善的。十一届三中全会以前,企业的管理工作还囿于计划经济体制宏观政策的调控之下,无论行政管理、劳动管理、工资管理、材料供应、车辆保修、技术管理等方面都具有计划经济管理下的特色，因此管理水平相对落后。之后，现代管理方法才逐渐在公交公司露出影子。公交公司经过企业整顿，结合自身特色，发挥创造精神使该公司的管理工作日臻成熟，并逐步向规范化、制度化、标准化的方向迈进。

一、责任制

1957年，公司开始制订了生产责任制，共九章。其内容主要是明确各部门及每个人的职责范围。“文革”期间，生产责任制和其它规章制度被视为对职工“管、卡、压”而废除。直到1978年，部分规章制度才得以恢复。

1984年公交公司成立，实行公司、场、队三级管理，公司、场两级核算，1985年重新确定了各部门、各单位应担负的岗位责任，并建立了各级责任制的考核办法。1988年，市政府对公司实行工资总额与运营公里，运营收入双挂钩的政策。根据这一政策，公司对基层单位重新制订了经济责任制考核办法，把工资和奖金捆在一起，实行“工资总额同运营公里、收入双挂钩千分制考核办法”。1992年，将考核重心又移向经济效益指标，加大了对运营收入、成本、利润指标的考核。1995年，总公司下发了《1996年度经济责任制考核实施办法》。经济责任制考核由公司考核组负责。

二、计划管理

1956年末公司设会计股，主管计划统计工作，计划由主管局根据上年实际完成情况而制订。在公司制订的《制度汇编》中，对计划统计要求：按月、季、年度时间编制计划，按时下达，认真收回各种原始统计报表并及时上报。1981年，公司在企业整顿的基础上对计划管理作了相应的改革，各类计划的编制由各职能科室提出具体意见，由公司召集有关科室集体研究决定，并由计划科逐月下达各基层生产单位。要求各车队根据计划指标，结合实际情况，分解到各条路线，单车和个人。1984 年 7 月，公交公司成立后建立了以运营服务计划为核心的综合性十大计划。1989 年，将计划管理的各项指标纳入《企业标准》。1992 年，公司对全年各项计划指标，实行全员目标责任管理，并缴纳风险抵押金，1995 年，在前几年实行目标管理的基础上，又重新修订下发了《计划管理规定》，《规定》提出了年度计划的分类，编制程序综合平衡、计划确定、计划监控、计划检查等方面的具体要求。

三、信息管理

信息管理是一项综合性的基础工作，它的基本任务是为各级领导制订计划、决策、指导工作提供准确的数据和信息。信息统计的内容多达 30 余项。建立了全国各大、中城市公交行业资料交换台账。1986 年以前信息工作主要靠手工操作，繁杂而速度慢。为使信息管理工作得到进一步提高，购置微机一台，至 1996 年底，公司共购置微机 17 台，打印机 12 台，复印机 2 台和 UPS 电源等配套设施，使各项信息的输入、计算、打印、汇总全部由微机来完成，提高了工作效率和准确性。1995 年下半年，国家建设部、统计局开展城市市政公用设施普查工作，公司提供了大量的数据和分析资料，为各级领导科学地规划，建设和管理城市提供了详实、准确的依据，获得了省、市“市政公用设施普查先进单位”表彰。

四、财务管理

汽车公司开业初期，公司财务仅进行运营收入、管理费支出、车辆维修和燃料费等简单的财务核算工作，业务范围小，会计科目少。1962 年《制度汇编》进一步明确了财务科的职责范围，对财务业务方面的管理费使用，原始凭证及收支款项管理，旅差费开支标准，流动资金管理，现金管理，基本建设投资等，都作了详尽说明。

1984 年，汽、电车公司合并后，公交公司实行公司、场（厂）、队三级管理，公司、场（厂）两级核算。但由于各基层单位建立有独立的银行账户，公司财务失去了对资金的控制和统筹，为扭转这一局面，公司于 1987 年 4 月成立了内部银行，并制订了《郑州市公交公司内部银行管理条例》等规定。将各单位账户收归公司，由公司内部银行统一办理各单位的收、付兑换传票业务，发挥了应有的作用。针对内部银行实施以来存在的对基层单位捆绑太紧，在资金使用上缺乏灵活性和主动性等弊端，1989 年内部银行对各核算单位的管理作了部分调整，建立收、支两条线，较好地解决了上述问题。

根据新会计制度和市场商品经济的需要，公交公司新出台了《郑州市公交公司财务核算实施管理细则》和《郑州市公交公司资金核算管理工作条例》，1995 年报市财政局批准，于 1996 年正式实施。

五、劳动工资管理

劳动工资管理是企业生产和经济活动的重要基础管理工作。加强劳动工资管理，合理分配使用工资奖金和劳动力，是提高社会效益和经济效益的重要保证。

为加强职工队伍管理，1957 年汽车公司制订了《职工劳动规则》，1989 年公司制订了《企业标准》，对公司职工的管理，包括工资、奖励、处分、请假、调出、调入、转换工种、劳动保护进行修订，充实。1994 年，在全公司范围内，实施全员劳动合同管理，对劳动合同、待岗职工、违纪职工、工资及保险福利待遇等都作了规定。并先后完善了《公司职工管理制度》、《公司职工基本工资制度实施办法》。对劳动纪律松弛，旷工、跳槽或另谋其它职业的采取开除、除名、辞退、解除劳动合同或其它处分。1978 年到 1996 年受到各种处理的达 500 人，其中 1994 年 1 年处理违纪人员达 131 人，当然这也与公司当时职工工资低，福利待遇低等原因有关。对要求调出公司的职工，规定缴纳一定数额的培训费。

市公交公司的工资、奖金与其它企业一样，20 世纪 80 年代以前采取低工资高福利的形式，而进入 20 世纪 90 年代后，为适应市场经济的发展，对职工工资进行了大幅度调整，1996 年底，职工人均年收入可达 8230 元。

六、其它管理

1997 年初，总公司在 9 路线上实行了单车核算，把每辆车的台账单列，不但考核公里、收入，而且把车辆油耗、维修保养及非正常损耗都纳入到成本核算之内，与工资挂钩，经过一年试行，与核算前相比，单车成本降低了 5%。1993 年 9 月公交公司对拥有的中巴车改革经营方式“实行单车包干经营”，签订承包合同书，每车缴纳 800 ~1000 元风险金，并缴纳每月 2300 ~2500 元承租金，后来对不同线路承租又有调整。1999 年，总公司提出“抓大放小，加快低效线路改造与新线路发展”的改革思路，对 12 条投入产出比例低的线路和市内小公共汽车为主的分支线路进行改造。采取鼓励基层单位和职工个人筹资发展新线路，或租赁单车和线路。1999 年，市公交总公司没有投入一分钱,先后改造了6条线路,新开6条线路,增加车辆73台。

2000年,公交总公司加大企业内部改革力度,进行大幅度机构精简和人员压缩。一是推行无人售票,降低运营成本,截止2000年底,无人售票线路已占线路总数的90%,企业人车比例降至3.5:1,居全国同行业先进水平。二是调整管理机构。公交总公司对机关中层正职实行竞争上岗,本着公开、平等、竞争、择优的原则选择。经过调整,三级管理机构减少了50%,中层干部减少了44.3%,管理人员减少了46%,全员劳动生产率,由1999年的每人22546元,提高到2000年的每人27188元,增长了20.6%。

公交总公司12年来每年都要更新车辆,而车辆的采购是最易出问题的一个环节。1999年,总公司防微杜渐,在车辆采购中,首次采用了"招标采购"的办法。总公司机务部门向全国7家有实力的客车厂发出了"招标公告"和标书,有5个厂家应标。总公司成立了由总公司领导,各分公司经理,机务处处长组成的招标评审小组,采用当天竞标、当天揭标的公平竞争方式,购置8米中型轿车68辆。这种办法由于纳入了竞争机制,透明度较高,购车价格较低,同时也杜绝了不良现象的出现。

第四节　把社会效益放在重要位置

市公交总公司始终把社会效益放在重要位置,把对职工培训以"理想信念为主线,企业精神为主导,职工整体素质为目标"作为提高企业形象和社会效益的内在力量。通过一系列的具体行动把"提高社会效益"落在实处。

为老年人办理“老年乘车证”便是爱民、利民的重要举措之一。1997 年度，公交总公司为落实市政府“关于自 1997 年 1 月 1 日 60 岁以上老人免费乘坐公交车”的指示精神，精心组织，全力以赴做好老年人乘车证的发放工作和办证后的服务工作。为全市 10.2 万名 60 岁以上老人办理了乘车证，以后每年均在 10 万张左右，由于办证年限范围之宽为全国之首，在国内引起了大的反响，提高了郑州知名度。

2000 年度，市公交总公司被郑州市评为“助残先进单位”。这一荣誉源于公交总公司对残疾职工朱宏艳的关爱和帮助。在公交总公司的大力支持下，朱宏艳参加了在悉尼举行的“2000 年第十一届残疾人奥运会”，朱宏艳不畏强手，顽强拼搏，夺得女子 200 米混合泳，100 米自由泳，100 米蝶泳，100 米仰泳和 50 米自由泳 S12 级共 5 枚金牌，并创下了新的残奥会世界纪录，成为我国有残奥会参赛史以来夺得金牌最多的选手。鉴于朱宏艳同志的突出表现，全国总工会，全国妇联，国家体育总局，河南省政府，省总工会，省妇联，郑州市政府，市总工会，市妇联等部门分别授予她全国“五一劳动奖章”，全国“三八红旗手”、“五四杰出青年贡献奖”，省“三八红旗手”、省“五一劳动奖章”、省“新长征突击手”、市“劳动模范”、市“五一劳动奖章”、市“三八红旗手”、“自强模范”等荣誉称号。

朱宏艳的表现为中国，为河南省、郑州市增了光添了彩，作为市公交总公司一员，也大大提高了市公交总公司的知名度。

第四章　郑州宇通客车股份有限公司

郑州宇通客车股份有限公司原是一家客车改装厂。40年来,宇通人始终坚持以科技创新促发展,以企业管理促效益,在科技创新与经济效益等方面均取得了令人瞩目的成绩。1964年第一台JT660A型长途客车试制成功并投入批量生产至今,共研制开发出各种型号和类型的车辆和客车底盘近百种,有多个型号的产品获得"优秀新产品"及"科技成果"奖荣誉称号,在全国同行业中也受到了普遍好评。1998年10月,宇通客车的"九五"技改工程全面峻工投产,奠定了在亚洲生产规模最大,工艺技术先进的大、中型客车生产基地的地位。

1993年,企业股份制改造取得成功,1997年,公司股票在上交所上市。目前,该公司正致力于MRPII系统管理和企业文化建设,以"上管理,实现稳步,持续发展"为目标,来回报社会。以扎实的工作步伐朝着"国际宇通"的方向迈进。

第一节　郑州客车厂时期

1963年3月由市轻工业机械厂转制的郑州客车修配厂,主要承担大客车修理,客车配件生产和客车改装任务。同年12月,按照交通部制订的技术规范,成功地试制了河南省第一辆JT660A型公路客车,并顺利通过鉴定,于1964年2月投入小批量生产。1975年开始生产JT661型公路客车。1978年,交通部对公路客车生产实行统一定点,推行产品专业化,使公路交通工业的组织结构,产品结构,技术结构逐渐趋向合理。经调整后,郑州客车修配厂被列为交通部定点生产公路客车的专业厂之一，客车生产和产品分配均由交通部统一管理。

1978 年至 1981 年期间，在交通部的统一安排下，郑州客车修配厂先后研制开发了以黄河货车四类底盘为基础的 JT680 型大型柴油机客车，JT81 大型公路客车，JT690 型全封闭折蓬式通道公路客车，JT662 型等多种型号的公路客车，并陆续在全国各客车生产厂推广。在批量生产 JT661 公路客车的同时，根据河南省交通厅的安排，还重点试制生产了 JT662 型公路客车。这种新车型是采用东风 EQ140S 型专用客车底盘改装，从根本上改变了用货车底盘改装客车的缺陷，而且设计新颖，整车造型美观，机械性能好，速度快，乘坐舒适，投放后，受到各客车用户欢迎。

JT661 型、JT662 型客车作为郑州客车修配厂的主导产品，生产工艺不断进行合理调整，产品质量稳步提高，连续 5 年被评为省优、部优产品。1981 年至 1985 年，郑州客车修配厂还先后试制生产了 JT661A 型和 JT660B 型系列产品，以及 JT680 型大型公路客车，还研制开发了 JT661 型球铰接通道公路客车。

1985 年后，经交通部和河南省计经委批准，对郑州客车修配厂现有生产技术能力进行重点改造，年生产能力由 600 辆扩大到 2000 辆，总投资额为 1411 万元，生产厂房扩建面积 1.5 万平方米，更新和新增各种配套设备 257 台(套)，交通部将改造项目列入“七五”、“八五”期间的行业发展规划，并将郑州客车修配厂列入交通部生产公路客车的骨干厂之一。

1985 年 9 月，经郑州市编委批准，将郑州客车修配厂正式改名为“郑州客车厂”。1986 年,第一汽车制造厂开发了 CA141、CA151 两种型号的客车专用底盘,交通部决定采用 CA151D11 型客车底盘,研制开发新型客车,并决定由郑州客车厂负责,抽调广东、安徽、湖南、湖北、广西等客车厂的工程技术人员组成联合设计组,共同设计 JT95C10 型公路客车。1987 年 6 月交通部在郑州召开会议,认真总结技术设计和样车试验情况,为全国客车生产厂家设计研制中档次客车提供了宝贵的技术参考数据。1987 年,郑州客车厂研制 ZK90C10 系列新型公路客车代替生产多年的 JT662 型公路客车。第一辆样车试运行后,于 1988 年 5 月通过省级鉴定。

ZK90C10 型客车是采用第二汽车制造厂生产的 EQ140S10 型客车专用底盘来生产的,ZK90C10 型客车无论工艺结构还是整车造型,安全性能,舒适程度等方面都大有改进,成为更新换代的主要产品。

以 ZK90C10 型公路客车为基本车型,根据用户建议和市场的需求,又先后设计研制了 ZK90D10 型、ZK90C、ZK90D－1 型公路团体客车,ZK90C10－2 型、ZK90C10－4 型、ZK90C10－6 型等各型系列公路客车,为推进产品系列化和标准化积累了研制经验。所生产的系列客车,在 1988 年河南省首届汽车展评会上荣获一等奖,1989 年获河南省交通科技进步二等奖和河南省优秀产品三等奖。

1987 年,为适应市场对客车的需求,郑州客车厂集中优势力量研制高档次大型客车。采用陕西汽车制造厂生产的 SX681 后置发动机客车底盘,于 1988 年 8 月成功设计了第一辆 K115Y15HK 型后置前开门空调高级旅游大客车,车内设施齐全,设备高档,整车造型富有现代气息,在河南省首届汽车展评会上荣获设计一等奖,1988 年在全国乘用车展览会上,受到同行业及用户的好评。

在研制公路客车的同时,郑州客车厂还注意开发生产专用车辆,如军用工程车、电信车、救护车、电台电视台转播和 70 型越野车、70 型旅行小客车等专用车辆。70 型越野车和 70 型旅行小客车先后生产了 149 辆,ZK630 型旅行中轿车生产了 109 辆,一度缓解了郑州市交通客运紧张的矛盾。

郑州客车厂建立了研制开发新产品的专门机构,组建了产品试制车间和科研所,从事新产品开发与创新。1987 年,在研制 ZK90C10 型公路客车的同时,又积极组织技术力量,设计试制了 ZK66L6 型和 ZK55L6 型轻型客车,经过省级技术鉴定后投入生产,1988 年获河南省首届汽车展评会一等奖。1988 年研制开发了 ZK5020X 型厢式汽车和 ZK5020XYC 型邮储专用车,1989 年 5 月,两种试制样品车均顺利通过省级鉴定,填补了河南省无生产此种型号特种车辆的空白。

1989 年研制的 ZK6920 型客车,获河南省交通厅科技成果二等奖,郑州优秀新产品二等奖,河南省优秀新产品三等奖。1990 年研制的 ZK5020 邮储车,获河南省交通科技成果三等奖。1992 年研制的 ZK6980 型客车,获郑州市优秀新产品一等奖,河南省优秀新产品二等奖,1993 年获郑州市科技成果二等奖,河南省"兴豫杯"名优、特、新产品铜奖,1994 年获河南省交通科技成果三等奖,河南省科技成果三等奖。新研制的 ZK6980W 型卧铺客车,1993 年获郑州市优秀新产品一等奖,河南省优秀新产品二等奖。

1989 年至 1993 年,郑州客车厂先后研制开发出

ZK6670、ZK6920、ZK6980、ZK6120 四大系列 32 个品种的新型客车,形成了大、中、轻型,高、中、低档齐全的产品结构,有 90% 以上的新产品均投入了批量生产。新产品所创造的年销售收入占当年总销售收入的 35% 以上,有力地促进了企业生产经营的快速发展。

1993 年 10 月,总投资 4200 万元的新生产线建成投产。该生产线打破传统、落后的生产工艺布局,采用多项新技术和新工艺,研制、装备了多种专用设备,引进了具有国际先进水平的自动喷涂机,使整个生产线在国内同行业中居领先水平,从根本上改变了原有落后的生产条件,已形成年产 2000 辆大客车的生产能力。

第二节　客车厂改制与宇通公司发展

1992 年春,邓小平南巡时发表了一系列重要讲话,提出在国家经济建设中要进一步解放思想,更新观念,发扬敢闯、敢试、敢为天下先的精神。党的十四大报告把交通建设放在各项基础建设和基础工业的首位,强调指出:加快交通等基础设施与基础工业的开发与建设,这是加快经济发展的迫切需要,也是增强经济发展能力的重要条件。同年 5 月 15 日,国家体改委等各部门联合下发了体改生〔1992〕30 号文关于《股份制企业试点办法》的通知,通知明确:国家产业政策重点发展的能源、交通、通信等垄断性较强的行业可以进行股份制试点;符合国家产业政策的竞争性较强的行业,尤其是资金技术密集型和规模经济要求高的行业,鼓励进行股份制企业试点。

随着国家经济体制改革逐步深入,市场经济体系逐步形成,也要求郑州客车厂转换经营机制,政企职能分开,自主经营,自负盈亏,自我发展,自我约束,促进生产要素的合理流动,实现社会资源优化配置,以适应市场经济的特点。

1993年郑州客车厂实行股份制改造,并更名为"郑州宇通客车股份有限公司",同年跃入全国八大客车生产厂行列。但是,股份制改造后的宇通面临着许多困难和问题:一是公司内部的配套改革与股份制企业的运行机制不能完全适应,生产经营活动中各系统的职能职责有待进一步明确。新的管理体制还没有真正建立,直接影响公司经营管理的进一步运转;二是资金紧缺的状况持续困扰着公司的生产经营活动;三是当时的产品品种、价格、质量还不能完全适应市场需求。针对上述问题,宇通公司从建立科学的生产管理体系入手,严格按照《公司法》和现代企业制度要求,对公司的股权结构,产权关系,法人治理结构,经营管理体系进行规范。首先,宇通加强了公司新的领导体制的建设,按照规范的法人治理结构完善了股东大会、董事会、经营领导班子运作的法定程序,形成了董事长提名,董事会聘请总经理,总经理提名,董事会聘请副总经理,并由总经理聘任各部门的负责人的人事制度。进一步明确了决策、执行、监督体系相互制衡的权责关系,保证了公司决策的科学性;其次,从根本上突破了传统保守的生产格局,初步建立了能够适应市场变化的内部管理体制。加强并完善了以新产品开发为目标的科技管理体系,强化市场营销管理体系;加强了以成本费用控制为目标的财务管理体系和以提高产品质量为宗旨的生产管理体系。

为解决旧的经营机制中存在着的不能充分调动员工

的积极性，不能对经营活动及从事经营、管理、生产活动的人员进行必要的约束等弊端，宇通公司注重转变内部管理机制，引入了竞争、激励和约束等机制，建立了一套行之有效的规章制度。

为了发挥规模经济效益，体现宇通公司依靠科学技术和先进的生产工艺创造未来的信心和决心，"九五"期间，宇通公司投资 4 亿元进行技术工程改造，1998 年 10 月 28 日技改工程全部竣工并投入生产，新厂区占地面积 45 万平方米，建筑面积 20 万平方米，新的生产线设计年生产能力为 6000 辆客车。至此，宇通公司可达到 8000 辆整车和 4000 辆客车专用底盘的年生产能力，一跃成为亚洲生产规模最大，工艺技术条件先进的大、中型客车生产基地。

1999 年，宇通公司通过兼并获得了底盘生产权，产品开发部门已完成第一种宇通牌普通客车专用底盘的开发任务，年底完成国家级鉴定，批量供应市场。从此宇通公司不再仅仅是一个车身改装厂，宇通已经成为一家真正意义上的整车生产厂并向全国用户提供全方位的服务。

1999 年 4 月，宇通公司向郑州市人民政府申请，设立郑州宇通集团和郑州宇通集团有限责任公司，得到批复同意。同年 5 月，宇通公司向国家交接工作办公室提出以资产连结为纽带接收洛阳 5408 厂，很快便得到有关部门批准。宇通公司与洛阳 5408 厂兼并交接工作顺利完成，并于同年 10 月底完成生产线改造，1999 年 12 月 28 日，以洛阳 5408 厂为前身的洛阳宇通汽车有限公司正式挂牌成立。

为迎接 WTO 的到来，早日适应 WTO 的市场规则，宇通在合资合作和技术引进方面加快了步伐。在与德国曼商务车辆公司展开正式谈判后，合资经营项目进展迅速。2000 年 3 月 2 日，宇通公司与德国曼商务车辆公司在德国慕尼黑草签了建立客车合资公司的意向书，3 月 23 日，国家经贸委批复了宇通公司与外商建立合资经营公司项目建议书，之后，宇通和曼公司在报请决策层批准后签署了组建合资公司的正式意向书，这标志着双方的合作已进入实质性阶段。同时为大幅度提高整车配套座椅质量，降低整车的成本，经过综合考察比较，宇通公司与德国 VOGEL 工业有限公司签订了高档座椅技术引进项目合同书。随后宇通公司派出专业技术人员和工人到德国接受培训，为高档座椅的生产创造了条件。

第三节　推行现代化企业管理

宇通公司从一个面临破产的企业发展至今，关键在于严抓企业管理工作。1998 年 10 月，宇通公司的“九五”技改工程投入使用，中国最大、工艺技术条件最先进的客车生产基地的建成投产，标志着宇通初期创业告一段落，这一阶段被宇通人称之为“第一次创业”。面对“第一次创业”的成功，宇通人认识到，一流的硬件设施还需匹配一流的管理。为此，董事会提出“从零开始，二次创业”。根据这一要求，公司制定了《郑州宇通客车股份有限公司二次创业实施纲要》。“二次创业工程”的根本任务可以概括为：“上管理，实现稳步持续发展”。“二次创业实施纲要”规定了宇通公司在今后三年内，要在技术开发管理、市场营销管理、质量达标管理、MRP Ⅱ 系统管理这“四项管理”方面以及完善客车生产基地建设、企业文化建设的“三项建设”方面达标。二次创业，预示着将企业管理工作全面予以提升。为实现这一目标，宇通公司在各项管理工作中进行了积极的尝试。

企业的经营管理工作植根于基础管理。对生产系统，供应系统，营销系统，信息系统，人力资源系统，技术创新系统的管理又是一项庞大而细致的工程，各部分循规有序地进行是整个企业实现科学管理，高效运转的基础。宇通公司贯彻“以我为主，博采众长，融合提炼，自成一家”的方针，借鉴与总结创造相结合。在建立科学的生产经营管理模式时，宇通公司根据自身特点，以国际先进的管理水平为目标，汲取成功企业的长处，在生产管理系统中推行目标管理，建立了目标考核体系；在财务系统中引入管理型财务的思想，建立了费用预算调控体系；在成本管理中引入“挤海绵”的理念，建立了成本计划核算，监控体系；在销售系统中引入现代的营销观念和营销模式，建立了直销、代销、网络销售及完善的售后服务体系；在质量工作中引入国际标准。经过宇通公司上下一致努力，1999 年 8 月，顺利通过 ISO9001 国际质量体系认证。通过认证不是目的，科学、可靠的质量管理体系，必须在管理、生产中得到坚决彻底地执行，才能真正起到质量保证作用。为此，宇通公司把 1999 年定为“产品质量年”，通过“焊工技术比武大赛”系列活动，带动公司形成各工种比技能、比质量的良好风气。2000 年定为“质量达标年”。为配合产品质量的提高，宇通公司加大了工艺投入，购置了一批先进的仪器设备，并在工艺服务、工艺管理，及工装设备等几方面提高了要求。经努力，在产品质量的提高方面取得了重大进展，普通车达到国内领先水平，高档车质量得到明显改善和提高，顺利通过了中国汽车产品质量体系认证中心2000年度复审，质量管理正向“零缺陷”目标迈进。

在信息管理方面，宇通公司推行“MRPⅡ”系统，建立了企业资源管理配置的信息化体系。2000年，在MRPⅡ系统的基础上，根据公司实际，对生产、技术、仓储、财务等方面进行整合和细化，充分发挥整合信息的价值，使公司的信息流而有序。

企业发展的主体是“人”，人才是企业发展的根本。因此，开发人力资源，培养有理想，有道德，有文化，有纪律，知识结构合理，管理技术高效的职工队伍，并激发其潜能，使之适应并促进现代企业的发展是十分必要和重要的。1999年，宇通公司全面实施规范的全员培训工作，公司、车间处室、班组三级培训工作有序开展起来。针对各专业技术管理岗位，宇通公司先后采取“请进来，送出去”的方式，为待培人员进行专项培训。公司先后请北京大学，同济大学，西北大学，西安公路交通大学等高校的教授来公司授课，同时又选派管理人员到香港及国内高校，进行更高层次的培训。至今，宇通公司与西北大学联合举办的中层干部MBA研修班已有38名同学进修结业。班组长能力提升班的69名毕业生在回到本职岗位后，学以致用，效果显著。推荐委托培养的12名在职研究生已开始毕业论文的准备工作。

目前，宇通公司已形成长期与短期培训相结合，脱产与在职培训相结合，多层次、多形式并举的人才培养体系。在管理和科研上形成了一股合力，推动了宇通公司的发展。

在劳动用工、人事管理和工资分配这三项制度的改革与创新中，宇通公司通过进一步细化全员劳动合同制、全员考核制度及调整工资分配等一系列举措，引入“竞争”机制，从根本上解决了“平均主义”、“大锅饭”的弊端和“干部能上不能下，职工能进不能出”的陈规。在劳动用工制度上，宇通公司重点完善了以竞争上岗，优胜劣汰为主要内容的全员劳动合同制、岗位技能工资制度，并通过评选“劳动模范”、“岗位能手”等方式，对各岗位上创新务实，成绩优异的员工进行表彰和奖励，并在实行全员劳动合同制的基础上，建立公司内部二级劳务市场，对于不能胜任本职岗位的员工在二级劳务市场进行双向选择，仍然无法找到合适工作的员工将被淘汰，进入公司一级劳务市场，经培训后，再双向选择。在分配制度的改革中，宇通公司逐步推行了岗位技能工资，按车包干，工时制等分配制度。充分利用经济利益这一杠杆，调动广大员工的积极性。在干部制度的改革方面，依据《公司法》形成了董事长提名，董事会聘任总经理的逐级负责制。在干部人事制度改革上，通过实行对干部进行民主考评，对后三名就地解聘等系列措施，解决了干部“能上不能下”的问题，调动了大家的积极性和紧迫感。

YUTONG－CIS 工程与企业文化。企业形象、企业精神、企业文化三位一体构成了企业精神文明建设的重要内容。1997 年，宇通公司在行业内率先导入 CIS 工程，逐步形成了宇通的企业形象识别系统。企业理念是企业的灵魂所在，根据宇通作为客车生产企业多年来形成的价值观及对自身提出的更高层次的要求，公司的理念（YUTONG－MI）确定为“追求卓越，创新无限”。在近几年的高速发展中形成并一直激励宇通公司前进的企业精神“敢为天下先”也以书面形式得以确认。“大众的愿望就是我们的目标,用户的需要就是我们的责任”,准确地反映了宇通公司“一切为用户”的企业经营宗旨和方针。

宇通的企业理念和企业精神是全体员工的行为指南。通过对员工行为准则的提炼和概括,并在进一步升华的基础上,形成了宇通的行为识别系统(YUTONG - BIS),宇通把它们的视觉识别系统(YUTONG - VIS)形容为“深蓝的底韵——儒雅的外形——严谨的风格——超越的力量”,近乎完美的结合。由宇通的形象识别系统(YUTONG - CIS),产生了宇通公司的文化:工业文明——华夏传统——科学精神——创新进取融合而产生的精神境界。

第四节　科技创新与技术改造

“九五”期间,宇通公司加强了技术投入及技术管理创新工作,以期加速形成宇通公司的核心技术,在未来的竞争中拥有自己的核心技术竞争优势。

为使技术人员有一个宽松的工作环境,本着“层次清晰,职责分明,统一协作,提高效率”的原则,公司对技术工作机构先后进行了三次调整,健全了技术创新体系。现有的技术创新体系为:公司设有技术中心,中心下设技术中心办公室、产品开发处、工艺处、技术处、试制车间五个部门。在技术中心内部管理上,技术中心围绕公司技术工作规划统筹安排,明确了下属各部门的责权、义务。根据三项制度改革的要求,建立了有效的竞争机制,实行动态管理，竞争上岗，年终考评，末位淘汰。在分配上，各处室根据科研人员在项目中承担任务的多少，贡献的大小，创新的力度及完成的速度等几项指标，拉开档次，不搞平均主义，从而极大地调动了科技人员的工作积极性和创造性。

科技投入是实现技术创新的必要条件。宇通公司始终把保证技术开发和技术工作所需要的资金列在首位，同时还积极向上级主管部门申报项目，争取创新资助。近几年共获得上级科研支持经费90万元。公司投入新产品开发的项目资金也在逐年增加。科技开发费用1996年投入资金680多万元，占销售收入的1.85%，1997年投入810万元，占销售收入的2%，1998年投入1060万元，再加上重大工装攻关项目，新工艺推广等费用，当年科技投入占到销售收入的3%以上，而2000年科技开发费用达4762.6万元。充足的产品开发费用，加快了产品开发的步伐及产品更新的周期。目前宇通公司已建立了“生产一代，试制一代，开发一代，预研一代”的产品开发机制。2000年6月9日，宇通公司博士后科研工作站挂牌，国家人事部原副部长，全国博士后管委会主任蒋冠庄及河南省、市领导亲自到会祝贺并发表重要讲话。国家人事部在宇通设立博士后科研工作站，是对宇通实力的认可，也是对宇通发展的一个促进。之后。宇通公司从国内实力较雄厚的院校引进博士后来宇通公司进行客车技术研究，对于及时跟踪掌握国外客车技术的发展，对科研成果进行消化吸收，并相应地带动提高宇通现有技术人员的水平，大力改进宇通底盘及车身的技术性能指标，都是一次极大的提升。

仅2000年,宇通公司就根据市场需求,研制开发了ZK6122HW、ZK6750H、6770H等共39个品种中高档客车及ZK6100、ZK6730共四大系列10个品种的宇通底盘的开发工作。近年来共研制开发了八大系列七十多个品种的新型客车,形成了大、中、轻型,高、中、普档次齐全的产品结构。其中ZK6122HW豪华卧铺客车和采用ZK6730CR型客车底盘开发的ZK6770H型客车在北京国际汽车博览会上赢得了普遍的好评。

先进的工艺流程。宇通客车厂新址位于郑州市南郊,东邻107国道和京珠高速公路,南距郑州国际机场仅30公里。就是在这个现代通讯和便利交通的集合点,建起了一个设计年生产量达6000辆、工艺流程先进的客车生产线。

制件生产车间占地面积29000平方米,在原有设备的基础上又添置了薄板开卷校平剪切机组,而酸洗间又将制件产品进行先进的表面处理。这一系列程序使宇通人在制件工艺上处于行业领先地位。车窗、座椅等附件的生产线,则拥有国际先进水平的自动喷粉(喷塑)新技术设备。焊装生产线建筑面积达1.44万平方米,宇通公司在国内同行业中首家采用了车身侧蒙皮液压冷胀拉和自动双面双点焊接新设备新工艺,除了使车身更加平整美观,还大大提高了生产技术的集约化程度。宇通更在国内同行中最先采用了大顶蒙皮自动滚焊机和大顶蒙皮与骨架的自动焊接设备。另外,组焊胎以及顶侧蒙皮、滚压成形等新工艺新设备的引进,从根本上保证了车身焊装的质量和整车的平整度。总焊装区有四条由电脑程控的各长约200米的生产线,四条线均采用双板式输送链,完全实现了按工艺节拍自动运行。

宇通在国内同行业中，首家采用了车身整体浸渍和出槽喷淋磷化新工艺。整车磷化，小件酸洗以及自动喷粉工艺的运用大大提高了车身抗腐蚀能力。在该生产线中，还引进了日本自动门式静电涂装机，可以按预选设计的程序自动喷涂多种车型，既合乎喷涂均匀的严格指标，又符合环保、安全等人性化要求。同时还采用了自动燃油烘干系统。

总装生产线面积为2.16万平方米，东西长300米，南北宽72米，内有目前国内外最大、功能最齐全、设施最完美的现代大型客车总装生产线。四条各长达246米的总装配线和多种附属装备，能满足各种中、高档，大、中型客车的装配要求。

宇通公司拥有全国唯一的一条全自动客车一级检测线，整车质量检测线长96米，总建筑面积为3520平方米。整个检测线采用全数字通讯，全自动联网，微机终端管理控制及存储系统。检测数据和结果自动采集、打印，避免检测结果受人为因素干扰。其中大灯检测仪采用了国际先进的比利时SAM1000，不仅能高精度测量远近光参数，而且可以跟踪灯的调整，直到测出合格数据。

淋雨室是宇通人为检测成品车的密封性能而特别设计的，长达25分钟的喷淋检测，使宇通客车接受了最后一道科技洗礼。

宇通公司作为全国首家上市的大客车生产企业，4年来，发生了巨大变化。目前宇通达到了8000辆整车和4000辆客车专用底盘的年生产能力。宇通公司现有总资产14.26亿元，净资产8.68亿元。2000年，整车及底盘产量9155辆,总销量8896辆。主营收入12.1亿元,利润总额1.0539亿元。宇通公司客车产销量达到同行业第二位,销售收入列第二位,利润总额列第一位。其中:中型客车产销量约占全行业的25%。现有正式员工2010人,其中大中专以上学历530人,占公司全体职工的26.5%,从事技术开发的人员达200人。被中国工商银行、中国企业形象认定委员会认定为AAA级企业。

第五篇　道路运输管理

按《河南省道路运输条例》规定，县级以上人民政府的交通行政主管部门主管本行政区域内道路运输事业。县级以上交通行政主管部门的道路运政机构，具体履行道路旅客运输、货物运输、搬运装卸、运输辅助业等业务方面的管理。通过价格的制定，规费的征收，票证的发放等手段的具体施行，对运输市场进行全面有效的管理。随着社会发展的需要，道路运政管理机构管理职能正由管理型向管理服务型进行着转变，以给经营业户的发展提供更大的便利。

第一章　组 织 机 构

郑州市交通行政主管部门与运政管理机构，是随着郑州市道路运输市场的发展而发展完善起来的。通过剖析郑州市交通行政主管部门和运政管理机构的历史沿革与结构状况，也可反映郑州市运输市场几十年来的发展状况。

第一节　市交通行政管理部门

1954 年前，我国地市级政府没有专设交通管理机构。郑州市人民政府设交通管理机构——交通处始于 1954 年 9 月，这是郑州市最早的交通行政管理机构。

1957 年 7 月,市交通处与市搬运公司合署办公,直到1958 年 3 月,两单位合并成立市交通局。局机关编制 52 人,设秘书室、人保科、行政科、总调度室和运输结算委员会,下属汽车队,汽车修配厂,公共汽车公司,搬运一、二、三站,架子车合作社和三轮车合作社。

1958 年 12 月,原开封专区的荥阳、巩县、登封、密县和新郑等 5 县划归郑州市领导(国务院 1961 年 12 月 19 日批准,由郑州市人民委员会领导的巩县、荥阳、密县、登封、新郑 5 县交由开封专员公署领导),原市公路管理分段合并于市交通局,设公路航运科,1959 年 8 月又在原公路管理分段的基础上建立工程队和公路专线养护队。

1960 年 1 月,市交通局机关增设群运科,公共汽车公司移交城市建设局。同年 6 月局机关总调度室和运输结算委员会扩编为企业单位。同年 8 月,局机关行政科改为劳动工资科,公路航运科改为路政科,公路专线养护队合并于工程队。

1961 年 12 月,原由开封专区划归郑州市领导的西 5 县又归回开封专署领导后,市交通局机关也相应作了调整,设秘书室、财供科、人事科、技安科和计统科,下属单位有:公路管理段、汽车修配厂和市搬运公司。1962 年 7 月,公路管理段改为省公路管理局直属段。

1964 年 11 月,建立市交通局工会,总调度室改为交通局计划运输办公室。局机关设办公室、组干科、宣传科、保卫科、工会、劳动工资科、路政科、计划运输办公室。1965 年市交通局与市搬运公司再度合并,对外保留搬运公司名义。局机关编制 84 人,增设秘书室、计划统计科、财供科、技术安全科、民间运输科和人事科，保留市搬运公司监察委员会。1966年6月又恢复市运输总调度室建制。

"文化大革命"期间，市交通局机关受到冲击。1968年4月建立市交通局革命领导小组，同年8月大多数干部被精减下放，市革命委员会工交组兼理交通事宜，直到1972年5月才恢复办公，称市革委交通局，设政工和生产组，编制20人，到年末下属单位有：郑州公路运输公司、郑州客车修配厂、郑州汽车配件公司、市交通运输公司（即搬运公司）、交通部汽车运输第五分公司、公路管理段、市邮政局、市电信局、邮电部设计院和邮电部第四工程公司，以及荥阳县交通邮电系统。

1979年市交通行政管理机构逐步恢复，1980年市革委交通局改称市交通局，局机关设办公室、组干科、宣传教育科、计划统计科、财务供应科、技术安全科、劳动工资科、工业生产科和路政科，1981年增设纪律检查科。下属单位有：郑州公路管理段、郑州客车修配厂、市汽车配件公司、市第一、二、三交通运输公司、市出租汽车公司、市交通技工学校等单位。

1983年，登封、巩县、密县、新郑和中牟等5县由开封地区划归郑州市领导（荥阳县1972年已划归郑州市领导），市交通局机关行政编制定为45人，设办公室、财务科、路政科、技术安全科、劳动人事科、计划生产科、老干部服务科和组织宣传科、纪律检查委员会等9个科室，另设有群团组织工会、团委等。下属单位有：市公路管理总段、市公路运输管理办公室等二级管理机构。

1990年，市交通局机关设办公室、监察室、纪律检查委员会、劳动人事科、组织宣传科、计划生产科、财务科、技术安全科、路政科、老干部科和航务科。下属单位有：交通运输管理处、公路管理总段、高等级公路管理处、港航监督所、交通技工学校、市客运服务中心、郑州汽车客运公司、郑州客车厂、郑州市配件公司、郑州市第一、二、三交通运输公司、市出租汽车公司、市公路建设重点工程管理处，市机动车修配处等。

1996年7月9日，根据郑政办（1996）45号文通知，市交通局内设机构调整为：办公室、计划处、财务处、工程管理处、运输处、技术安全处、交通规费征稽处、人事劳动处、组织宣传处、老干部处、纪检（监察）室11个职能处室。所属事业单位有：郑州市公路总段、郑州市地方公路管理处、郑州市高等级公路管理处、郑州市公路重点工程管理处、郑州市公路工程质量监督站、郑州市公路建设工程指挥部（挂靠交通局）、郑州市车购费征收办公室、郑州市交通运输管理处、郑州市机动车维修管理处、郑州市汽车客运服务中心、郑州市汽车驾校培训管理处、郑州市港航监督所、郑州市交通技工学校、郑州市公路运输管理干部培训中心、市交通局劳动服务公司、郑州市第一驾校。所属企业有：郑州汽车客运总公司、郑州联开运输总公司、郑州宇通客车股份有限公司、郑州市汽车配件公司、郑州市第一、二、三交通运输公司、郑州市出租汽车公司、郑州市汽车货运中心站、郑州汽车客运总站等。同年，根据郑编（1996）48号文批准，设立了市驾驶员培训学校管理处，属局二级机构，正科级事业单位，经费由管理费中列支。详细情况见表5-1。

郑州市交通局历任领导名录　　表 5-1

年　份	机构名称	领导人名录	任免职时间	备　注
1954 年	郑州市运输计划委员会	主任委员:叶枫	2 月任	
1955 年至 1958 年 4 月	郑州市人民政府交通处	处长:郭铁耕	3 月任	
1958 年至 1968 年 1 月	郑州市交通局	局长:苑广太	5 月任	1958 年至 1962 年为副局长
1968 年	郑州市交通局革命领导小组	组长:张奉尧	4 ~ 7 月	
1968 年	郑州市交通局革命委员会	主任:张奉尧	7 ~ 8 月	
1972 年至 1978 年 3 月	郑州市革命委员会交通局	局长:范广太	6 月任	
1979 年至 1983 年 9 月	郑州市革命委员会交通局	局长、党组书记:王学文		
1983 年 10 月		局长、党委书记:吉元望 副局长:柳荣三、姜维礼		

续上表

年　份	机构名称	领导人名录	任免职时间	备　注
1984 年	市交通局	局长、党委书记:吉元望		
		副局长:柳荣三、姜维礼		
		副书记:李方正		
1985 年	市交通局	局长、党委书记:吉元望		
		副书记:李方正	7 月改任调研员	
		副书记:王瑞文	7 月任	
		副局长:柳荣三		
		副局长:姜维礼		
		纪委书记:朱允成	12 月任	
		调研员:张元喜		
		调研员:杜荣森		
1986 年	市交通局	局长、党委书记:吉元望		
		副书记:王瑞文		
		副局长:柳荣三		
		副局长:姜维礼		
		纪委书记:朱允成		
1986 年	市交通局	调研员:张元喜		
		调研员:杜荣森		
		调研员:李方正		
1987 年	市交通局	局长、党委书记:吉元望		
		副书记:王瑞文		
		副局长:柳荣三		
		副局长:姜维礼		
		纪委书记:朱允成		
		调研员:张元喜		
		调研员:杜荣森		
		调研员:李方正		

续上表

年　份	机构名称	领导人名录	任免职时间	备　注
1988 年	市交通局	局长、党委书记:吉元望		
		副书记:王瑞文		
		副局长:柳荣三		
		副局长:姜维礼		
		纪委书记:朱允成		
		调研员:张元喜		
		调研员:杜荣森		
		调研员:李方正		
1989 年	市交通局	局长、党委书记:吉元望		
		副书记:王瑞文		
		副局长:柳荣三		
		副局长:姜维礼		
		纪委书记:朱允成	11 月任监察室主任	
		调研员:张元喜		
		调研员:杜荣森		
		调研员:李方正		
1990 年	市交通局	局长、党委书记:吉元望		
		副书记:王瑞文		
		副局长:柳荣三		
		副局长:姜维礼		
		纪委书记:朱允成		
		调研员:张元喜		
		调研员:杜荣森		
		调研员:李方正		

续上表

年　份	机构名称	领导人名录	任免职时间	备　注
1991 年	市交通局	局长、党委书记:吉元望		
		副书记:王瑞文		
		副局长:柳荣三		
		副局长:姜维礼		
		纪委书记:朱允成		
		调研员:张元喜		
		调研员:杜荣森		
		调研员:李方正		
1992 年	市交通局	局长、党委书记:吉元望		
		副书记:王瑞文		
		副局长:柳荣三		
		副局长:姜维礼		
		纪委书记:朱允成		
		调研员:张元喜	3 月离休	
		调研员:杜荣森	3 月离休	
		调研员:李方正		
1993 年	市交通局	局长、党委书记:杨俊之		
		副书记:王瑞文		
		副局长:柳荣三		
		副局长:姜维礼		
		纪委书记:朱允成		
		监察室主任:朱允成		
		调研员:李方正		

续上表

年份	机构名称	领导人名录	任免职时间	备注
1994年	市交通局	局长、党委书记:杨俊之		
1994年	市交通局	副书记:王瑞文	8月到龄离职	
1994年	市交通局	副书记、纪委书记:张桂花	8月任	
1994年	市交通局	副局长:柳荣三		
1994年	市交通局	副局长:姜维礼		
1994年	市交通局	纪委书记:朱允成		
1994年	市交通局	监察室主任:朱允成	8月到龄离职	
1994年	市交通局	调研员:李方正	8月退休	
1995年	市交通局	局长、党委书记:杨俊之		
1995年	市交通局	副书记、纪委书记:张桂花		
1995年	市交通局	副局长:柳荣三		
1995年	市交通局	副局长:姜维礼		
1995年	市交通局	副局长:冉纲才	11月任	
1995年	市交通局	总工程师:尚相三	11月任	
1996年	市交通局	局长、党委书记:杨俊之		
1996年	市交通局	副书记、纪委书记:张桂花		
1996年	市交通局	副局长:柳荣三		
1996年	市交通局	副局长:姜维礼		
1996年	市交通局	副局长:冉纲才		
1996年	市交通局	总工程师:尚相三		

续上表

年份	机构名称	领导人名录	任免职时间	备注
1997年	市交通局	局长、党委书记:杨俊之	1月免	
		局长、党委书记:于新长	1月任	
		副书记、副局长:张桂花	5月任副局长	
			5月免监察室主任	
		副局长:柳荣三		
		副局长:姜维礼	5月免	
		副局长:王水洲	5月任	
		副局长:邓建平	7月任	
		副局长:冉纲才		
		监察室主任:周晨	5月任	
		总工程师:尚相三		
		副局长:常宗贤	11月任	
1998年	市交通局	党委书记、局长:于新长		
		副书记、副局长:张桂花		
		副局长:柳荣三		
		副局长:冉刚才		
		副局长:王水洲		
		副局长:邓建平		
		副局长:常宗贤	10月免	
		监察室主任: 纪委书记:周晨		
		总工程师:尚相三		

续上表

年 份	机构名称	领导人名录	任免职时间	备 注
1999 年	市交通局	党委书记、局长:于新长		
		副书记、副局长:张桂花		
		副局长:冉刚才		
		副局长:王水洲		
		副局长:邓建平		
		副局长:任 灿	8 月任	
		监察室主任: 纪 委 书 记:周晨		
		总工程师:尚相三		
		调研员:柳荣三	7 月任	
		调研员:李继亭	7 月任	
2000 年	市交通局	党委书记、局长:于新长		
		副书记、副局长:张桂花		
		副局长:冉刚才		
		副局长:王水洲		
		副局长:邓建平		
		副局长:任 灿		
		监察室主任: 纪 委 书 记:周晨		
		总工程师:尚相三		
		调研员:柳荣三		
		调研员:李继亭		

第二节　市道路运政管理机构

担负公路运输管理职能任务的郑州市交通运输管理处，其前身是市交通局总调度室，后来列编为事业单位，改称郑州市公路运输管理办公室。1989 年 1 月 14 日扩编后开始使用“郑州市交通运输管理处”名称，担负着公路客、货运输、搬运装卸和运输服务业等行业管理任务，隶属市交通局领导，业务上归省交通厅指导。其主要职能是贯彻国家道路运输方针、政策和法规，制定行业发展规划，加强运输市场管理，保障客货运输秩序，自 1989 年运管处调整内设机构以来，特别是近年间，运管处加强基础工作管理，强化服务意识，注重加强道路运输市场体系建设，不断深化客货运市场治理整顿，团结奋进、积极开拓，逐步建立起了一支团结、拼搏、稳定、进取的干部职工队伍，为郑州道路运输经济的发展做出了积极贡献。连续多年被市政府和省交通厅评为交通运输管理先进单位。

一、发挥管理与服务职能，努力建设和培育运输市场

市运管处十分重视抓好向道路运输经营者宣传国家运输方针政策与法规，取得经营者的理解和支持。1995 年，市运管处与《郑州晚报》联办“运输法规与运输秩序整顿”宣传专栏，长达 7 个月。撰写的宣传交通运输市场的稿件，在《郑州晚报》经济新闻头条大赛中获优秀奖；市交通局与河南电视台联合举办，运管处承办的《七彩虹》综艺颁奖晚会，以宣传《河南省道路运输条例》，加强运输管理工作为主题，获得圆满成功，在河

南省交通系统引起轰动，受到社会各界好评。

在车辆管理上，采取“先审批，后购车”措施，从总体上把握运力投放与车辆结构优化，保障运输市场的良性发展。对非法站点依法取缔，严厉打击“黑车”、“野车”、倒客、甩客、非法揽客等违规行为。仅1999年，共查处违章营运车辆1397台次，补缴规费15.4万元，受理社会投诉36起，全部依法查处结案。2000年郑州市客运市场秩序取得明显好转，火车站地区客运汽车再次实行分流，压车限班、定线营运等措施，混乱现象有效改观。

在货运市场，积极开展货运中介组织清理整顿工作，引导货源入市公开、公平交易，推行合同运输。突出厢货运输治理，组织规模经营。同时配合城市创建工作，明确规定市内107国道以西，西环路以东，航海路以北，北环路以南所有道路营运货车不得占道经营；所有营运车辆必须进入市交通行政主管部门批准的10个货运交易市场从事车货交易。

多方筹措资金建立运输信息服务中心，注重宏观调控手段，加强运输服务市场管理。同时强化服务职能，为经营者提供便利。隶属市运管处，位于航海中路的郑州公路主枢纽信息中心的建成，将为广大车主、货主和中介服务机构提供一个开放式信息平台，使社会货运信息能在更大范围内得到共享，在最短的时间内得到公开有序的交易。

庞大的郑州道路运输市场，在管理部门及运输战线广大职工的努力下，取得了良好的社会和经济效益。据统计：1999年完成货运量5145万吨，货运周转量

380343 万吨公里。2000 年完成客运量 4111.17 万人次，客运周转量 152872.23 万人公里；货运量 5258.19 万吨公里，货运周转量 288024.66 万吨公里。完成客票附加费 1908 万元，货运附加费 2912 万元，运管费 2549 万元。

二、郑州市道路运输管理机构的沿革

郑州市最早的交通运输管理机构，是 1957 年 10 月建立的郑州市运输调度室，隶属于人民政府交通处，这是计划经济时期的早期运输管理机构。1960 年 6 月，总调度室改为企业机构，定员 24 人。在国民经济处于低潮时期的 1961 年，总调度室曾被撤销。1962 年 4 月，为加强铁路东站的进出物资的调运，设立总调度室东区调度室，为总调派出办事机构。1963 年 5 月，为加强运输市场管理，实行统一调度、统一结算费用、统一分配货源的管理，对全市运输货源承揽，将车辆调度、运费结算等统归市总调度室管理，并在市内中原、二七、管城三区分别增设了调度组，归总调度室直接领导。1964 年 12 月，总调度室改名为郑州市交通局计划运输办公室，编制 14 人，1966 年又恢复原来机构名称，列为事业单位，经费从运管费中列支。同年，“文化大革命”开始，各级党政机关受到冲击，工作难以开展，郑州市交通局于 1968 年 8 月宣布撤销，随之，总调度室自行停办业务，所属业务范围由郑州市交通局运输公司代为办理。

1969 年 2 月，市革委会生产指挥部设立了市联合运输办公室，由市交通运输公司、铁路分局、市公共汽车公司、长途客车站、银行等单位派人参加组成，市联办下设：东区、西区、北区、上街区四个分区联办，原市运输总调度室人员参与市联办业务活动。1978 年 11 月，市运输总调度室恢复建制，内设运输计划组、业务调度组、市场管理组、财务结算组和办公室，人员编制 140 人，隶属交通局领导（市联合运输办公室于 1979 年 2 月撤销）。总调度室办公地点在市委北院，1979 年 7 月迁至二马路 70 号办公。

1979 年以后，交通出现了从未有过的大好形势。为适应新形势的发展，郑州市运输总调度室于 1984 年 7 月 18 日改称郑州市公路运输管理办公室，隶属交通局领导。运管办内设秘书科、计划调度科、民间运输管理科、运输市场管理科、财务科，编制定员为 104 人。同年 12 月，办公地点由二马路迁至伊河路 78 号。随着民间运输的异军突起，客运市场和货运市场的管理得到了应有的重视，分别于 1985 年 7 月增设和改设了客运科及货运科，郑州市公路运输管理办公室机构沿革示意如表 5-2 所示。1992 年后，运输管理的“计划”管理行为渐渐淡化，运输市场和行业管理更多的是依靠法律和经济手段进行协调、指导、服务和监督，更多地让市场机制在客、货运输，搬运装卸、信息服务业管理中发挥作用。

为了适应社会道路运输的发展，1989 年 1 月 14 日，郑州市编制委员会批准，同意郑州市公路运输管理办公室更名为郑州市交通运输管理处，事业编制核定为 120 人，经费从运输管理费中由市预算外按标准核定列支，行政隶属交通局领导，业务上归省交通厅指导，内设办公室、统计科、客运科、出租汽车管理科、货运科、民

郑州市公路运输管理办公室机构沿革示意　　表 5-2

郑州市公路运输管理办公室

1985

内设机构　　　　辖属单位

办财市客货民汽东西北
　　　　　　　区区区
公务管运运运修调调调
　　　　　　　度度度
室科科科科科科室室室

中巩登新密荥上中二金金管郊新
牟　封郑县阳街原七水海城　密
县县县县运县区区区区区区区区
运运运运运运运运运运运运运运
管管管管管管管管管管管管管管
所所所所所所所所所所所所所所

郑州市运输总调度室

1978 年 11 月

办事组、财务组、市管组、计划组、调度组、东区调度室、西区调度、北区调度室、上街区调度室

郑州市联合运输办公室

1969 年 2 月

由铁路、公交、搬运、银行

内部机构设置

东区联办、西区联办、北区联办、上街区联办

郑州市总调度室

1966 年 6 月

郑州市交通局计划运输办公室

1964 年 12 月

郑州市运输总调度室

1958 年 5 月

内　设

中原区调度组、二七区调度组、管城区调度组

运科、财务科、市场管理科；下属五个副科级单位，即：市货运信息服务中心，市运政管理稽查队，市东区运管所，市西区运管所，市北区运管所。1989年3月办公地点由伊河路78号迁入工人路165号院。

1993年11月份，根据市委组织部“事业单位可以参照企业化管理”的有关文件精神，经市交通局批准，运管处对全处职工实行聘任制，调整了处内科室设置，把信息服务中心合并到货运科，同时，增设了南区运管所。

1996年元月，郑编（1996）2号文批复，市运管处撤销出租汽车管理科、民运科、统计科和市货运信息服务中心，设立政工科、培训科、行政科、南区运管所。

1998年9月，郑编（1998）23号文重新对运管处编制进行了核定，编制120人，副县级规格，内设：办公室、财务科、货运科、客运科、统计培训科、运输服务业管理科、政策法规科等七个科室，及市运政管理稽查队，东区、西区、南区、北区运输管理所五个下属单位。为了改革运输业务办证程序，运管处于1998年4月设立了证照室。同年6月，根据郑州市厢货车辆管理的需要，又设立了厢货办公室。这两个部门为临时性业务工作部门，运管处所属人员工作经费仍从公路运输管理费中列支。

郑州市公路运输管理机构还有郑州市机动车修配管理处和郑州市驾驶员培训学校管理处，郑州市交通运输管理处下属业务组织示意如表5-3所示。机动车修配管理处成立于1989年4月17日，事业编制，定编20人，1998年9月内设科室由“三科一室”改为“四科一室”，

即：资格审查科、维修质量管理科、车辆技术管理科、

郑州市交通运输管理处下属业务组织示意 表5-3

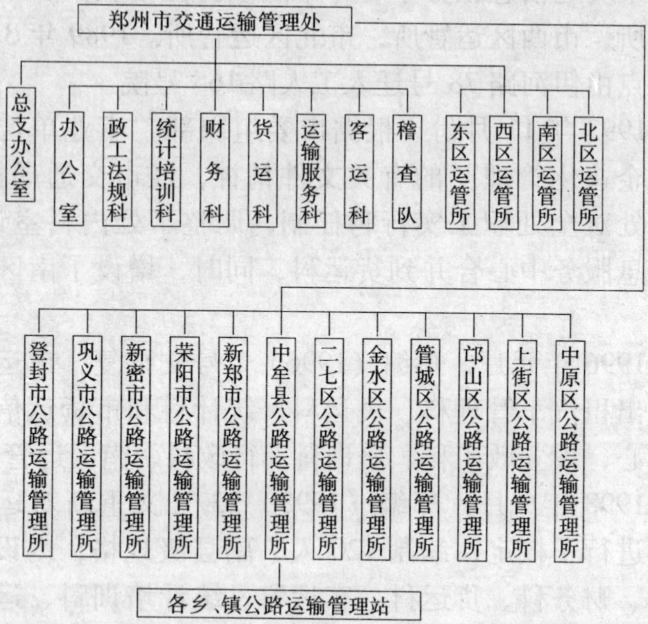

市场管理科和办公室，后又增设了行政执行室和政教科。驾校管理处成立于1996年8月，事业单位，定编8人，内设业务一科，业务二科、稽查科、培训科和办公室。

三、加强运管队伍建设，提高行业管理水平

建立一支高素质的运管干部、职工队伍，是运管工作得以圆满完成的根本保证，同时也是运管基础工作的核心。为此市运管处重视对干部、职工进行思想政治教育，坚持不懈地开展马列主义、毛泽东思想、邓小平理论等政治理论学习，开展以“三讲”教育、“三个代表”为中心内容的党性、党风、廉政建设教育活动，努力做

到“用科学理论武装人、用正确舆论引导人、用优秀作品鼓舞人”，使运管干部、职工树立起正确的世界观、人生观和价值观，强化“为人民服务”的宗旨意识，奠定了搞好运输管理工作的思想基础。

市运管处为了提高政治学习实效，采取了灵活多样，积极有效的学习形式。他们组织全处党员重温入党誓词，瞻仰烈士纪念馆，陶冶革命情操；组织运管干部参观省内重点建设工程和交通工业先进典型，增进改革创新思想观念；组织全处向特困职工、革命老区、洪涝灾区募捐献爱心活动，提高职工互助友爱、无私奉献的道德风尚，等等。通过这些朴实生动的教育，全处干部、职工的思想境界得以不断提升。

为了提高队伍工作效率，市运管处大胆改革人事管理制度。1993 年率先在郑州市交通系统事业单位中实行中层干部聘任制，职工实行双向选择，当年有 20 名同志通过竞选被聘为中层干部，有 4 名同志在原岗位上落聘。各岗位实现了优化组合，大大提高了全员的工作积极性。

1999 年，再次实行“中层干部竞争上岗，全员双向选择”，通过“公开、公正、公平”竞争，一批德才兼备，有较高威信的干部脱颖而出，走上了中层干部岗位。2000 年 9 月，处里又推出了“定岗、定员、定编，动态轮岗、充实一线”的办法，精简科室人员，充实到市场监管一线上去。通过一系列内部人事制度改革，全处上下形成了奋发向上，比工作、讲贡献的良好竞争氛围。

提高运管队伍的业务素质和职业道德，是保证运管工作得以顺利开展，圆满完成的关键。对运管干部、职工进行法律、法规培训是提高整体队伍素质的重要内容。1991 年对全处业务骨干进行了行政诉讼法和业务知识培训，培训面达 60%；1996 年组织全市 1000 余名运管人员参加“河南省道路运输条例知识竞赛”；1998 年和 2000 年又分别组织进行了“交通行政执法”和“新时期运输管理”的全员培训。通过培训提高了运管人员的业务能力，增强了执法人员的执法水平。

“公生明、廉生威”，反腐倡廉是国家的一件大事，也是市运管处平时注重的一件大事，制定健全的内部规章制度是廉政建设的一项重要内容。运管处相继制订和修订了包括部门、岗位职责、行政、财务管理及办事程序等系列规章制度，并对外透明化，促进内部管理制度化、规范化。

郑州市运管机构历任领导人员名录：

郑州市运输总调度室(1958 年 5 月～1960 年 3 月)

主　任：尹春甫 1958 年 5 月～1960 年 3 月

副主任：张祖武 1958 年 5 月～1960 年 3 月

付清洲 1958 年 5 月～1960 年 3 月

朱广运 1959 年 10 月～1960 年 3 月

许盘铭 1959 年 10 月～1960 年 3 月

郑州市运输总调度室(1960 年 3 月～1964 年 12 月)

主　任：付清洲 1960 年 3 月～1964 年 12 月

副主任：张祖武 1960 年 3 月～1964 年 12 月

朱广运 1960 年 3 月～1964 年 12 月

许盘铭 1960 年 3 月～1964 年 12 月

郑州市交通局计划运输办公室(1964 年 12 月～1966 年 6

月）

主　任：付清洲 1964 年 12 月～1966 年 6 月

副主任：张祖武 1964 年 12 月～1966 年 6 月）

朱广运 1964 年 12 月～1966 年 6 月

许盘铭 1964 年 12 月～1966 年 6 月

1968 年 9 月起，总调度室党、政组织活动中断，全部工作由市交通运输公司办理，至 1978 年 11 月重新恢复总调度室。

主　任：尹春甫（副局长兼）（1979 年 11 月～1984 年 7 月）

副主任：孙保成 1978 年 11 月～1984 年 7 月

侯　治 1978 年 11 月～1982 年 5 月

司青山 1978 年 11 月～1982 年 5 月

关启贤 1978 年 11 月～1984 年 7 月

李金山 1982 年 10 月～1984 年 7 月

裴兴礼 1982 年 11 月～1984 年 7 月

河南省郑州市公路运输管理办公室（1984 年 7 月～1985 年 9 月）

主　任：　　　　（缺）

副主任：马保全 1984 年 3 月～1985 年 9 月

芦鸿富 1984 年 7 月～1985 年 9 月

协理员：孙保成 1984 年 3 月～1985 年 9 月

调研员：裴兴礼 1985 年 1 月～1985 年 9 月

郑州市公路运输办公室（1985 年 9 月～1989 年 4 月）

主　任：马保全

书　记：李金胜

副书记：郝占元

副主任：芦鸿富

调研员：裴兴礼

郑州市交通运输管理处:(1989年~1995年)

处　长：马保全 1989年4月~1995年8月

书　记：李金胜

副处长：郝占元 1989年4月~1995年8月

黄则孔 1989年4月~1993年12月

调研员：裴兴礼 1989年4月~1990年

郑州市交通运输管理处(1995年~1998年)

处　长：马保全 1995年8月~1998年2月

书　记：姚明辉 1995年2月~1998上2月

副处长：郝占元 1995年8月~1998年2月

李明光 1995年8月~1998年2月

任卫东 1995年8月~1998年2月

调研员：李金胜 1995.1~退休

郑学忠 1995年8月任正县职—退休

郑州市交通运输管理处(1998年~2000年)

处　长：姚明辉 1998年2月任职

书　记：杜广建 1998年2月~1999年5月

杨晓琴 1999年5月任

副处长：郝占元

李明光 1998年2月~1998年5月

任卫东

娄和新 1998年4月任

调研员：马保全 1998年2月任

郑州市机动车修配管理处历任领导人员名录：

处　长：卢鸿富 1989年3月~1995年9月

书　记：张述方 1989 年 3 月～1995 年 9 月

处　长：张延峰 1995 年 9 月～1998 年 4 月

书　记：吴桂海 1995 年 9 月～1998 年 4 月

副处长：白保民 1995 年 8 月～1998 年 4 月

处　长：李明光 1998 年 4 月～今

书　记：屈国良 1998 年 4 月～今

副处长：白保民 1998 年 4 月～今

副处长：王保国 2001 年 5 月～今

副处长：薛河川 2001 年 5 月～今

副处长：徐建伟 2001 年 5 月～今

郑州市汽车驾驶学校管理处领导名录：

处长：王志宏 1997 年 9 月～2001 年 8 月

书记：刘新枝 1998 年 4 月～2001 年 8 月

副处长：王　涛 1999 年 10 月～2001 年 8 月

处　长：王保定 2001 年 8 月任职

书　记：蒋光海 2001 年 8 月任职

说明：驾驶学校管理处成立于 1996 年 8 月，至 1997 年 9 月由市交通局技安处代为管理；2001 年 12 月合并于郑州市运管处，其正职领导担任运管处副处职。

第三节　交通战备组织

郑州地处中原腹地，公路、铁路航运都非常发达，是全国重要的交通枢纽，战略地位十分重要，一旦发生战争是敌人袭击的重点目标。为保证战时道路畅通和军事与民用重要物资与人员的输送，完成有关交通战备任务，根据上级交通战备指示，于 1990 年成立了“郑州市交通战备指挥部”，指挥长由主管市长担任，分设铁路通信和道路交通战备指挥部，道路交通战备指挥部设在交通局。指挥部下设办公室，市运管处负责战备办公室日常工作，具体工作由市运管处负责。交通战备指挥部主要职责是:按照"全面规划、突出重点、平战结合、着眼未来"的原则,制定全市公路交通战备建设规划,并提出贯彻实施意见,根据上级作战意图,制定和修改全市公路、水路战时交通和内部通信保障计划,督促并协助有关部门编制和修改重点线路、重点目标保障方案;指导和督促下属团队和有关部门加强公路交通战备专业队伍建设,积极开展专业训练,有计划地结合生产进行战备演练,并在平时抢险救灾中发挥其作用;组织开展公路交通战备科研和学术研究活动,探讨平战结合交通战备方法和途径,提高战时公路交通综合保障能力;抓好交通战备工作正规化建设,逐步实现基础工作建设档案化、系列化、标准化和检索手段的现代化;拟制和下达年度工作计划,及时进行工作报告,推广经验,表彰先进。

指挥部办公室制定了严格的规章制度:办公室资料管理制度,包括办公室资料要有专人负责管理,文件资料要严格收发登记、及时传阅、收缴、定期装订存档。外来人员未经许可不得入内。不准在室内会客、吸烟等等;工作计划与总结制度,包括年度工作计划与总结,半年工作计划与总结,季度工作计划与总结;保密制度,包括严格遵守国家和军队颁发的各项保密制度和规定,重视保密工作,做好经常性的保密教育和检查工作,外来人员借阅文件资料需经领导批准,并及时收缴。秘密以上文件一般不得复印,特殊情况需经领导批准,每半年对文件资料保管进行一次检查;会议制度,指挥长办公室会议每年召开一次。工作会议每半年召开一次,特殊情况及时召开。交通战备座谈会每两年召开一次。另外还有:请示报告制度、战备值班制度、计算机(室)管理制度。

交通战备指挥部制定了“战时疏散输送保障方案”，具体运输由一、二、三、四、五团和工程团、汽修团负责，并配备有相应的油料保障、后勤补给和疏运时的组织指挥系统。各运输团队原则上依交通部门平时成建制的各运输企业组成。

根据河南省预备役高炮师组建与建设的需要，郑州市运管处部分人员兼职预备役高炮师装备部机关编内干部、战士职务。姚明辉为装备部政治协理员，郝占元为工程师，马亚超为战备参谋。同时，高炮师在运管处成立了一个在编的装备连，连部设在运管处办公楼五楼，连部专用房3间，按照正规部队连队要求建立了值班室、器材室等，制定了有关规章制度，王长海为指导员，王玉彬为连长。2000年通过了预备役部队首长验收。

近年来，预备役部队组织了多次军事集训，提高军事技能。一是在现役军官指导下，把连队拉到荥阳运管干部培训基地进行了强化军事集训，二是积极参加了预备役师统一组织的军官集训，重点训练科目有：队列、实弹射击、防空演练等内容。在集训中，郝占元取得了参训干部实弹射击第一名的成绩，姚明辉被评为参训先进个人。

受预备役部队首长委托运管处结合行业管理实际，对全市运输车辆战时征用进行了可行性调研，并制定了相应的征集预案。

第二章　县(市)、区道路运政管理机构

第一节　巩义市运政机构发展

一、巩义市交通运输管理所概况

巩义市交通运输管理所担负着该市客运、货运、航运、汽车修理行业管理和车辆运输管理费、附加费的征收等任务。下设货运科、客运科、出租科、汽修科、稽查科、港航监督管理站、财务科、办公室以及巩义市机动车检测站和交通宾馆。

巩义运管所自成立以来,充分发挥管理、监督、协调、服务的职能作用,对辖区内 3000 余辆货车和 400 余辆客车建立了台账档案,加强源泉管理,严把年度审验关,有效地堵住偷漏规费现象,2000 年征收运管费 700 余万元。

在运输管理方面,按照上级有关法规,加强行业管理,先后对客运市场、货运市场、机动车修理市场、出租车市场和航运市场进行整顿,形成了布局合理,运转有序的运输网络,使运输市场形成了旅客流动快速安全,物资输送畅通方便的良好局面。

近年来,巩义运管所先后五次在市交通系统中被评为“先进单位”、“先进党支部”,1992 年获巩义市“文明单位”称号,1996 年 2 月荣获郑州市“文明单位”称号。

二、运政组织发展沿革

1950 年 4 月,巩县政府成立了建勤科,1955 年 12 月 30 日,巩县人民委员会成立交通科,1959 年 10 月 4 日撤销交通科,成立交通局。1969 年 11 月即“文革”后的第三年,成立巩县革命委员会联合运输领导小组,由铁路、公路、航运站、搬运公司、银行 5 家组成,白振国任组长,张景学任副组长兼办公室主任,常子明、赵顺清、蔡文清、李新久为成员,原交通局组织被撤销。

1983 年 4 月,曹孟怀任交通局局长、局党委书记。同年 10 月,整顿和健全了各乡镇交通运输管理站,并配齐了站长、会计和3至8名职工。18个乡镇共达70人，并实行统一着装上路值勤。职责是负责本乡、镇范围内的公路建设，运输市场管理，代收本乡、镇机动车辆的养路费和营运车辆管理费。

1984年4月3日，原由5家单位组成的联合运输管理办公室被撤销，在原基础上成立了巩县公路运输管理所，郭延瑞为运管所所长，管理人员发展到153人，其主要职能是对客、货运市场、修理、搬运装卸、航运码头市场进行管理；为国营、集体、个体营运单位提供政策咨询和运输信息，以及对全县18个乡、镇交管站进行管理该所历任领导名录如下：

巩义市交通运输管理所历任领导人员名录：

所　长：郭延瑞 1984年2月~1986年5月

所　长：任元忠 1986年6月~1989年11月

所　长：李文超 1989年12月~1995年1月

所　长：禹元朝 1995年1月~

副所长：徐新平 1990年10月~1999年10月

副所长：姚斌卿 1991年9月~1992年4月

副所长：韩喜乐 1992年4月~1996年4月

副所长：姚春富 1993年9月~

副所长：禹元朝 1994年11月~1995年1月

副所长：常高明 1997年5月~

副所长：刘绪卿 1998年1月~

副所长：李建辉 2000年10月~

所长助理：周振宪 1999年7月~

书　记：郭延瑞 1984年2月~1985年5月

书　记：雷文贵 1985年6月~1987年6月

书　记：杨金章 1987 年 7 月～1989 年 12 月

书　记：李文超 1990 年 1 月～1995 年 1 月

书　记：王志达 1995 年 1 月～

副书记：姚斌卿 1989 年 12 月～1992 年 4 月

副书记：常高明 1 994 年 11 月～1997 年 5 月

副书记：禹元朝 1995 年 5 月～

第二节　登封市运政机构发展

一、运政机构建立

从新中国建立到 1956 年，登封的交通运输与水利、邮电统归县人民政府实业科（后改为建设科）负责管理，1956 年，正式设立县人民政府交通科。1958 年撤销交通科成立交通局。1959 年 11 月，县交通局成立运输管理办公室，由民运办公室管理。1971 年，成立县联运办公室，民运办公室纳入联运办公室。1984 年元月，将 1979 年分开的民运、联运合并成立公路运输管理所。其主要职能是对客、货运输、修理、搬运装卸等市场进行管理，为国营或个体运营单位提供政策咨询和运输信息。

二、交通运输管理站发展

1963 年 7 月，为加强运输市场管理，交通局在城关、大金店、卢店、君召等地建立四个交通运输管理站。管理站受当地公社和交通局双重领导。1965 年撤销君召交管站，成立告成交管站。1971 年县联运办公室成立，管理站改名联运站。同年 10 月建成大冶联运站。1972 年先后建立颖阳、君召、石道、东金店、王村、唐庄、徐庄等七个联运站。1973 年，《河南省农村交通运输管理站工作条例》（修正草案）贯彻后，联运站改名为交通运输管理站，1977

年建立送表、白坪两个交管站，至此，全县 14 个公社全部建立了交管站。1989 年底运管所财务独立后，扩大了编制，先后增加了 12 个股室。1998 年，根据实际情况将原有的 14 个交管站缩减到 10 个，分别为：城关、大冶、告成、徐庄、王村、卢店、东金店、大金店、送表、颖阳。

登封市运管所历任领导人员名录如下：

所　长：郑崇阳 1984 年～1986 年

所　长：王光武 1987 年～1988 年

所　长：李新年 1989 年～1993 年 7 月

所　长：屈秀珍 1993 年 7 月～1996 年

所　长：王中奎 1997 年～1998 年 6 月

所　长：李振乾 1998 年～

副所长：杨松茂 1984 年～1986 年

副所长：刘现荣 1989 年～1993 年 7 月

副所长：王中奎 1989 年～1993 年 7 月

副所长：王中奎 1993 年 7 月～1996 年

副所长：彭灵群 1993 年 7 月～1996 年

副所长：孙建忠 1993 年 7 月～1996 年

副所长：张振松 1993 年 7 月～1996 月

副所长：彭灵群 1997 年～1998 年 6 月

副所长：张振松 1997 年～1998 年 6 月

副所长：孙建忠 1997 年～1998 年 6 月

副所长：李振乾 1997 年～1998 年 6 月

副所长：彭灵群 1998 年～

副所长：杨予群 1998 年～

副所长：李占洲 1998 年～

副所长：张中选 1998 年～

党支部书记：李新年 1989 年~1993 年 7 月

党支部书记：崔海潮 1993 年 7 月~

1992 年崔海潮同志被省交通厅评为先进工作者。

1999 年李振乾同志被省交通厅评为先进工作者。

第三节　新密市运政机构发展

一、运管站的建立与发展

1953 年 3 月，开封中心站委派郑善民同志到密县负责筹备建立了最早的运政管理机构——密县运输站，地址设在老城东门里路南，为郑州运输公司来密的汽车办理货运和代办客运手续。1954 年 12 月，王荣光任副站长，1955 年 7 月胡瑞良任副站长。

1958 年 5 月 5 日，运输站和县交通科、县公路段合并成立密县交通局，民间运输管理业务归交通局运管股管理，1962 年 10 月 14 日，密县人民委员会下文通知："每区建立一个群运站"。计有城关、米村、白寨、超化、曲梁、大隗、观音堂、五里店等共八个区设立了群运站。七里岗另设一个运输点，属县交通局派出机构。1968 年，密县革委会精减办公室批准，下放各运输管理站，人员、财产受所在公社管理。根据 1973 年 5 月 25 日颁布的《河南省农村交通运输管理站工作条例》（修正草案）规定，结合密县民间运输的发展情况，县同意将下放到各公社的交管站，重新归属县交通局管理。

根据 1970 年 5 月 29 日，中共中央文件关于"提高运输效率，加快车船装卸速度，提高车辆正点率，缩短周转时间，防止交通事故，开展铁路、水路、公路联合运输"的精神，密县县委决定由颜克歧负责，筹建社会主义协作性质的联合办公机构——密县联合运输办公室。

二、新密市公路运输管理所

1984 年 4 月,“密县联合运输办公室”更名为“密县公路运输管理所”,内设党、政、工、团组织,及办公室、货运、财务等科室,白寨、岳村、曲梁、刘寨、大隗、苟堂、超化、平陌、米村、牛店、袁庄、尖山、城关等 13 个交管站和三岔口检查站,梁沟搬运装卸大队在业务上归运管所。

1987 年 4 月,新密区撤销,新密区交通局整体移交密县交通局。原新密区运管所及其下属的朱集新货场、新密矿区、天仙庙 4 个交管站同时移交给密县运管所。

1991 年 5 月,运管所新楼投入使用,设有货运股、客运股、市场监督股、财务股和办公室。

1992 年 5 月运管所被评为郑州市文明单位。

1994 年 4 月 5 日,随着“密县”改为“新密市”,“密县公路运输管理所”也随之更名为“新密市公路运输管理所”。

同年,运管所被评为郑州市“卫生先进单位”。

新密县公路运输管理所历任领导名录如下:

密县公路运输管理所(1984. 7 ~ 1990. 2)

所　长:刘二明(兼) 1984. 7 ~ 1990. 2

副所长:吕　杰 1984. 7 ~ 1990. 2

副所长:张青甫 1993. 8 ~ 1999. 10

副所长:王　杰 1986. 7 ~ 1989. 1

书　记:吕　杰 1984. 7 ~ 1991. 4

书　记:李有成 1991. 4 ~ 1994. 4

密县公路运输管理所(1990. 2—1993. 8)

所　长:吕　杰 1990. 2 ~ 1993. 8

所长助理:樊和平 1991. 8 ~ 1992

副所长：樊和平 1992~1993.8

书　记：李有成 1991.4~1994.4

新密市公路运输管理所(1993.8—1999.10)

所　长：樊和平 1993.8~1999.10

副所长：吕　杰 1993.8~1995.10

副所长：周晓生 1994.1~1995.10

副所长：王长宝 1994.1~1996.6

副所长：张继全 1995.10~2000.11

副所长：欧阳发林 1995.10~

副所长：刘洪涛 1997.1~2000.11

副所长：陈元洲 1997.7~1998.4

新密市公路运输管理所(1993.8—1999.10)

副所长：李召运 1998.7~1999.10

所长助理：李召运 1997.7~1998.7

副所长：裴永昌 1997.7~1999.10

所长助理：裴永昌 1995.10~1997.7

书　记：李有成 1991.4~1994.12

书　记：樊和平 1994.12~1995.10

书　记：刘彦锋 1995.10~1997.7

书　记：郭建国 1997.7~

副书记：刘洪涛 1994.12~1997.1

副书记：尚大珍 1996.8~1997.5

副书记：于卫平 1997.7~

新密市公路运输管理所(1999.10~)

所　长：马红建 1999.10~

副所长：王栓柱 1999.10~

副所长：欧阳发林 1995.10~

副所长：张继全 1995.10～2000.11

副所长：刘洪涛 1997.1～2000.11

副所长：吕留灿 2000.11～

副所长：郭建国 2000.11～

书　记：郭建国 1997.7～

副书记：马红建 1999.10～

副书记：于卫平 1997.7～

第四节　新郑市运政机构发展

新郑市运政管理机构的前身是新郑县联合运输办公室。联运办公室设在原交通局，始建于1969年11月，有成员12人，人员系由铁路、公路、搬运、银行、商业、工业及城关公社联合组成。1974年5月，办公室缩小业务范围，撤回被抽调的其它单位人员，由交通局运输股主办，成员7人。1984年正式更名为“新郑县公路运输管理所”，成员4人。运管所除对县内公路运输实行行业管理和服务外，1989年，新郑县交通局授权运管所对全县相继成立的各乡、镇11个运管站进行业务领导。11个交管站为：城关站、车站站、龙湖站、辛店站、梨河站、新村站、郭店站、千户寨站、孟庄站、薛店站、观音寺站。1986年千户寨交管站归并到辛店交管站。1993年8月，运管所搬迁到中华南路7号。1994年新郑撤县建市，运管所名称也随之变更为“新郑市交通运输管理所”。至2000年，运管所有人员91人，内设一室五股，即：办公室、财务股、货运股、征费股、出租车管理股、客运股，下属单位有稽查队，芦家桥汽车站。

自1987年始，新郑运管所连续11年被省交通厅评为“先进运管所”；1994年被省交通厅命名为“道路运输管理标兵县”;1998年被省交通厅评为“道路运输文明执法先进集体”;1995年被郑州市委、市政府命名为“文明单位”;1998年被郑州市委、市政府命名为“文明单位标兵”;1998年和1999年先后被郑州市爱国卫生委员会命名为“无烟单位”,“先进卫生单位”。

新郑运管所历任领导人员名录如下:

所　长:范玉卿 1984年10月~1987年7月

所　长:张胜利 1987年7月~1992年10月

所　长:赵喜彦 1992年10月~

书　记:张建华 1992年10月~1997年3月

书　记:曹俊峰 1997年3月~

第五节　荥阳市运政机构发展

荥阳市最早的运政机构是成立于1956年4月份的荥阳市运输站,它既是企业,具有运输经营行为,也是运政管理机构,对本县的运输市场具有监督管理的职能。1959年9月30日,荥阳成立了交通运输指挥部,县长薛景云任指挥长,马振龙任办公室主任。为响应上级号召,对运输市场加强管理,于1979年初成立了“荥阳县联运办公室”,公社成立联运站,“联运办”隶属荥阳县交通局,业务上由郑州市联运办指导。1984年3月,根据豫经交(1983)274号文件要求,荥阳县联运办更名为“荥阳县运管所”。有职工18人,内设办公室、财务室、货运管理组、客运管理组、出租车管理组、汽车维修业管理组。根据省政府办公厅(1985)100号文件精神,运管所在301东50米设检查站一个,历时一年。1974年,运管所机构调整,内设五个股室,下设五个乡交管站。

荥阳县运管所成立后，一直依照国家、省、市有关法规来管理运输市场，随着《河南省道路运输条例》和《道路运输车辆维护管理规定》等法规、文件的出台，使运输管理工作具有了很强的可操作性。荥阳运管所对运输市场的管理由管理型逐步向管理服务型转变。如成立货运信息服务部，为车货主牵线搭桥。

1999 年，运管所被省交通厅评为“维修行业管理先进单位”。

荥阳县运管所历任领导人员名录如下：

所　长：倪德顺 1984 年 7 月 ~1989 年 3 月

所　长：张遂贵 1989 年 3 月 ~1995 年 6 月

所　长：刘建军 1995 年 6 月 ~2000 年 12 月

所　长：康汴生 2000 年 12 月 ~

副所长：郑如选 1987 年 5 月 ~1989 年 3 月

副所长：隋宗然 1989 年 3 月 ~

副所长：康汴生 1995 年 6 月 ~2000 年 12 月

副所长：王素生 1997 年 3 月 ~

书　记：郑如选 1986 年 5 月 ~1987 年 5 月

书　记：樊恩祥 1987 年 5 月 ~1995 年 6 月

书　记：张遂贵 1995 年 6 月 ~1999 年 12 月

书　记：隋宗然 1999 年 12 月 ~

第六节　中牟县运政机构发展

1969 年 12 月 8 日，中牟县革命委员会设立了交通运政管理机构——联运办公室，具体领导协调铁路、公路、搬运、联合运输事宜，以提高运输效率，支援工农业生产，联运办隶属中牟县革命委员会工交局。工交局于 1973

年3月1日改为交通局。

1983年11月9日,中牟县联运办公室更名为中牟县公路运输管理所,下设办公室、检查站后勤、群运调度组、汽车修理和10个乡交管站,1997年运管所内机构有所变动,内设:办公室、稽查队、客运股、货运股、维修股、机动车辆综合性能检测中心。

中牟县现有维修企业30家,运营客车119台,线路31条,客运站2个。2000年共完成客运量380817人次,货运量714306吨,客运周转量6854.4万人公里,货运周转量7143.687万吨公里。

中牟县运管所多次被市交通局评为先进单位,2000年度,被郑州市授予"青年文明号单位","文明标兵单位","先进卫生单位"

中牟县运管所历任领导人员名录如下:

所　长:张中行 1983年12月~1989年12月

所　长:李良 1990年1月~1993年1月(交通局副局长)

所　长:周波 1993年1月~1999年1月(兼所党支部书记)

所　长:蔡跃彬 1999年2月~(兼所党支部书记)

第七节　二七区运政机构发展

二七区运管所于1984年正式挂牌成立。当时的办公地点座落于民主路63号院内,运管人员7名。

随着时间的推移和改革开放的进一步深入,1986年,市政府作出调整区划的决定,市区由原来的6个行政区,划为5个行政区。1987年5月进行区划调整,由原来二七区、金海区、郊区3个运输管理所合并建立二七区公路运输管理所。1990年5月从区建设交通环保局分出，成立二七区交通局，对辖区实行局、所、站三级管理，运输管理所下设5个交通管理站：即侯寨乡交管站、刘胡垌交管站、齐礼阎交管站、市区交管站和直属交管站。

现在，二七运管所已由原来的单一管理发展到多源化管理，并由原来的办公地点迁至淮河路14号，运管人员增至53人。把一批专业性强、懂管理的人员充实到运管队伍，其中拥有大专以上文化学历的占60%。为二七区道路运输事业的发展做出了应有的贡献。

进入20世纪90年代以来，二七区运输车辆由原来的700多台，增至2000年的2019台，其中：客车40台，计973个座位；货车1979台，共计5007吨；客车运量完成63128人次，完成周转量3045734人次，货运量完成538485吨，货运周转量完成13462125吨公里。

二七区运管所曾多次受到市级表彰：

1991年被评为郑州市交通运输管理先进单位；

1993年被评为郑州市先进运管所；

1996年被市交通局评为先进统计单位、市交通局道路运输管理工作先进单位，被省交通厅评为规费征收先进单位；

1999年被市交通局评为先进单位。

二七区运管所历任领导人员名录如下：

负责人：梁德智 1984年6月~1988年2月
邢合兴 1988年2月~1992年3月
张秀萍 1992年3月~2000年4月
邵俊生 2000年4月~

第八节　管城区运政机构发展

管城区运管所的前身是管城区交通运输管理站，建立于1963年，当时运管站有办公人员12名，站长为耿连喜，1984年8月管城区运管所成立，并开始行使道路运输管理职能，1988年办公地点迁到商城路254号，随着运输生产的发展和管理工作的需要，运管所内财务、出纳、统计及专业票据管理、民运管理、客、货运管理等部门相继建立。因人员增多，机构扩大，1992年12月搬到商城路17号办公。1993年10月管城区交通局成立，地方公路管理所同时成立，三个单位合署办公。

1987年，原郊区的圃田、南曹、十八里河三个乡划归管城，管城运管所接管了三个乡的交管站和16名工作人员。为推行目标化责任片区管理，又成立了市区管理站，充实了东城乡管理站。至此，区辖范围内的城、乡基层管理机构全部成立。

因工作成绩突出，1987、1988年连续两年被评为省、市运管工作先进集体。

管城区运管所干部、职工在管理过程中，尽职尽责，依法行政；加强内部管理，开展优质服务。曾有过奔赴漯河、扶沟为个体户据理力争，领回因巧立名目而被扣留的客车，户主赠送了“秉公执法，为民解忧”的锦旗；也有过远赴淄博梁山，解救被困货车和多次派运管人员到外地为车主解决运输纠纷的动人事例；有过押运到焦作化解种种矛盾的事例。

至2000年底，管城区运管所辖货车750辆，2401个吨位；拖拉机300辆；客车30辆，615个座位。2000年度完成货运量 137.7861 万吨,货运周转量 5952.3629 万吨公里,客运量 44.161 万人次,客运周转量 2428.905 万人公里。

管城区运管所历任领导人员名录如下:

所　长: 曹水仙 1988 年 8 月 ~ 1993 年 10 月

所　长: 王国杰 1993 年 10 月 ~ 1997 年 4 月

所　长: 李金池 1997 年 4 月 ~ 1999 年 3 月

所　长: 董志军 19993 年 ~

副所长: 王国杰 1989 年 6 月 ~ 1993 年 10 月

副所长: 董志军 1997 年 4 月 ~ 1999 年 3 月

副所长: 周予新 1997 年 4 月 ~

第九节　金水区运政机构发展

金水区运管所始建于 1984 年,当时主管部门为金水区建设交通环保局,办公地点为文化路金水区政府。1984 年后,辖区运力发展迅速,至 1987 年区属货运车辆 334 辆,营运拖拉机 6 辆,长途营运客车 26 辆,出租车 81 辆,机动三轮车 57 辆,人力脚踏车 27 辆,公路运输初具规模。

1987 年底,郑州市进行区划调整,原郊区运管所 12 人,金海区运管所 1 人划入金水区运管所。1988 年初,根据交通运输业发展的需要,金水区运管所在辖区内建立了 4 个交通运输管理站,即:东郊交管站、北郊交管站、市区交管站、南阳路交管站,共有人员 13 人。1989 年,金水区运管所管理的 100 多台出租车被郑州市出租车管理处划走,结束了对出租车的管理权。同年,运管所也随区建委搬迁到卫生路 39 号办公。

1992 年,金水区交通局成立,运管所的隶属关系也由建委划归交通局,人员调整为 21 人,交管站增加了代征拖拉机养路费的职能。

在此期间,金水区交通运输业得到快速发展,货运车辆达到1500多辆,除原有53辆客车运营于省内49条线路外,又新增60余辆车,开辟了3条乡村线路。1998年运管所随金水区交通局迁至北环路中段东风路办公。1998年,运管所管理的60余辆客车被市公交公司划走,由此结束了对客车的管理权。另外,根据上级有关规定,也停止了对人力三轮车的管理。

至2000年底,金水区运管所有人员49名,下辖市区、东郊、北郊、南阳路4个交管站,内设财务、票据、客运、办证、微机收费、货运市场管理等科室。管理车辆共891辆,其中客车26台(原有400余辆厢式货车被市运管处厢货办接管)、拖拉机39辆,奔马600余辆,机动三轮车1768辆。所辖车辆自1990年始,年度审验率均在95%以上。2000年征收管理费198万元,货运附加费136万元,客运附加费22万元,代征税10万元。

1995年被市运管处评为先进单位,1996年被省交通厅评为先进单位,1997年被省交通厅评为文明单位,1997年至1999年连续三年被省交通厅评为先进单位,2000年被省交通厅评为精神文明单位。

金水区运管所历任领导人员名录如下:

所　长:张水库 1984年~1989年

所　长:杨省宽 1989年~1996年

副所长:尚凤云 1989年~1996年

所　长:尚凤云 1996年~

副所长:许孔安 1998年~

第十节 邙山区运政机构发展

邙山区运管所的前身是1983年以前的郊区运输管理总站,当时下设有沙丘管理站、搬运站、汽车队、各公社拖拉机站等,其机构设置也很简单,主要有办公室、财务室。对水运、零担货运、林业、邮电、汽车、人力等方面进行管理,当时的运管站的职能并不是单纯的公路运输管理职能,这与当时邙山区的交通运输现状等原因有关。

1983年,郑州市郊区运管站成立,其对公路运输的管理职能也具体明确了下来。办公地点在东三街5号,内部设有办公室、市管股、票据管理室、财务室等。对车辆营运、搬运装卸、船只水运进行管理,并代收养路费、管理费以及代征运输税。下设有市内、老鸦陈、古荥、刘胡垌、须水、十八里河、南曹、柿园等14个站,人员有35人。

1987年,郑州市进行重新区划,邙山区成立,同时建立了邙山区运管所,隶属邙山区经委领导。下设:古荥、花园口、市内、毛庄、南阳五个运管站,人员18人。

1993年邙山区交通局成立,运管所移交交通局管理,毛庄站被撤销而变成4个运管站。运管所除对拖拉机、奔马车、厢货、危运车辆、汽车货运等进行管理外,又筹办了邙山区第一、二、三车队和邙山区运输有限公司,华豫运输有限公司等。业务有:建立车辆规费征收台帐、征收管理费、客货附加费、代收地方性养路费、代征运输税,对辖区内运输车辆、拖拉机实施年审,并对长途汽车和跨省运输车辆的路单发放等。

1998年邙山区交通局对运管所业务工作进行了调整,内设办公室、财务室、票据管理室、市管科等,毛庄运管站得以恢复。下半年市管科解体,成立了运管所规费稽查队,此时,区辖摩托三轮车、奔马车急剧上升,由几百辆上升到几千辆。由于市场竞争,邙山第一车队车辆大量被挖走,而二、三车队和华豫运输有限公司也相继解体。同年,市公交公司又把邙山区运管所管理的20余辆客车接管过去,2000年6月,2吨以下厢货车管理权也移交市运管处厢货办。

至2000年,邙山区运管所辖有营运汽车345辆,拖拉机77辆,奔马车895辆,摩托三轮车2562辆。2000年度代收地方性养路费180万元;管理费120万元,附加费112万元;代征运输发票税61万元。

1993年至1997年连续5年被市交通局、市运管处评为"先进单位"和"文明单位";1991年、1998年分别被省交通厅评为"先进单位";1999年、2000年被市运管处评为"先进单位"。

邙山区运管所历任领导人员名录如下:

所　长:高河舟 1983年~1987年

所　长:王福安 1988年~1990年

副所长:司敬林 1990年~1997年(1996年~1998年兼书记)

所　长:田金喜 1994年~1996年

所长兼书记:陈金凤 1998年~1999年

副所长:李百福 1997年~2000年

所长兼书记:张春豫 2000年~

书　记:孔泰山 1984年~1985年

书　记:李天晨 1985年~1990年

书　记:张永康 1990年~1996年

第十一节　上街区运政机构发展

上街区最早的运管机构是成立于1975年4月1日的联合运输办公室。联运办除负责辖区内的车辆监理等管理职能外,还兼具有人力搬运装卸,专业运输的企业经营行为,既有行政管理职能又具有企业经营职能。

1979年改称郑州市运输总调度室上街分调。由于区内交通条件大为改善,大厂矿企业增多,运营车辆发展很快,至1984年发展到680辆,1979年至1984年,上街分调区内,完成货运量756.35万吨,货运周转量1683.11万吨公里,代征税金59175元,收管理费63851元。

1984年,上街分调度室改称上街区公路运输管理所。至2000年底,区内有货车1200多辆,客运车辆38辆。2000年度完成货运量250.1万吨,周转量124.49万吨公里。客运量160.2万人次。

上街运管所辖管一个客车站,日投运力100台次,10余条省内线路。并对区内80多辆出租车,150多辆机动三轮车负责管理。

为提高汽车修理水平,上街运管所投入资金120万元,建成一个比较先进的汽车综合性能检测站。日检车辆200台次,可为维修业户、运输经营业户提供机械性能检测和维修质量评定。管区内有维修户60余家。

上街区运管所历任领导人员名录如下:

所　长:李玉伟 1984年~1988年

所　长:张延林 1988年~1998年

所　长:王辉仁 1998年~

书　记:王永奇 1984年~1988年

书　记：毕国新 1988 年～1998 年

书　记：冯丽萍 1998 年～

第十二节　中原区运政机构发展

1959 年，中原区始设交通科。1961 年 8 月交通科与建设科合并为交通建设科。1968 年 2 月因“文革”干扰，交通建设科被取消，1973 年 11 月恢复。1979 年 12 月成立了运输管理机构中原区交通运输管理站，交通建设科科长何祝成兼站长，张瑞新任副站长，隶属交通建设科。主要负责管理以搬运队为主的民间运输市场，按里程统一运价，使用统一票据，在开票时收取 3% 的管理费。1982 年 6 月 11 日，国家经委、交通部下发《关于改善和加强公路运输管理的暂行规定》，开始征收营运车辆运输管理费，并负责对辖区营运车辆、维修搬运、水运及市场秩序进行管理。1982 年至 1984 年，城市出租车行业兴起后，中原交管站取得中原税务局的支持后，印制了出租车专用客票，在郑州较早成立了“中原出租车队”。1984 年，“中原交管站”更名为“中原区公路运输管理所”，之后，主要行使对辖区公路运输行业进行管理的职能。

1987 年 3 月郑州市进行重新区划时，从撤销的郊区和金海区公路运管所调进 16 人，接收岗刘、柿园、石佛、须水、沟赵 5 个交管站，一所五站共有人员 25 人。

1990 年 9 月，成立中原区交通局，中原区运管所划归中原区交通局领导。同年成立运政管理稽查队。至 1990 年区属搬运装卸队达到 10 个，有 400 余人从事搬运工作，运管所为 8 个农民进城搬运队代立帐号、专项结算。管理出租车及客车 84 辆，大、小拖拉机 1600 余辆，各种货车 836

辆。每年为国家代征税金10万元。1990年,运管所在秦岭路创建了郑州市第一家货运市场,占地5000平方米,场内可停放250多辆货车,成立了市场站,有3人负责管理,1991年8月,被市货运市场整顿检查团评为第一名,年终又通过省级验收,1996年因创建卫生城市被取消。

1997年3月,在"纺织大世界"市场成立了桐柏交管站。

1999年为创建国家卫生城市需要,根据有关规定,中原区运管所在李江沟村南侧建立了"中原货运交易市场",占地4300平方米,派专职运管人员驻场。

至2000年底,中原区运管所管理货运汽车1650余辆,客车30余辆,机动三轮车100多辆,有工作人员40名。2000年度,征收管理费118万元,货运附加费169万元,客运附加费20万元,代征税金83万元。

1996年,石佛交管站被省交通厅评为先进交管站。

同年,在郑州市运管知识竞赛中,中原区运管所获第一名。

1997年,须水交管站被省交通厅评为先进交管站。

1999年,运管所被市交通局评为先进单位。

中原区公路运输管理所历任领导人员名录如下:

所　长:梁保顺 1984年6月~1986年

所　长:张瑞新 1986年~1996年8月

所　长:王在合 1996年9月~

副所长:张瑞新 1984年6月~1986年

副所长:常灵菊 1984年6月~

副所长:徐　岭 1987年7月~1989年7月

副所长:陈梅月 1992年4月~1994年8月

副所长:陈　瑞 1994年9月~

副所长:郝同军 2000年2月~

第十三节　市运管处直属运管所

20 世纪 70 年代前后，郑州市运输总调度室为当时的交通运政管理机构，因组织公路与铁路协作运输的需要，总调度室在铁路东站、西站、北站附近择址分别设立了运输分调度室，在管理汽车运输的同时，负责公铁联运业务。1984 年郑州市公路运输办公室建立后，总调度室业务由“运管办”负责，各分调度室改为运管办直属运管所，公、铁联运工作由市经委交通科组织协调。1989 年郑州市公路运输管理办公室改名郑州市交通运输管理处后，三个直属所分别改称为郑州市运输管理处东区、西区、北区运管所。1998 年市运管处调整内设机构时，又增设了南区运管所，将原由处货运科管理的运输车辆业务交由其管理。

直属运管所是市运管处管理片区市属以上车辆及相关运输业务的派出机构，其主要职责为：按照国家道路运输方针、政策和运输开业条件，审核报批经营货物运输、搬运装卸业户的开业、停业申请；管理辖区内运输市场秩序；征收辖区运输车辆的运输规费；协调、指导片区内交通专业运输企业与铁路部门的联运业务等。对所属运输经营业户主要采取建立运输经营档案、如开业务例会、帮助排忧解难等方法进行管理与服务。东区运管所处在铁路东站附近，平时上下站货物运输量大，协调承托双方实行合同运输业务量比较大。南区运管所主要负责对辖区内运输车辆管理，没有搬运装卸业务，所内未设财会人员岗位，这是其同东、西、北运管所的主要区别。

市运管处直属运管所与郑州市各行政区交通部门下

属运管所业务分工有所不同,前者主要负责辖区内市属以上单位运输车辆的管理与规费征收,后者主要负责区属单位运输车辆的管理和规费征收。郑州市区设立两级运管所的状况源自体制问题和“分灶吃饭”原因,从便于运输管理和理顺管理体制角度出发,改变这种状况肯定是利大于弊。

(附:直属运管所历任领导名单)

直属运管所历任领导名录

东 区 所:所 长:孔泰山 1989 年 4 月 ~1999 年 1 月

所 长:胡会法 1999 年 1 月 ~1999 年 6 月

所 长:孔泰山 1999 年 6 月 ~2001 年 3 月

所 长:刘智娟 2001 年 3 月 ~

副所长:孙清河 1989 年 4 月 ~1995 年 1 月

副所长;刘智娟 1996 年 2 月 ~2001 年 3 月

副所长:邱高峰 1997 年 5 月 ~1999 年 1 月

副所长:柳立新 2001 年 3 月 ~

西 区 所:所 长:黄灿章 1989 年 4 月 ~1996 年 2 月

所 长:胡会法 1997 年 5 月 ~1999 年 1 月

所 长:杨志遂 1999 年 1 月 ~1999 年

6 月

所　长：李德成 1999 年 6 月～2001 年 3 月

所　长：鹿长法 2001 年 3 月～

副所长：谷明堂 1989 年 4 月～1991 年 12 月

副所长：赵进荣 1991 年 12 月～1991 年 1 月

副所长：乔国富 1996 年 2 月～1997 年 5 月

副所长：孙天帮 1997 年 5 月～

北　区　所：所　长：李明连 1989 年 4 月～1999 年 1 月

所　长：孔泰山 1999 年 1 月～1999 年 6 月

所　长：胡会法 1999 年 6 月～2001 年 3 月

所　长：姚　勇 2001 年 3 月～

副所长：杨松掌 1989 年 4 月～1991 年 12 月

副所长：刘焕德 1991 年 12 月～1999 年 1 月

副所长：姚　勇 1997 年 5 月～2001 年 3 月

副所长：张志华 2001 年 3 月～

南　区　所：所　长：胡会法 1996 年 2 月～1997 年 5 月

所　长：杨志遂 1997 年 5 月～1999 年 1 月

所　长：庄会莆 1999 年 1 月～

副所长：杨志遂 1996 年 2 月～1997 年 5 月

副所长：杨松掌 1997 年 5 月～1999 年 1 月

副所长：赵进荣 1999 年 1 月～

第三章　运输市场管理

管理部门对运输市场的管理主要通过运输规费、运输价格、运输票证以及对运输车辆管理等管理形式体现出来。运输规费的征收是保证运输市场建设与发展的资金基础；运输价格、运输票证是调控市场重要的经济手段；运输车辆是运输市场管理的主体对象；微机及应用软件开发利用给运输市场管理提供了技术保障。本章着重就以上几个方面进行概述，来反映郑州运输市场管理的概况。

第一节　运输规费

公路运输规费是指依照国家规定，由交通主管部门委托的所属各级征费单位，向使用交通基础设施和接受管理服务的车辆拥有者及使用者，征收用于交通基础设施建设和实施行业管理的专项资金。

公路运输规费取之于运输，用之于运输，服务于全社会。除公路运输行业主管部门代表国家依法行使征费职权外，其它任何部门、单位和个人都不能收取，或以任何名义平调、挪用、截留和挤占公路运输规费。

公路运输规费的种类目前有公路运输管理费，客运附加费、货运附加费和公路养路费。由运管部门管理的是公路运输管理费、客运附加费、货运附加费。

一、公路运输管理费（简称运管费）

运管费是指根据国家规定，由各级运管部门向从事营业性公路客货运输、搬家运输、运输服务（货运委托、客运代办、联运服务、货物包装和货物堆存等）的单位和个人，以及部队车辆参加地方营业性运输的征收用于公路运输事业发展和管理的事业费。

为保障运管费征收的顺利进行和后期使用的有计划进行，国家、省有关职能部门制订了"运管费的征收、使用、管理"系列规章制度。如：交通部、财政部（1986）交公路字 633 号"运管费征收和使用规定"；省交通厅、财政厅豫交运（1986）525 号："省运管费征收和使用规定和实施办法"；省物价局、交通厅豫交运（1986）230 号"关于统一运管费收费标准的通知"；省物价局、财政厅、交通厅豫价市字（1989）125 号"关于交通系统各种收费的通知"；省第八届人大常委会第十一次会议通过（1994. 12. 27）的《河南省道路运输条例》第五十一条：道路运输经营者应向车籍所在地交通行政主管部门按时足额交纳道路运输管理费和人民政府规定的客货运附加费。国家计委、财政部基计价费（1997）2500 号"关于第一批降低 22 项收费标准的通知"第一条"最高不超过 1% 降低到 0. 8%"。省物价局、财政厅豫价费字（1997）353 号文，郑州市物价局、财政局郑价费（1998）01 号文转发。

以上规章规定了运输规费征收的具体标准、方法和结算方式。一般而言，征收额最高不超过营业收入的 0. 8%。运输企业核算资料齐全的按0.8%征收。社会和其它车辆，如个体客车：按核定座位（不含驾驶员座位），五座以下每座位每月收3至5元；六座至十五座，每座位每月征收8元至12元；十六座以上每座位每月征收1元至2元。经营运输业务的货车，每吨每月征收8元至12元；营运拖拉机，按每辆每月征收8元至12元。营运机动三轮车，每月每车5元。根据国家和省有关部门的规定标准范围，郑州市执行的征收标准在全省属中等费率标准。

对于积极缴费的单位和个人适当给予鼓励。凡在年初一次交清全年的，减收两个月的应缴额；一次交清半年的，减收一个月应交额。

各级运管部门在征收运管费时，必须开具省财政厅监制、交通厅印制发放的“公路运输规费缴讫证”或“运管费收据”。运管费主要用于经核定的在册职工（含离、退休人员）工资及提取的职工福利基金；业务开支和管理费用；固定资产购置和基本建设投资；奖励基金及工会经费，奖励开发和人才培训经费开支；按规定比例上缴的运管费（县区70%，市20%，省10%，部1%）。

运管费在管理上实行“自收自支、统一规定、三级核算、分级管理”或“统收、统管、分级使用”的方法。“三级核算”是指运管财务会计核算实行省、市、县三级核算。郑州市运管处根据上级年度规费征收计划指标，年初对所属运管机构下达征收计划，定期检查指导，及时做好上解工作，连年来保证了规费征收任务的完成。

二、客票附加费、货运附加费

客票附加费：是用于公路及公路客运基础设施建设的政策性专项奖金。征收范围是：凡在我省境内乘坐公路客车、旅游车、出租车及其它机动车辆(含城市到县的公共汽车)的旅客,都必须按规定在购票时交纳公路客票附加费。

货运附加费:是用于公路及其它交通设施建设的政策性专项资金。征收范围为:凡在我省境内从事营业性公路货物运输或起运货物的有车单位和个人,凡机关、团体、厂矿、企业或从事营业的军车,在承运货物时,均应履行向托运货物人代征附加费。

客票附加费和货运附加费征收和管理的主管部门是省交通厅和市、县交通局,执行征收、结算、解款的实施是各市、县运管部门。

征收客票附加费,其依据是:省政府豫政文(1987)155号《关于开征公路客票附加费的批复》;省计经委、财政厅、交通厅豫交办(1988)27号《关于在全省范围内征收客票附加费的联合通知》以及《河南省道路运输条例》等。货运附加费依据是:省计经委、财政厅、交通厅豫交路(1990)62号《关于开征货运附加费的通知》、(1990)184号《关于印发"省公路货运附加费征收办法"的通知》,以及《河南省道路运输条例》等。

客票附加费按乘车里程计算,在全程客票以外每人每公里增加0.01元。客票附加费并入客票票面金额内,一次核发,不另发行票据。各代征单位和个人向运管部门解缴客票附加费时一律按每月每客座37元计算。按照有关规定,客车连续报停不得超过三个月,否则撤停其客运班线。

货运附加费均按运输里程计费,每吨公里征收附加费0.02元。与运管费合计收,不另开收据。汽车(包括:

零担货车、集装箱车、自卸车、厢式车、冷藏车、罐式车等),按核定载重吨位,每吨位每月35元,按核定吨位挂车每吨位每月14元;拖拉机和其它机动车辆,按载重吨位,每吨位每月14元;城镇短途运输车辆和载重21吨以上特种车辆,按核定吨位,每吨位每月12元。非机动车辆按每月每辆5元。

凡在年初一次缴清全年费用的,减收两个月的应缴额,一次缴清半年的,减收一个月应缴额。

客票附加费主要使用项目,计划内6%、计划外8%,由省统一提取;省公路重点建设项目5%;省与市合建的公路客运建设项目20%;返还市用于公路客运基础设施建设30%;超计划征收部分的70%返还市,30%由省集中安排调剂使用;代征手续费1%。

货运附加费主要使用项目:代收手续费1%,代收工作经费计划内5%,计划外7%,由交通厅统一提取;省公路重点建设项目50%;省与市合建的公路货物运输基础设施建设项目25%;内河航运设施建设5%;中原航空公司设施建设5%;返还市(地)公路及货运基础设施建设项目15%;超计划征收部分,70%返还市(地),30%由省集中安排。自1988年至2000年市运管处“三费”征收情况见表5-4。

市运管处1988年至2000年“三费”征收登记表 表5-4

年度	客运附加费(万元)	货运附加费(万元)	运管费(万元)
1988	350		588
1989	553		657
1990	581	785	881
1991	664	1684	982
1992	662	1392	1007
1993	1292	1528	1225
1994	1687	2280	1219

续上表

年度	客运附加费(万元)	货运附加费(万元)	运管费(万元)
1995	1674	2308	1219
1996	1913	2316	2072
1997	1872	2478	2636
1998	1856	2624	2506
1999	1764	2494	2529
2000	1908	2912	2549

第二节 运输价格

运输价格是国家运输经济管理部门用以宏观调控运输市场的一种重要经济手段。每一次运输价格的调整，都是根据当时市场上的运输经营成本和市场供应关系来决定的，既要兼顾运输经营者的利益，又要兼顾运输服务对象的利益，努力做到平等互利，反映价值规律。

解放以前的郑州搬运运费，一般以粮食充当货币进行面议。20 世纪 60 年代以前，郑州运输工具主要是人力车，辅以少量的汽车，生产形式表现为城乡货物搬运与短途运输，统一执行搬运价格。建国后的 1953 年 4 月，郑州市政府颁发了《郑州市调整搬运力资暂行办法》，降低了搬运价 33.66%，这是政府第一次利用经济杠杆调控运输市场价格。1955 年 12 月在原来降价的基础上又降低了 11.1%，1956 年 8 月再次降低了 5.5%。虽然经过了 3 次降低运价，但由于搬运市场业务红火，搬运工人的搬运收入比以前还略有提高。

这三次降价对于人力客运和汽车货运运价来说，却与市场有些脱节。人力车客运和汽车货运运价都高于当时的公共汽车和架子车搬运。公共汽车运价低廉，方便快捷，使人力客运没有了市场，难以维计。汽车货运虽经

3 次降低运价，但仍高于人力运输价格许多。如以 1963 年为例：汽车运输每吨公里运费为 3.46 元（含装卸费），而用架子车运货每吨公里运费为 2.39 元，汽车比架子车运费高出 44.9%。基于此，一般货运单位不愿使用汽车。不同运输方式之间的比价关系没有达到一个均衡点，出现了吃不了与吃不饱的现象。

1964 年 12 月，省交通厅通知“从 1965 年 1 月 1 日起，全省公路运输无论是长途运输还是短途运输，一律取消回空补贴费”。1965 年，郑州市物价局颁发了《郑州市搬运、装卸、理货价格处理暂行办法》，1966 年郑州市运价再次进行改革，对上述办法作了较大修改，运价较过去减少了 90%，这样，不同运输方式之间的比价关系基本趋于合理，运价管理步入正常轨道。

1966 年 6 月至 1976 年，“文化大革命”使运价管理处于失控状态，运价执行随意性加大，运价管理名存实亡。

1978 年之后，随着汽车运力大量增长，运输市场日趋活跃，重申运价规定，将运价管理纳入行业管理正常工作成了当务之急。至 1984 年，交通及物价部门联合开展运价检查，加强运价宣传，并举办运价管理人员培训班，运价管理工作趋于正规。

1984 年 12 月，郑州市物价局、交通局联合下达了《郑州市东风、轻骑机动三轮客车计费办法》。1985 年郑州市燃料油价格大幅度上涨，不少运输企业难以维持。郑州市物价局、交通局于同年 7 月 11 日对汽车运价作了较大幅度的调整：一等货比原来平均提高了 130%，二等货比原来平均提高了 170%。与省交通厅 1982 年价格方案比较，分别提高了12%至15%。

1985年至1989年间，由于燃料油价格居高不下，和其它一些社会因素影响，调整后的公路运输价格依然与燃料油价格和其它社会因素不太合拍，难以提高运输经营者的积极性，制约了运输生产和经营的发展。为此，河南省交通厅、物价局于1990年及时发布了《关于整顿全省货运价格的通知》。在此基础上，郑州市交通运输管理处会同市物价部门补充制定了《关于整顿搬运、装卸、理货价格的通知》，对于稳定运输生产，保护运输企业利益起到了一定作用。一方面在保护运输企业利益的同时，另一方面省交通厅也对趁铁路、水运、民航运价调价之机搭车涨价行为进行了有效预防。通过查纠，处理了一些乱涨公路客票价格的运输企业和个体运输户，其中就有郑州市属企业运输车辆。为保证对运价进行有效管理，省交通厅要求对乱涨价的客运经营者严肃处理；在汽车站要设置运价监督电话或举报箱，客车车厢内要张贴运价表；要做好对客运经营者的服务工作，帮助它们解决实际困难，提高其消化能力和经营水平。

不同型号的客车执行不同的运输价格，《河南省汽车运价规划实施细则》中就有详细规定。如第三十二条规定："宽座客票价是以普通大型客车为基础，经过改善设施，减少座位，增加舒适性，提高营运速度的客运班车票价。"象1989年的通达S×680、JT663型客车，以及现在的宇通ZK6770H型客车都执行高于同期普通客车的票价。

为培育和发展运输市场，1993年省交通厅对公路运价改革提出了以下意见：公路客运按不同线路、车型执行国家指导价，允许企业根据客流的变化，在规定的幅度内实行季节性变动。出租车客运运价，逐步放开、实行市场定价；公路货运除少量由县以上人民政府确定的重点物资运输实行国家指导价以外，其它货运运价原则上放开，实行市场定价；运输服务，搬运装卸在统一费用的基础上，实行企业自定费率。公用型汽车站和对外开放的企业站，劳务费仍执行国家定价。

在国家宏观调控运输价格的基础上，让市场在具体运价确定中起主导作用，是国家运价政策日益成熟的表现。

由于1990年起执行的装卸、搬运、理货价格，已经远远滞后于市场整体物价水平的上升，造成从业人员入不敷出，而纷纷退出装卸、搬运、理货行业，另外市场上也出现了乱收费、超标准收费等现象，严重干扰了货运市场的正常秩序。为理顺搬运、装卸、理货价格，结合郑州市实际情况，参照其它城市和铁路部门的价格水平，1994年郑州市交通局、物价局批准出台了《关于调整郑州市汽车装卸、搬运理货价格的通知》，市运管处起草了其中的附件《郑州市搬运、装卸、理货价格计算规则》。这次价格的制定比较符合郑州市搬运、装卸理货行业的现状，对稳定市场秩序发挥了重要作用。

为适应市场新的变化，1998年交通部会同国家发展计划委员会发布了较为详细、全面、合理的《汽车运输规则》。

就货运而言，规则中把货物分为普通货物和特殊货物。普通货物又分为三等，特殊货物分为五类、21个级别，并按路面（分为等级路面与非等级路面）以及其它一些因素来计算运价。客运根据车辆类别、公路类别、营运类别（班车、包车、旅游车）以及其它因素来制定票价。随着1998年10月1日起新的《汽车运价规则》的施行，

1991 年交通部颁布的《汽车运价规则》同时废止。

近年来,各地普遍实行贷款修路,路桥通行费加大了运输成本,加之铁路、航空等运输方式的竞争,吸引旅客,公路客运实载率降低,再加上郑州市有的运输企业及汽车站出现票价没有到位的现象,加大了运输企业的经营难度。

第三节　运输票证

公路运输票证,是根据政府管理部门公路运输业的经营特点,所印制的各种功能不同的票据和单证。它是完善行业管理的重要手段。从票证的不同用途可以看出,各种票证不仅是运管部门观测运输动态的重要手段,而且也是检查运输管理政策、运价政策执行情况和公路运输管理工作的重要依据。因此,搞好票据管理对于加强运输行业管理,维持运输市场秩序,保障合法经营,维护货主和旅客的正常权益等方面都有十分重要的意义。

票证管理的基本任务是:反映和监督票证印制计划的执行情况,防止票证超储或储备不足,保证运输经营者的使用需要;加速资金周转;对票证的收、发、保管、储存情况按时检查,做到帐实、帐票相符,保证票证的安全和完整;促使各有关方面合理合法使用票证。

票证主要包括:票据、单证、收据。票据包括:客运票据(固定客票、定额客票、补充客票即万能客票、客运包车票)、货运票据(货物运输统一结算凭证,汽车零担货票)、其它票据(汽车维修结算凭证);单证包括:许可证、道路运输证(由营运证、规费缴讫证、车购费缴费凭证合并组成)、货运运单。收据包括:运管费收据、客、货附加费收据、运输违章罚款收据、行政性收费基金专用票据(根据用途分为三费征收票据和与手工缴讫证配套使用的票据)。

为加强公路运输管理规费的收入管理,严肃财经纪律,堵塞漏洞,省交通厅于1991年制定了《河南省公路运输管理费票据和帐表使用办法》,其中规定:凡我省公路运输管理系统征收规费使用的收费票据、报表、台帐均由省交通厅统一管理,票据格式由省交通厅提出,经省财政厅同意,到指定印刷厂印制,并套印“河南省财政厅票据专用章”,由省交通厅发市(地)、县按规定使用。发放的票据号码和本数抄送到有关市、地县财政部门,以便监督检查。全省公路运输管理系统征收各种规费、工本费时,必须使用全省统一规定票据。

为了加强收费票证的完整性和费款解缴的及时性,进一步堵塞漏洞,防止弊端,健全票证管理内部制约机制,市运管处于1990年下发了《关于公路运输收费票证管理的补充通知》:(1)公路运输收费票证已从1990年起加印年度字样,在年度有效期内使用,逾期作废。(2)各所票证周转数按所辖营运车辆两个月的用量核定掌握。(3)各种票证应按编号顺序使用,按规定将各栏目填写齐全,盖齐印章。

票据具有不同功能,不同的种类有不同的用途。营业收入票据:是各运输单位和个人据以向旅客和货物托运者以及服务对象收取运杂费、装卸费等方面的合法凭证;也是检查运价执行情况,处理商务事故、计征税费和统计运输量的重要依据。

票证,是各级运输管理部门为了维护公路运输市场秩序,发给按规定办理经营手续的单位或个人的经营凭证。它包括以下几种:

(1)公路运输经营许可证。它是经营客货运输、搬运装卸、汽车维修、运输服务的单位和个人必须领取的开业凭证。在领取时,经营单位和个人必须填写开业经营表,经乡以上单位签署意见,报经县以上的运管部门,对经营者的生产能力、经营范围、安全技术进行审查,符合规定的发给许可证。经营者可凭此证到工商部门申请核发营业执照。

(2)《中华人民共和国道路运输证》。它是交通部统一制发的全国性的汽车运输合法证件,凡行驶在我国境内道路上的各类汽车,均必须持有并随身携带以备查验。营业性运输车辆《道路运输证》,由"车辆购置附加费缴费(免征、免办)凭证"、"公路运输营运证"、"运输管理规费缴讫证"合并组成;《道路运输证》中缺少任何一项组成内容的,均为无效证件。

(3)公路运输营运证。它是经营许可证的副本,是合法经营的标志,是考核营运车辆技术,费收和记录奖惩的主要依据。营运证只能由车籍地运管部门核发,营运证一车一证,是《道路运输证》中三种内容的一种。

(4)公路运输规费缴讫证。它是运管费、客票或货运附加费的缴讫凭证。缴讫证一车一证。适用于工商企业经营客货运业务的车辆。

(5)货运运单。是记录车辆运行的原始凭证和运管部门考核车辆运用情况并进行统计的重要依据。货运运单由企业或个人自行填写,实行交旧领新。

收据包括:(1)运管费收据,客货运附加费收据、行政性收费基金专用收据。是各级运管部门按国家规定实行按营运总额比例统一缴纳各项规费的收费凭证。(2)违章罚款收据。是向违反规定的运输单位或个人收取违章罚款的收费凭证。

营业收入票据由地方税务机关负责印制。凡涉及抵扣增值税的货物运输票据,国有大中型运输企业专用客票由省地税局统一组织印制;其它道路运输发票由市地税局统一印制。

单证、收据,统一由省交通厅管理印制,其中规费征收票据,由财政厅监制,交通厅印制,罚款收据由财政厅印制。

各市(地)、县(区)运管部门为票证的管理机构。各县(区)运管所要配备专职票证管理人员,基层交管站可设兼职人员管理票证。

票证发放由各级运管部门按照管理权限和范围报核情况或核准的计划分月发放。不准向手续不全、未经批准的单位和个人发放票证。票证的发放量按车辆情况控制,不报送"票证领销存月报表"的,不按规定解缴规费的不发新票。道路运输专用发票由市地税局和交通局成立联合办公室,对道路运输发票实行行业管理。

票证的日常管理分为库存管理、票证入库、票证领发、票证的填制与报核、票证清查、票证回收与注销等。

票证稽核,是正确组织票证核算,加强票证内部控制管理,保证账证、账账、账实相符,防止以权谋私,贪污挪用等不良行为发生的一项重要工作。主要任务是对各种票证的发放及使用、账卡登记收入情况、报核月存票量、规费收入票证报核月累计报表等方面进行稽核。

为保证票证使用规范、合理,需进行不定期抽查,对查出的问题除限期纠正外,进行批评教育,严重者给予责任单位和责任人行政处理;单位要把丢失的空白票证号码公布于社会,如发现已丢空白票证已被使用而未将收入款项交财务部门,将按贪污论处,并按据票面金额处以使用人5倍罚款;不按规定时间收缴款项拖延1个月的,视情况给予经济处罚;丢失票据的人员按郑州市“公路运输票证丢失罚款规定”进行经济处罚;票证丢失但收取的款项已如数上交财政部门的,从轻处理;对丢失票证罚款累计在5000元以上者,将给予行政处分。客货运单证、票据的名称、格式、流转程序都不是一成不变的。随着经济体制改革的深化,尤其是我国加入WTO后,与国际惯例接轨是大势所趋,单证票据在管理方面也需有一定的变化,以符合实际管理需要。

第四节　新技术的应用

公路运输业中新技术的应用实际是以计算机信息管理系统等应用软件的介入为标志的。计算机信息管理系统的应用。使公路运输市场信息管理、行业信息管理等方面发生了革命性的变化。改变了以往投入大量人力、时间,而效率并不高的状况。

郑州市运管处十分重视科学技术的应用,早在1991年,运管处就同中国北方交通大学联合开发的“微机运输规费征收信息系统”通过了专家鉴定。率先在全省运管部门应用微机征费,该技术获省交通科技进步三等奖,运管处获科技进步组织奖。1992年,市运管处又采用了省交通厅组织研制的“车辆动态、规费征稽网络系统”。该系统设计新颖、合理、实用,所打印出来的规费交讫证,是目前唯一经交通部运管司批准,能在全国通行的微机应用的缴讫证;该系统还是我国运管部门第一个在Novell

网络环境下开发的能较好的解决数据共享、安全、实时、快捷等技术问题的网络应用软件系统。

为加快我省道路运输信息管理应用的进程，省交通厅下发了《关于加快我省运管部门计算机应用步伐的意见》。针对有些运管部门领导对管理现代化的认识还不够，舍不得在计算机硬件资源和软件开发方面投资，各级运管部门缺少既懂业务又懂计算机应用技术的复合型人才，公路运输管理工作规范化程度不高，再加上各市地彼此间计算机兼容性差，对软件交流和推广带来一定困难等情况，提出要提高认识、加强领导，推广比较成熟的应用软件，做好人才培训工作，加快计算机软硬件和现代化通讯设施的建设。

市运管处加大计算机硬件配套和软件研发投入，先后研发和使用了营运车辆、户籍档案管理软件、车辆动态规费征稽软件，运输市场预测软件等。带动和促进了郑州交通部门微机技术开发利用工作。此后，郑州市各客运站相继实行了微机售票。市汽车客运总公司下属的长途汽车站、京广站和客运总站实行了微机联网，实现了信息共享，充分利用所拥有的千余条线路资源。宇通快运公司营运客车上装备了“110”联动报警、录像监控系统，运用现代化技术保证旅客安全。宇通客车公司使用“MR-PII”系统，对生产、技术、仓储、财务进行整合和细化，并准备向“ERP”系统迈进。

近几年，市运管处在上级行政与业务部门领导与支持下，在信息技术开发上着重抓了二个项目工作：一是“客运数据监控系统管理”，二是“郑州公路主枢纽信息中心”的建设，郑州市交通运输信息网络如图5-1所示。

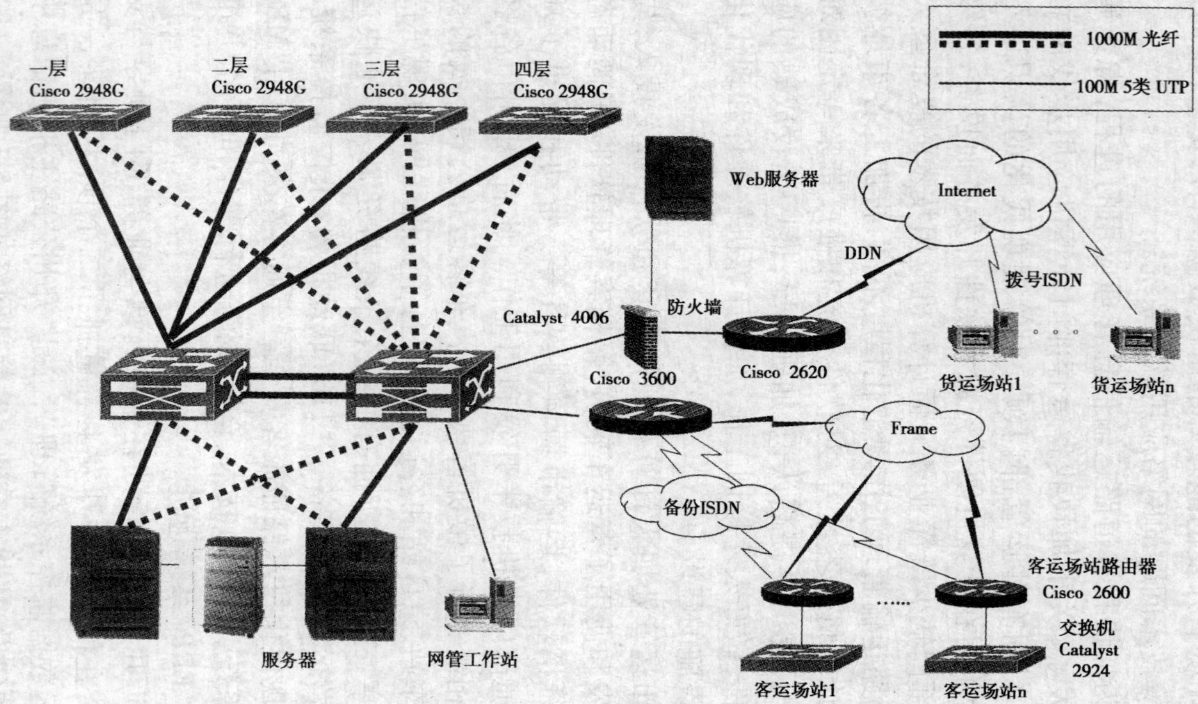

图 5-1　郑州市交通运输信息网络示意图

虽然说近年来郑州市各客运经营单位都有比较先进的管理意识,已经采用了微机售票、微机调度等技术,但是各客运企业和市区各客车站在服务网络上没能实现信息共享,形成各自独立的"信息孤岛",制约了郑州客运市场的统一管理和发展。为此,交通局领导在各局域网的基础上,建立客运信息中心(即客运数据监控信息管理),实现管理网络化、指挥自动化,促进客运市场秩序的有效管理,由运管处负责的"郑州市客运信息管理系统"研制工作开始了,这是紧跟时代步伐,提高郑州运输行业管理形象的重要内容。2000 年 4 月,市运管处制发了《关于实行客运数据监控系统的实施意见》,成立了以姚明辉为组长,郝占元、任卫东为副组长,包括五名成员的工作小组,在充分调研的基础上,拟定了可行性方案。经提交报批、落实资金、开发软件、安装调试、试运行诸个阶段的工作,到 2001 年底大框架可以形成,届时,该系统具备这样的功能:可以实现通过各客运站 LED 大屏幕,动态显示各次客运班车的时刻、客票发售、车辆调度等情况;利用非接触 IC 卡,在车站和城外车辆查验点配备无线读卡器,实现进出市区车辆的动态管理;在客车上配置全球定位系统(GPS),实现全方位对车辆的生产调度和安全控制;运用"信息钮"技术,能够记录车辆的维护动态;可以实现交通部门对各客运站班线、车辆调度情况监控,可以利用多媒体技术实现远程电视会议,提高运输管理与决策效率等。

以货运信息服务为主的"郑州公路主枢纽信息中心"是运管处 20 世纪末重点抓的第二项信息管理工作。中心位于航海中路 83 号,总占地面积 10000 平方米,建筑面积 6874.25 平方米。在货运信息交易方面,中心作为"华夏交通在线”首批联盟单位之一,采用了由华夏在线开发、交通部2000年重点科研成果推广项目“公路货运信息系统”。中心采用因特网、电信网,通过数字电视、触摸屏、声讯电话、传呼机、电脑等设施和设备,采用开放式、分布式网络结构及功能强大的数据库,建立一个面向广大车主、货主和中介服务机构的开放式信息平台,保证信息系统透明化、公开化、形成一个公平、公正、公开的竞争环境,有效遏制货运市场中出现的“权力经营”及黑市交易。可大幅度提高实载率,降低车辆运营成本,加速货物流转速度。最终帮助企业由“传统卡车公司”到“采用新技术的卡车公司”再到“拥有卡车的高新技术公司”的转变,形成物流配送一体化。

主枢纽信息中心交易大厅有三个,分别在主楼一、二、三层,各500平方米。107国道旁汽车货运中心院内具有同样功能的信息交易大厅正在土建,一、二楼大厅各525平方米。

新技术的应用体现在市场监察上则为:在20世纪80年代,市运管处设立了对讲总台,市区及各县(市)运管所均配对讲机。日后,市场监察执法取证手段不断更新,配备了照像机、录音机、摄像机、数码成像处理系统等高科技设备。

未来郑州公路运输业的发展,将步入一个利用各种高新技术手段尤其是微机技术作为杠杆,撬动公路运输全方面发展的时代。

第五节　运输车辆管理

运输车辆管理大体可分为基础管理和宏观调控管理

两个方面。基础管理主要是对现有车辆的基本状况通过建立台账、发放单证等形式进行的管理;宏观管理主要是通过制定政策,规定对营运车辆发展规划、运力布局及运力结构优化等方面调控式的管理。

建立车辆台账是对车辆进行基础管理的重要内容。台帐记载的主要内容为车辆的车型、车牌号、吨位、经营范围、联系方式,车主情况(单位、经营性质等);规费交纳情况;经营行为(违规记录、处罚记录、审验记录、服务质量状况等)情况。

道路运输实行许可证制度,客货运经营都须办理《公路运输经营许可证》和《中华人民共和国道路运输证》。“许可证”的发放是县以上运管部门在对经营者的生产能力、资金状况、安全技术等方面条件进行严格审查后发放的。“运输证”是交通部统一制发通行全国的合法证件,凡行驶在我国境内道路上的各类汽车,均必须持有并随身携带以备查验。“运输证”由公路运输营运证、运输规费缴讫证和车辆购置附加费缴费凭证三个部分组成,缺一不可,否则即被认为无效证件。公路运输营运证是合法经营的标志,上面记载着营运车辆技术、费收和营运行为等有关情况,它也是“许可证”的副本;公路运输规费缴讫证,必须在运管费、客货运附加费及时缴纳后予以发证。

货运运单是记录车辆运行的原始凭证,也是运管部门考核车辆运用情况和进行统计的重要依据。

运管部门通过各种运输单证发放,使用情况监督,运输情景资料统计,规费交纳情况查验等形式实现对运输车辆的基础性管理。

对车辆的宏观管理从郑州的情况来看，在时间上大体可分："三统"时期——计划与指导相结合时期——以市场调节为主导时期。

1952 年，河南省运输计划委员会下达了《河南省公路运输市场管理暂行办法》，按规定精神，郑州市交通运输管理机构对在郑州市从事城乡客、货运输、搬运装卸的劳动力及其运输工具，实行统一计划、统一调度、统一运价。所有参加流通过程运输的车辆，都必须根据平衡计划安排的运输任务，进行统一调度。凡货源路线固定，车队有专职调度人员者，按月安排运行计划，一月办理一次路签的核发换取手续；货源较固定，车队也有专职调度人员者，每 5 至 10 日办理一次路签的核发换取手续；零星车辆到管理部门设置的调度室报班，领取路签；各专业公司按批准的运输计划自行调度，核发路签。对于不报班、不领路签、不执行调度命令者不准装运。

这种"统一调度"的管理方式一直持续到 70 年代末，十一届三中全会后，尤其是 1984 年国务院颁布《关于农民个人或联户购置机动车船和拖拉机经营运输的若干规定》之后，汽车运输迅猛发展，1978 年末，全市拥有货运汽车 8747 辆，客运汽车 2266 辆，1984 年货运汽车达到 19421 辆，各种客运汽车达到 6758 辆。运输车辆发展至 20 世纪 80 年代末期基本处于"计划与指导相结合"经济体制时期。

汽车数量的增加，解决了"运货难"，旅客"乘车难"等问题，但市场上同时也出现少数非法经营、偷税漏税、欺行霸市、服务质量低劣等问题，为解决这些问题，从 1988 年起，郑州市运输管理部门就着手开展整顿工作，并于

1990 年下发了《关于对公路运输车辆实行宏观调控管理的规定》，凡营业性道路运输车辆实行调控政策，逐步优化运输经济结构和车辆结构。提倡发展 8 吨以上的重型、专用型车辆和 2 吨以下的轻型货运车辆。在客车方面重点发展中、高档车。根据客源、货源供需情况，由市交通主管部门逐年下达运输流量、流向车辆的增长额度计划，各县（区）按当地需要在计划额度内，核批购车指标。进一步健全开业审批工作，推行运力额度管理。各级运管部门加强了对运力投放计划的管理，如通过建立各种台账、规范审批制度，完善审批手续。

1991 年，市交通部门确定运力投放增长速度控制在 5% 左右，规定在新增车辆审批中，坚持“先申请后购车，先更新，后新增”的原则，使运输市场供需逐步平衡。

由于多种原因，从 1992 年后，货运市场逐渐萎缩，客运市场红火起来，全市道路长途客运运力发展以年均 13% 的速度向上递增，到 1996 年长途客车已发展到 2400 余辆，需求失调矛盾仍有扩大趋势。1996 年，市交通局下发了关于《重申实行营运客车“先审批、后购置”制度的通知》，客运运力投放要坚持“总量控制，优化结构，干支兼顾，适度发展”的原则。新增客车要优先投放到城乡支线和新辟线路上，要严格执行“先审批、后购车”的制度。市交通局于 1998 年又下发了《关于重申实行营运客货车“先审批，后购置”制度的通知》，再次强调：客、货车运输车辆投放要坚持“总量控制，适度发展”的原则。同时，鼓励营运客、货车结构优化，淘汰老、旧车辆。

鼓励道路运输经营者根据市场需求发展冷藏车、罐装车、零担车、危险品装运车等专业车辆；客运市场强调干、支线兼顾，优先发展农村客运，注重高速客运发展，强调发展功能强、性能好的高档客车，以适应需求。

对不同经营范围的车辆也采取了不同的管理方法。从1999年3月份起对搬家公司进行清理整顿，要求所有搬家公司的车辆不准在市区运送除搬家物品以外的货物，并对该种车辆加大稽查力度。凡发现占道候货车辆（含厢式货车），要在其营运证上作违章记录，累计记录3次违章的，吊销其营运证件。

对近两年发展起来的2吨以下的厢式货车，尝试采取经营权有偿使用，实行市区厢式货运汽车的额度发展管理。根据市政府要求，在以前审批小型货车的基础上，同意发展新式厢货车500台，限制非批准参运车辆在市区经营厢货运输。另外还规定，取得经营权的厢式化车将达到：(1)车型颜色符合统一规定，车辆为全封闭厢式并具有防火、防雨、防盗功能；(2)车身两侧喷涂经营者单位名称和监督部门电话以及统一规定的其它标志；(3)统一收费标准并装有计价器、空车显示标志，驾驶员持上岗证运输；(4)使用公安、交通管理部门核发的货运出租专用牌照；(5)要统一加入成建制的货运出租公司等。

另外，在对营运车辆的管理手段上也发生了很大的变化，计算机信息管理系统的介入，车辆全球定位系统的装配，"信息钮"的安装等，都大大提高了对营运车辆的管理成效，也给交通运管部门进行统计数据，制定运力发展计划提供了很大的帮助。

郑州市民用车辆拥有量截止2000年底的统计数字见表5-5。郑州市社会客货运输量见表5-6。

郑州市民用车辆拥有量(2000 年底数)　　　　表 5-5

指　标	计量单位	总　计	市　区	私　人
民用汽车	辆	181143	130567	80966
载客汽车	辆	124969	95915	63781
	客位	973617	753779	397776
大型载客汽车	辆	4975	3969	395
	客位	244651	195183	16087
普通载货汽车	辆	52491	32042	16903
	吨位	192715	108926	52925
大型载货汽车	辆	34062	18691	9414
	吨位	174634	95829	45966
专用载货汽车	辆	1401	1190	27
	吨位	8064	7300	110
其它专用载货汽车	辆	618	402	50
特种车辆	辆	1644	1018	50
轮胎式拖拉机	辆	98400	6300	98400
摩托车	辆	175230	108122	171717
两轮摩托车	辆	173171	99618	147493
其它	辆	84723	16667	82214
挂车	辆	3370	925	2661

注：机动车驾驶员 651663 人,其中汽车驾驶员 290460 人

2000 年度郑州市社会客货运输量　　表 5-6

指　标	计量单位	数　据
货运量	万吨	13924
市区货运量	万吨	6230
货运周转量	万吨公里	701350
市区货运周转量	万吨公里	372680
客运量	万人	11389
市区客运量	万人	7845
客运周转量	万人公里	563182
市区客运周转量	万人公里	502510

第六节　道路运输市场管理

计划经济时期,郑州市的货物运输实行车辆统一调度、货源统一安排、运费统一结算的“三统”式管理。道路旅客运输仅限于国营专业营运企业负责承运,实行公车公营、独立核算、统一管理的经营形式。客、货运输市场经营主体限于国有经济成份,僵化的管理体制和“大锅饭”的分配制度窒息了职工的积极性。提高运输服务质量和扼制部分司、乘人员贪污票款,打击损公肥私行为成为当时交通主管部门及经营管理者致力解决的重要问题。相对而言,反映在运输秩序方面的问题比较单纯。改革开放政策实行以后,国家提倡全民办运输,逐渐形成了国有、集体、个体、合资等多种经济成分参运的格局,运力迅速增长,改变了长期存在的运货难、乘车难状况,大大促进了国民经济的发展。截至 2000 年底,郑州市道路运输从业人员已达 20 万人,道路运输经营业户发展到三千余家,拥有营运货车三万余台,城乡长途客车四千余台,建成等级汽车站 23 个,货运交易市场 13 个。道路客运基本形成了干支线相连，高中普车型齐全，班车通达各乡镇的运输网络。货运市场也随着产业结构的调整，工农业生产的上升而日趋活跃。由于处于计划经济与社会主义市场经济的交替时期，加之市场经济体制和道路运输法规体系不够完善，运力运量发展失调导致的各种矛盾，使运输市场竞争日趋激烈。在利益驱动下，部分经营者不正当的竞争和不规范的经营行为严重冲击了运输市场秩序，不利于统一、开放、竞争、有序的道路运输市场体系的形成。为了服务于国民经济发展，促使道路运输在健康的道路上前进，国家对道路运输坚持有序发展的政策。这样，各级交通主管部门就要在积极引导道路运输发展的同时，还要加强对运输市场的秩序化管理，以维护广大经营者和服务对象的合法权益。

从某种意义上说，管理也是生产力。因而，自 1984 年起，我国实行了五级道路运输管理体制，即乡（镇）设运管站、县（市）设运管所、市（地）设运管处、省设运输（管）局、国家设公路（运输）司，分别担负同级政府交通主管部门道路运输行业管理的职能任务，维护运输市场秩序，加强市场监督管理。

客、货运输是道路运输市场的主要构成部分，郑州市交通运输管理处（简称运管处）是辖区运输市场主要运政管理职能机构。其内设的运政稽查大队具体担负市场运输秩序监督、检查工作任务，其下设五个稽查中队，分别配置了的交通工具和检查取证器材，以便于工作。运输场、站是运输市场的结点和载体。抓好运输场、站的秩序管理是稳定市场秩序的重要环节。自 1990 年起，市运管处就在郑州各汽车站派驻了运政管理验站人员，1996 年后，由市交通局行文在各主要汽车站设置了运管室，由2至3人组成，主要担负所驻站运输秩序监督、维护，调处经营者业务纠纷，指导经营者依法经营等任务。1998年后，运管处又对郑州市区批准设置的各货运交易市场派驻了运政驻场员，指导进场车辆依法进行车、货承托交易。各县（市）的汽车场、站，当地运政管理机构也分别派驻了运政管理人员。由此，郑州形成了以稽查人员负责“面”，驻场、站管理人员负责“点”，统一组织、点面结合，运输企业支持配合的运输市场管理机制，共同营造合法营运、依法治运的道路运输市场环境。

培育和发展道路运输市场离不开管理，发展是与管理相辅相成的。社会主义市场经济体制确立后，国家交通部、经贸委等部门，多次行文加强道路运输市场秩序治理整顿，并按照省、市政府有关指示精神，郑州市道路运输市场先后开展了数次大规模的治理整顿工作。

一、1988年郑州市区长途客运分流

围绕郑州火车站地区车辆相挤、管理上条块分割、长途客车集中、车辆乱停乱放和私拉乱运等现象，在省、市领导的大力支持下，由交通部门牵头，对火车站地区营运秩序开展大力整顿。根据市政府综合治理“要以疏散人流、车流为重点，统筹安排，搞好配套服务”的意见，制定了“设立分流汽车站，交叉发车，市内设停靠点”的分流方案，分别在郑州市东、西、南、北四个方向设立汽车东站、西站、南站、北站、嵩山站和旅游站。经过历时一年多的努力，有效地落实了原河南省省长程维高同志“客运分流，只许成功，不许失败”的批示，收到了很好的社会和经济效益。郑州客运分流的成功，创造了客运管理的范例，吸引了众多外省、市同行前来参观学习，交通部于1989年初在郑州召开了现场会，推广郑州客运分流的经验。

二、1989年至1991年，郑州货运市场秩序治理整顿工作

20世纪80年代末，全国的货运市场呈现出了一派前所未有的兴旺发展景象，但是与兴旺发展局面相伴而生的是各种不合理竞争、货物强装强卸、私拉乱运、运输质量低劣等秩序混乱问题，郑州的情况也不例外，这类问题严重阻碍了货运市场的健康发展。为此，国家经委、交通部发出了《整顿道路货运市场秩序的通知》，河南省交通厅制定了货运市场秩序整顿工作检查验收的38条标准，对组织领导、市场秩序、企业规范、建章立制等方面分别提出了明确的要求。郑州市及各县(市)、区分别成立了以主管市、县领导挂帅，由交通、工商、公安、物价等部门负责人参加的整顿工作领导组织，郑州市领导小组办公室设在市运管处，处长马保全为主任，副处长郝占元为常务副主任，协调处理整顿具体工作。按照要求，郑州市、县两级运管机构分别组织当地建起了12个有型货运交易市场，开展了货运信息服务及货物配载运输，引导分散的个体运输业户加入运输联合体，实行规模化经营，严厉打击非法营运行为。经过近三年的清理整顿，货运秩序有效好转，在辖区货运市场自行检查验收的基础上，迎接了全省范围内的检查和交通部的抽查，受到了好的评价。为了巩固整顿成果，市运管处拟制了《郑州市货物运输市场管理规定》，并经市政府同意，于1992年4月以市长令形式颁布实施，为货运市场管理步入法制化轨道打下了基础。

三、1996 年至 1997 年的客运市场秩序治理整顿

由于厂矿企业转产改制、货运市场萎缩等经济形势的影响，运输企业纷纷弃货从客，并吸纳大量个体客车挂靠经营，加之管理调控措施不够到位，一些黑车、野车混进了市场，客运运力大于运量的矛盾日趋突出，部分经营者为了扩大客运市场份额，不正当竞争现象严重，私设站点，宰客、倒客等非法经营行为充斥于客运市场，社会反映强烈，交通行业形象受到了损害。为此，省交通厅于1996 年 5 月发出了《整顿客运市场秩序的通知》，郑州作为公路主枢纽城市，客流、车流集中，日发送班次一万余个，遍及全国和省内各地，规范好客运市场秩序影响重大。面对艰巨的客运市场秩序整顿治理任务，在市交通局组织下，市运管处制定了以火车站地区为主要部位，以打击黑车、野车，宰客、倒客为重点内容的客运市场整顿工作方案，先后以市政府、交通局名义下发了 11 份整顿治理工作文件。为了加强进站车辆管理，运管处合同公安、交警部门制发了客车进站证牌，同时强行取缔乱设的客运站点。为加强整顿治理宣传工作，市运管处同《郑州晚报》群工部联合开辟了客运市场整顿工作专栏，对违章客车和违法经营业户在严格处罚的同时予以曝光，积极受理社会投诉，接受社会监督。在上下的努力下，经过二年广泛深入地治理整顿，促使郑州客运市场秩序明显好转。

四、开展以治理运输秩序为主要内容的管理年活动

为了进一步规范道路运输市场秩序，加快运输结构调整，促进运输企业集约化、规模化经营，提高行业管理

水平，交通部于2000年初发出了全国开展道路运输管理年活动的通知。管理年活动参加对象为各级交通主管部门、运政管理机构、道路运输企业和各类运输从业人员。郑州市道路交通运输系统成立了以交通局局长于新长为组长、副局长王水洲为副组长，由运管 处、修管处等管理部门及各运输企业负责人为成员的管理年活动领导小组，制定了活动工作方案。方案突出了运输市场秩序治理的重点，并对各级运政管理部门和运输企业的任务与责任分别予以明确。结合郑州市政府创建文明城市和实施交通畅通工程工作的要求，市交通局组织运管处及相关单位，对火车站地区的长途汽车站、联开汽车站、汽车南站及旅游站的车辆、班线进行了调整，按照市政府限班、压车的要求，市运管处会同交警部门核发了各客车站客车入市进站证，并对各汽车站进站车辆签定了经营行为责任书。为提高管理力度，报经省运输局和市交通局同意，从2000年6月起，市运管处对所有进郑营运客车经营行为实行违规处罚与记分管理相结合的办法，违章记满15分者停业整顿，外地进郑客车提请省厅取消进郑营运资格。

2001年，交通部根据国家整顿秩序的通知精神，要求各地继续开展道路运输管理年活动，国务院办公厅转发了交通部、建设部、公安部等六部委《关于清理整顿客货运输市场秩序的通知》，据此，市运管处进一步修订运输市场整顿和管理年活动工作方案。市修管处、驾管处也根据管理工作重点提出了管理年活动的实施意见。各运输企业结合各自经营及管理实际情况也分别有声有色地开展了运输管理年活动工作。

大　事　记

新石器时期

新石器时代前期,已有人类在今郑州地区劳动和繁衍生息,开拓原始的道路。市郊大河村遗址为距今7000年至5000年的仰韶文化遗址。

新石器时代后期,黄帝迁都有熊(今新郑),在距今四、五千年前开辟了以有熊为中心的道路。

夏商周时期

约公元前21世纪,夏初都阳城(今登封告成),开辟了以阳城为中心的道路。

约公元前17世纪至公元前11世纪中期,商代都嚣(隞),在郑州市区发现有商城遗址,郑州成为当时社会的政治、文化和交通中心。

秦汉魏晋南北朝时期

秦王政27年(公元前220年)修治驰道,其中有咸阳经巩县、荥阳至博浪沙(今郑州市东北)通往成山的古道。

东汉(公元25年至220年)建成皋道和梁宋道,即自雒阳(今洛阳)经巩县、成皋(今汜水)、管城(今郑州)、通往梁国睢阳(今商丘)的道路。

隋唐宋时期

隋大业元年(公元605年),在开通的通济渠畔修筑御道,自洛阳经巩县、荥泽(今广武)通往江南。

元明清时期

明初(公元1368年),都南京,规划以国都为中心的8条国道路线,郑州是南京通往陕甘驿路的重要驿站。

明永乐19年(公元1421年),迁都京师(今北京),规划以京师为中心的10条道路,郑州是京师通往河南、湖广、广西驿站中的重要驿站。

清顺治18年(公元1661年),都京师(今北京)规划官马南路,郑州管城驿是京师通往湖南、广西与通往云南、贵州两条官马大路,以及省会开封通往陕西驿路交汇处的极冲要道。

清乾隆15年(公元1750年)10月,乾隆帝自孟津过黄河后沿驿道遍游嵩山少林寺、嵩阳书院和中岳庙等名胜古迹,自中牟东去。

清光绪27年(公元1901年)10月,慈禧、光绪帝等一行沿官马大道自长安返京,途经郑州,在中牟驻跸。

清光绪34年(公元1908年),在郑州火车站及附近道路上出现人力黄包车运输,这是郑州最早的客运车辆。

清宣统3年(公元1911年),郑州火车站附近修筑了全市第一条铺筑碎石路面的马路大街,即今大同路段。

中华民国时期

民国13年(公元1924年),动工修建沿陇海铁路线郑州通往洛阳的公路,这是郑州市最早动工修筑的公路。

民国18年(公元1929年)2月,设郑县公路局,隶属省政府,7月合并于省公路局。

是年9月,铁道部(当时国道规划建设由铁道部主管)公布实施《国道暂行条例》。

是年10月22日,铁道部公布实施的《国道路线网》12条路线中进入郑州市域的路线有1条,即南京通往内蒙的京蒙线。该线自长葛进入郑州市域新郑后在郑州北越黄河出市境。这是民国时期郑州地区所划定的第一条国道路线。

是年,郑州至开封公路通车。由开封首次向郑州发客运班车。

民国21年(公元1932年)11月,豫、鄂、皖、浙、苏、赣、湘七省修建公路会议规划建设11条联络公路干线(国道),其中由江苏东海至郑州的海郑干线自中牟进入郑州,这是民国时期郑州地区所划定的第二条国道路线。

民国26年(公元1937年),海郑干线开封至郑州中线一段铺筑砂石路面,这是郑州市最早铺筑路面的公路。

是年7月,抗日战争爆发前后,郑州经新郑至禹县、郑州经登封至洛阳等公路相继建成通车。

民国27年(公元1938年)6月,日本国军队侵占开封后,蒋介石军队新编第八师炸开郑州花园口黄河大堤,黄水东泄,淹没豫皖苏3省41县,郑州与开封间的铁路、公路交通均遭毁灭性破坏。

民国30年(公元1941年)10月4日,日本军队第一次侵占郑州,郑州至登封公路遭破坏,10月31日收复郑州后经抢修公路恢复通车。

民国33年(公元1944年)4月22日,日本军队第二次侵占郑州,郑州通往洛阳、登封、禹县的公路均遭严重破坏。

民国34年(公元1945年)11月,郑州至开封及郑州至洛阳公路北线经抢修,勉强维持通车。

民国36年(公元1947年)6月22日,郑州至开封、郑州至洛阳公路修复工程竣工。公路通车基本恢复正常。

民国37年(公元1948年)10月22日,郑州解放。

是年11月,淮海战役开始,郑州市组织数千人的支前运输队伍随野战军南下。

民国38年(公元1949年)1月,豫西公路管理局在郑州建立一等运输站,在新郑建立二等运输站。

是年2月1日,豫西公路管理局和豫皖苏公路管理局合并,在郑州成立中原公路管理局。

是年3月,郑州市组织500余名搬运工人随解放军第二野战军南下合肥、蚌埠等地参加后勤运输。

是年9月,郑州至安阳、郑州至信阳公路恢复通车。

中华人民共和国时期

1949年

10月1日　中华人民共和国成立。

1950年

4月　郑州市搬运公司成立,为大集体所有制。

11月14日　郑州市运输设计委员会成立。负责公路、铁路、航运、搬运等行业的行政管理和业务指导,其成员由郑州市政府有关局、委、郑州铁路局、工商联及市内各专业运输公司等单位负责人组成。

12月　美国发动侵朝战争,为支援抗美援朝,市搬运公司组织1500名工人日夜奋战,为抢修燕庄飞机场立下战功。

1951年

8月　设立郑州市公路管理分段,隶属河南省公路管理局。

8月　郑州市搬运公司购买了第一辆汽车。

10月　郑州市搬运公司组织千余名职工参加治淮工程的白沙、板桥水库工程建设,受到社会各界和市政府的表扬。

1952年

经党中央决定,河南省省会由开封迁入郑州。郑州市金水河以北省直属机关需进行大规模建设。市搬运公司担负了基建工地所需材料的运输、装卸任务。

1953年

3月　根据交通部《公路养路费征收暂定办法》开征养路费。

1954年

1月19日　郑州市公共汽车公司成立,2月1日正式营运,标志着郑州市城市客运发展进入一个新阶段。

9月　郑州市人民政府交通处成立。这是郑州市最早的交通运输管理行政机构。

1956年

3月　交通部草拟的国道路线方案,有3条进入郑州市域:一是郑州至连云港;二是郑州至襄樊;三是郑州至兰州。

是年　郑州至密县公路(新线)改建为碎石路面,成为郑州市第一条晴雨通车的公路。

1957 年

1 月 5 日　河南省人民委员会颁发《河南省统一调度使用非运输业货运汽车试行办法》，规定所有机关、团体、学校、企事业单位的货运汽车由运输管理部门统一调度使用。

7 月　郑州市人民委员会交通处与郑州市搬运公司合署办公。

10 月　“郑州市运输总调度室”成立，它标志着运输市场管理纳入正轨，由此，计划运输日趋完善。

1958 年

3 月　郑州市人民委员会交通处改为郑州市交通局。

5 月　郑州市公共汽车公司划归郑州市交通局领导。

7 月 17 日　黄河铁路桥 11 号桥墩被洪水冲倒，铁路交通一度中断。国务院总理周恩来分别于 7 月 18 日、8 月 5 日两次亲临现场视察。淮河、沙河航运处调来机动船参加抢险，我市专业运输公司和厂矿企业、机关事业单位的运输车辆及广大搬运工人日夜运送石料、沙袋等抗洪抢险物资，确保了抢险工程的顺利进行，在全市人民和全国各地的大力支援下，黄河铁路大桥于 8 月 1 日修复通车。

11 月　根据省人委关于加强钢铁运输的指示，成立郑州市交通运输指挥部（主要为保证钢铁生产运输）。

12 月　开封专区西五县（新郑县、密县、登封县、巩县、荥阳县）划归郑州市。郑州市公路管理分段并入市交通局。

1959 年

2 月　毛泽东主席在第二次郑州会议期间到河南省

博物馆参观了由郑州市搬运工人自己制造的土汽车(煤气机动车),给予了高度赞扬。

9月1日　货运价格进行调整:(1)货运长途基本运价由每吨公里0.285元降为0.265元,零担货运价在原定基础上降低0.02元。(2)短途运价按现行规定分别降低约7%。

1960年

1月1日　郑州市公共汽车运输公司移交市城建局管辖。

6月22日　郑州市人委批准,郑州市交通局汽车队、郑州市汽车修理厂合并,成立"郑州市运输公司",经理石风歧。

1961年

11月　成立郑州市交通局公路管理段,定编35人。

12月　撤销郑州市交通运输委员会,恢复建立郑州市搬运公司,原郑州市运输公司改为郑州市汽车运输公司。

12月　开封专区成立,豫西五县交通局复归开封专区交通局管辖。

1962年

7月　河南省人民委员会批转省交通厅"关于恢复公路管理体制的报告",郑州市公路段收归省管,为省公路管理局直属段。

1963年

8月　由省、市双重领导的省营运输骨干企业改归省公路运输管理局直接领导,市属运输企业由市交通部门管理。

12月　按照国家交通部的技术规范，郑州客车修配厂成功地试制出了全省第一辆JT660型公路客车，并顺利通过技术鉴定，填补了河南省不能生产公路客车的空白。

1964年

1月1日　郑州市公共汽车公司开始发售月票。成人月票3.5元，学生月票半价，盲人乘车免费。

1965年

3月　郑州至花园口公路开始试铺渣油表处路面，路长为13公里。

10月　郑州至临汝公路试铺渣油表处路面成功。

10月　郑州市物价局颁发《郑州市搬运、装卸、理货价格处理暂行办法》，运价管理开始转入正常。

1966年

6月　"文化大革命"开始。各级交通管理机关受到冲击和干扰。运输管理基本瘫痪。

9月，公共汽车公司根据省、市政府的通知，抽调13辆公共汽车和38名工作人员，驻北京接送红卫兵，历时7个月。

1967年

6月下旬　公共汽车行驶在福寿街时，驾驶员和乘务员遭受到"造反派"围攻和殴打，致使公司全部车辆停运，市内交通瘫痪。

9月　一辆满载乘客的公路大客车在中牟县小孙庄与火车相撞，全车61人当场死亡13人，送医院抢救无效死亡11人，重伤37人。

1968年

8月　包括市交通局在内的原市直机关54个行政机

构全部撤销，交通行政管理事宜由郑州市革命委员会工交组负责。市搬运公司更名为郑州市交通运输公司。

8 月　人民汽车公司大修厂为越南民主人民共和国培训实习生 20 余名。

1969 年

1 月　由省管的郑州市公路管理段再次下放市管。

1970 年

是年　城市搬运开始使用自制的简易汽车(又称小四轮)从事市内运输，人力大板车基本淘汰。

1971 年

8 月　人民汽车公司参加了在保定召开的全国汽车节油技术经验交流会。并被评为汽车节油第二名。

1972 年

5 月　郑州市交通局恢复办公，市公路、交通、邮电、汽车修配等企事业单位归口市交通局统一管理。

1973 年

市内运输、搬运都装备了自制的简易汽车、铲车、叉车等，基本实现了运输机械化。

7 月　人民汽车公司引进、使用"三硫化钼"固体润滑技术，获省建设厅重大科技奖。出席全国技术经验交流会。

1974 年

2 月 1 日　省交通局汽车大队驾驶员郁馥酒后开车，在中牟县郑庵火车站东闸口外道口因抢道与西行 183 次旅客列车相撞，当场死亡 4 人，抢救无效死亡 3 人，重伤 7 人，车辆完全报废。

8 月 1 日　人民汽车公司的票种、票价进行简化调整。票价由二进位制改为五进位制,起价为0.05元。

1978年

5月　建成郑州长途汽车站。计划投资125万元,实际投资164.7万元。

12月24日　郑州市电车会战首期工程破土动工。

1979年

5月1日　郑州市区内第一条无轨电车101路正式通车。

9月12日　郑州市无轨电车公司成立。

10月25日,郑州市无轨电车公司更名为郑州市电车公司,隶属市城建局领导。

1980年

12月　郑州市革命委员会交通局更名为郑州市交通局。

1981年

3月　市交通运输公司撤销,所属3个搬运站分别更名为郑州市第一、二、三交通运输公司;原三轮车客运站更名为郑州市客运公司,均隶属于市交通局管理。

10月　国务院授权国家计委、国家经委和交通部联合发出《关于划定国家干线公路网的通知》,通知中划定的70条国道路线,有4条进入郑州市域:一是北京至深圳;二是北镇至郑州;三是连云港至天水;四是锡林浩特至海安。

1982年

12月30日　电车公司"共青团"号电车驾驶员王丽萍同志代表206号优秀车组出席团中央十一次代表大会,受到中央领导邓小平、胡耀邦、陈云同志的亲切接见。

1983 年

5 月　国家经委、交通部、铁道部在郑州联合召开公路、铁路客运分流座谈会。

9 月　地市行政区划调整，原开封地区管辖的中牟县、新郑县、巩县、密县、登封县划归郑州市管辖。

12 月　成立郑州市交通监理所，隶属市交通局，负责郑州市辖五县的车辆监理工作。

1984 年

1 月　郑州市公路管理段改为郑州市公路管理总段。

2 月 27 日　国务院发出关于农民个人或联户购置机动车船和拖拉机经营运输业的若干规定，国家允许农民个人或联户用购置的机动车船和拖拉机经营运输业。这是国家改革、开放政策在公路运输业的重要体现，标志着公路运输业的发展进入了一个新的历史时期。

5 月 15 日　经市编委批准，市人民汽车公司、市电车公司合并组建为郑州市公交公司，隶属于市公用事业局领导。

9 月 1 日　郑州市 103 路电车开通运营。

11 月 16 日　公交公司二场自编 2－219 号车在通过 502＋381 铁道口时与郑铁 132 次车相撞，造成 11 人死亡、12 人重伤、29 人轻伤、客车报废的特大责任事故。

1985 年

1 月 21 日　登封县颍阳乡驾驶员范怀清驾驶的长途客车在毕家村发生事故着火，车上 53 名乘客，烧死 18 人，烧伤 33 人。

4 月　经省编委批准，组建郑州市车辆购置费征收管理办公室，事业编制，定编 11 人，隶属市交通局管理。

12月　郑州市公交公司汽车一场被评为全国城市公交系统优质服务竞赛先进集体，并参加了在北京召开的表彰会。

1986年

4月　郑州市第二交通运输公司机动车厂的改革受到了国内外新闻媒体的关注，《人民日报》曾发表评论员文章和专题报道，引起省、市委领导的重视。

9月30日　郑州黄河公路大桥竣工通车。该桥全长5549.86米，是当时全国最长的公路桥。

1987年

1月7日　河南省汽车运输公司郑州公司下放郑州市交通局管理。

6月10日　郑州市交通监理所成建制移交郑州市公安局管理。

是年，河南省交通厅与郑州市政府签订公路建设大包干合同，这是改革开放中，公路建设下放地方政府管理的一次大胆尝试，在全省、全国都属首家。

1988年

元月6日　经市编委批准，成立郑州市公路工程质量监督站，事业单位，编制6人，正科级规格，由市交通局管理。

1月9日　经市编委批准，由市交通局、市公安局、市公用事业局等三家共同组建郑州市城市出租汽车管理办公室、日常办公设在市公路运输管理办公室。

1月12日　经市编委批准，成立汽车客运服务中心，事业单位，编制9人，副县级规格，隶属于市交通局管理。

2月11日　省委副书记、省长程维高到市公交公司视察工作。

4 月　为解决郑州火车站地区客流量大、交通拥挤状况，在郑州市区分别建立了长途汽车客运东站、西站、南站、北站和旅游站等 5 个过渡性汽车站，实行了客运分流，有效地解决了长期以来困扰管理部门和人民群众的行路难、坐车难、管理难的大问题，受到了中央有关部委和地方政府部门的高度赞扬。

5 月　郑州客车厂研制、开发的 ZK90C10 系列新型公路客车通过省级鉴定。该系列产品在 1988 年河南省首届汽车展评会上荣获一等奖。

6 月 30 日　河南省计经委、交通厅颁发《河南省公路客票附加费使用管理办法（试行）》，自 1988 年 7 月 1 日起施行。

8 月　郑州客车厂设计、制造的 ZK115Y15HK 型后置前开门空调高级旅游大客车成功问世，该产品填补了省内交通工业的一项空白。

10 月　经市编委批准，成立郑州市公路重点工程管理处，事业单位，编制 2 人，副县级规格，隶属市交通局管理。

1989 年

1 月 14 日　郑州市编制委员会批准将郑州市公路运输管理办公室更名为郑州市交通运输管理处，事业编制，核定人员为120 名。

3 月 2 日　荥阳汽车站 01－14055 号汽车在郑上路长途客运西站西约 300 米处发生爆炸，死亡 10 人，伤 20 余人。

4 月 17 日　郑州市编委批准设立郑州市机动车修配

管理处，事业编制，核定人员20名。

5月6日　郑州客车厂ZK5020型客车通过省级技术鉴定。

9月　国道107线郑州西黄刘村至小刘村高等级公路竣工，公路全长29.38公里，为郑州市第一条高等级公路。

9月30日　郑州黄河公路大桥南接线工程试通车。

10月30日　郑州市交通运输管理处与郑州预算外资金管理委员会办公室联合下发了《对贯彻执行运管费实行统收统管的通知中有关问题的说明》，此文下发后，除中原区运管所和金水区运管所外，其余6县4区都实行了运输管理费统收统管。

12月3日　河南省交通厅、省物价局根据国家有关通知精神，对省内公路汽车客运票价作了调整，郑州市提价幅度达50%。

12月24日　郑州市编制委员会批准建立郑州市高等级公路管理处，事业编制，核定人员20人。

1990年

3月　国家交通部决定在全国范围内开展道路货物运输市场整顿，根据省、市有关指示精神，郑州市成立了以分管市长为组长，交通、工商、物价、公安等部门领导为成员的整顿领导小组，办公室设在市运管处，各县(市)区也成立了相应的领导组织，郑州货运市场大规模的整顿治理全面开始。

4月5日　郑州市交通运输管理处和市农民劳动力进城统筹管理办公室、市公安局非机动车辆管理所联合下发了《关于加强从事搬运装卸、理货业劳动力管理的通知》,对以上人员加强了行业管理的力度。

5月9日 市公交公司晋升为省一级企业。

6月1日 郑州汽车客运总站举行奠基仪式,省市领导出席。

10月 摩托车维修个体户祝进福状告市交通局越权行政执法,经郑州市中级人民法院审理,市交通局败诉,这是《行政诉讼法》颁布后,郑州市第一起引起社会关注的"民告官"的诉讼案件。

11月15日 全国公路旅客运输工作会议在郑州召开。会议听取了郑州客运分流经验介绍和汇报,受到了与会领导和代表的高度评价。

11月21日 公交公司改变零售票进位制,实行"0.1元起价、0.1元进位",0.1元以上的分值四舍五入,成人月票调为10元,学生月票不变。

12月23日 国道107线郑州路段29.38公里高等级公路通过国家级验收。

1991年

1月24日 连接欧亚大陆桥的国内最大集装箱基地,在郑铁东站建成交付使用。

2月24日 郑州市交通运输管理处下发《关于尽快恢复郑州公司郑州至新乡营运线路班次的通知》,要求郑州客运公司、客运中心研究解决久拖未决客车进站等事宜,并协调双方达成了一致意见,至此,为期一年的新乡客运公司和郑州客运公司车轮大战宣告结束。

6月 郑汴洛高速公路郑州至开封北半幅工程动工。

7月 郑州市公路运输管理干部培训中心第一期工程开工建设。

8月　豫03线候寨大桥工程竣工，桥长252米，投资810万元。

8月20日至27日　国家交通部副部长王展意来郑州视察国道107线郑州路段，并视察了长途汽车站等单位。

9月　郑州市货运市场经过近二年的治理整顿，在市级自查的基础上，迎接了省厅组织的验收和交通部检查组的抽查，受到了好评。

是年　经市政府同意，由市交通局、市公安局共同组建“郑州市公路客运乘警大队”人员和经费由交通局负责，日常管理和业务由市公安局负责。1998年全部归市公安局。

1992年

2月　《郑州公路主枢纽规划》被交通部、省政府批准通过。

3月20日　全省范围内开征公路客运燃油附加费，征收标准为每人公里4厘。

4月　由市运管处起草的《郑州市货运管理办法》以市长令形式颁发实施。

6月　郑汴洛高速公路郑州至开封南半幅工程动工。

6月14日　郑州市交通运输管理处受市劳动部门委托制定下发了《关于市区搬运、装卸、理货业的管理和劳动部门委托代收“城市容纳费”和“务工从业管理费”的通知》，就搬运、装卸、理货业的申报、审批，收取“两费”的范围和标准作了具体规定。

8月26日　副省长范钦臣、省教委主任徐玉坤等领导视察了郑州客车厂为全国集资办学现场会赶制的

ZK6980 型卧铺客车。

11 月 25 日　公交公司零售票价提高,改“一角起价、一角进位”为“二角起价,一角进位”。成人月票调为 15 元,学生月票调为 5 元。

12 月 28 日　郑州市人大常委会发布《郑州市公路路政管理条例》。

12 月 30 日　郑州市汽车客运总站投入试营运。

1993 年

1 月　郑汴洛高速公路郑洛段动工。

5 月 26 日　市交通局被郑州市政府命名为“市级文明单位”。

7 月　国家交通部、河南省政府批准实施郑州公路主枢纽布局规划。

9 月　经市编委批准,成立郑州市地方公路管理处,事业单位,编制 25 人,副县级规格,隶属市交通局领导。

11 月　郑洛高速公路郑州(沟赵)收费站至 107 国道十八里河过境绕城高等级公路动工兴建,这是连结国道 107 线和郑洛高速公路线的重要通道。

12 月 25 日　巩义市坞罗河公路大桥竣工。这是郑州市六县市中第一座贷款修路、收费还贷的商品公路桥。

12 月 27 日　郑州市交通运输管理处为加强客运市场管理,整顿客运秩序,制定下发了《关于客运车辆发放进站证的通告》,决定从 1994 年 1 月起实行客车发放进站证,一车一证,凭证进站运营。

12 月 31 日　经市体改委批准,郑州客车厂改制为股份制企业,全称“郑州宇通客车股份有限公司”。

12 月　郑汴洛高速公路郑州至开封北半幅工程

竣工。

1994 年

8 月 11 日　中牟县新建公用型长途汽车站竣工投入运营，车站主体工程建筑面积 3838 平方米，投资 255 万元。

10 月 23 日　郑州市交通运输管理处下发了《关于下达 < 运输服务、搬家运输业户行业管理达标条件 > 的通知》，我市运输服务业的管理提高到一个新的层次。

12 月 18 日　郑州市第一条有偿使用客运线路郑州至上街线竞投大会获得成功，100 台郑上线客车中标参运。

12 月 30 日　郑州市区金水路上的“四桥一路”（即紫荆广场、新通桥、大石桥、河医大广场等 4 座立交桥和连结新通桥、大石桥立交桥的高架路）工程竣工通车。

1995 年

3 月　新郑新建公用型长途汽车站竣工投入营运，车站主体工程建筑面积为 3734 平方米，工程投资 255 万元。

4 月　市交通局暨运管处被省政府命名为“省级文明单位”。

6 月 19 日　郑州市公交公司更名为“郑州市公共交通总公司”。

7 月　郑州市公路运输管理干部培训中心二期工程竣工。省交通厅、市政府有关领导参加了开业仪式。

9 月 16 日　上街区新建公用型长途汽车站竣工投入客运，车站主体工程建筑面积 1851 平方米，投资为 160 万元。

10 月 6 日　郑州公交总公司首次在郑州推行无人售

票这一新的城市公交运营形式。

11 月 21 日至 22 日　郑州市运管系统运输管理法规知识竞赛在市交通运输管理处举办,各县、区 13 个代表队经过激烈角逐,中原区运管所荣获第一名。

12 月 15 日　郑州市交通局与河南电视台联合主办(郑州市交通运输管理处承办)了《七彩虹·公路运输管理》专题综艺晚会,省、市有关方面的领导出席了晚会。

12 月　郑州至洛阳高速公路竣工通车。

1996 年

1 月　郑州市公交总公司对市内经营公交线路的社会“中巴车”进行统一管理。

2 月 25 日　根据有关运输法规,凡新申请从事道路运输业的从业人员今后必须进行业务培训,培训合格后发培训合格证,实行持证上岗。

6 月　巩义新建公用型长途汽车站竣工、投入营运,车站主体工程建筑面积 4858 平方米,投资 272 万元。

8 月 13 日　经市编委批准成立郑州市机动车驾驶员培训学校管理处,事业单位,正科级规格,定编 8 人,隶属市交通局管理。

9 月　郑上线 81 台客车经营者因客票附加费问题实行 1 天罢运。

9 月 28 日至 10 月 5 日　郑州市交通运输管理处进行了为期一周的全员军训。同时,受市交通局委托,以 60 人的方块队代表公路交通系统参加了郑州市市直机关首届职工运动会开幕式。

12 月 12 日　310 高速公路西张至荥密路口公路工程竣工验收。这是世界银行贷款新建的公路工程。

1997 年

1 月 1 日　郑州市公交总公司为郑州市区 60 岁以上老人办理免费乘车证，乘车路线与社会月票相同。全年分两次（1 月、7 月）为 10.2 万名老人办理了乘车证，在全国引起了巨大反响。

3 月 26 日　郑州市运管系统（含 6 区 6 县（市））实行运政人员文明服务、持证上岗。要求全市人员在执勤和工作时间内要着装并佩戴胸卡、证件上岗，以加强自律监督机制。

4 月 10 日　河南省交通厅表彰全省十八个“文明窗口”收费站。豫 03 线登封西岭收费站榜上有名。

6 月 28 日　河南省首条公交双层大巴线路－601 路在郑州建成通车，全程 9.8 公里，全线配双层大巴 14 辆。

12 月　郑洛高速公路郑州西（沟赵）收费站至 107 国道十八里河西南绕城高等级公路竣工通车，路长 32.4 公里，总投资 2.1 亿元。

12 月 26 日　根据国家交通部《道路货物运单使用和管理办法》及省交通厅要求，自 1998 年 1 月 1 日起使用货物运单。

1998 年

4 月 1 日　国家交通部《汽车租赁业暂行规定》颁布。我市汽车租赁行业纳入依法管理轨道。

7 月 22 日　郑州公路总段同香港乾坤国际贸易公司就合资经营省道豫 03 线岳村收费站达成协议。

8 月　因为在郑州火车站地区设置客车发车点问题，宇通快运公司同郑州客运公司的营运矛盾激化，宇通快运部分职工和车辆围堵市通局大门，引起社会关注，被新闻舆论炒作为“龙虎斗”。

9 月 23 日　因客运站调整、搬迁问题，郑州联开公司部分职工和车辆围堵市交通局大门两天之久，在社会上造成一定负面影响。

11 月 23 日　经郑州市交通局党委研究决定，将郑州市公路运输管理干部培训中心移交市交通运输管理处。

11 月 30 日　郑州市公路总段与交通部公路科学研究所共同完成了 SF 桥梁伸缩缝的研制。

12 月 31 日　经郑州市政府办公厅批准，同意筹建“郑州市道路运输信息服务中心”，并列入 1999 年度第一批城建项目。这将促进郑州运输市场的迅猛发展，形成辐射全国的信息网络。

1999 年

6 月 1 日　郑州市交通局、郑州市公安局联合发布了《关于加强郑州市运输市场秩序管理的通告》。

6 月 2 日　为落实市政府指示，整顿、治理火车站地区交通秩序，由市交通局牵头，市运管处、市客运公司、市联开公司、市交通运输二公司等单位召开协调会，就压缩火车站地区客车班次问题达成共识。

7 月 1 日　经郑州市政府同意，在市区内建设十个货运交易市场。

9 月 27 日　郑州市交通系统“祖国颂”大型歌咏比赛在市青少年宫举行，市公路总段、市机动车维修管理处、市交通运输管理处分别荣获一等奖和组织奖。

12 月　郑花公路扩建工程竣工，一级公路技术标准，路长 5 公里，总投资 9472 万元。

2000 年

1月10日　市交通运输管理处下发《关于加强市(县)乡客运班线运输统一管理的通知》,凡属县乡客运班线,统一纳入审核、管理,统一发放道路运输证和营运线路牌。

1月27日　中央电视台《焦点访谈》栏目记者对郑州长途客运南站拉客、宰客现象进行曝光。市运管处组织120人队伍对全市客运市场进行检查、整顿。

3月1日　经市编委批准,郑州市公路管理总段更名为"郑州市公路管理局",为正县级事业单位。

4月1日　郑州市运管系统实行了微机统一收费管理。

7月16日　根据《中华人民共和国捐赠法》,郑州市对厢式营运货车收取捐赠费,捐赠资金用于社会公共设施建设。

是年　郑州市公共交通总公司职工朱宏艳在第十一届残疾人奥运会上一人夺得五块金牌,创下了新的残奥会纪录,成为我国有史以来残奥会夺得金牌最多的选手,被国家、省、市授予多项荣誉称号。

附录一　道路运输管理理论成果集锦

完善道路货物运输市场促进运输经济发展

全国大中城市道路运输管理第九次会议交流论文

建立社会主义道路运输市场经济体制，是新时期解放和发展运输生产力的客观要求，道路货物运输市场是社会主义运输市场的重要组成部分，如何培育和发展道路货运市场，构建新的管理模式，就成为发展道路运输经济的关键。在此，本文结合郑州市货运市场情况，对完善道路货运市场问题谈些浅见。

一、当前道路货运市场的现状

改革开放以来，道路运输经济计划体制下的垄断性壁垒受到了强烈的冲击，自发性的、竞争性的市场机制业已发生作用。当前，在计划经济向着市场经济转换期间，由于宏观调控措施尚未到位，市场调节自身的弱点与市场功能不完备之外交媾在一起，形成了市场的一些弊端和一定程度的混乱。具体到道路货运市场来说，先天的发育不足和培育与管理滞后，成为目前商品化程度较低的货运市场的明显特征。其存在的主要问题有：

1. 市场状态模糊，影响资源要素组合。

主要表现在货物运输在有市无场和有场无市现象较突出。前几年治理整顿期间，各地建立了一些货运市场，但多数属于马路市场或停车场改造的形态，行政强制因素及地方垄断成分较浓，后来管理措施跟不上，不少已经自流。因此，相当地方市场处于无形中或名存实亡。市场的无形化，运输业户无固定场所可进；部分有形市场的垄断，使其他运输业户难以进入；有的市场信誉不高，交易不规范，使得经营者不愿进入。这种运输市场状态的模糊、不清晰，使运输经济的人力、运力、财力资源难以有效组合，合理流动，影响了运输经济的健康发展。

2. 运力结构不合理，难以保证社会需求。

随着经济的发展，高值产品比重上升，同时也对货物运输提出了多样化、高规格的需求。而目前社会运力呈现着“三多三少”状况，即：普通型车多，专用车少；中、小吨位车多，大吨位、功能强的车辆少；汽油车多，柴油车少。郑州市多数县（市）货运专用车或零担车发展甚少，市场上一些待运鲜活物品、危险物品、大件货物找不到车的情况不时出现，而运输低值产品则车多货少，争抢货源的问题却时常发生。除运力结构外，布局上也不尽合理，一些贫困地区、山区群众乘车难、运货难的问题也还没有真正解决。此外，厂矿、企事业单位自用运力数量甚大，车辆基本都属普通型，近年来，它们多数进入市场，或公开或隐蔽地从事运输，也加剧了运力结构的失衡。

3. 市场信息不真实，经营者盲目性大。

一是运价信号失真。1992 年下半年以来，我省货物运价放开，运价主要由市场调节，由于车多货紧，供求失衡，围绕货源竞争激烈，运价成为经营者竞争的主要手段，为了在市场上占有份额，利用回扣、佣金招揽货源相当普遍，形成运输价格反映不了运输劳动价值的背离现象。成本的提高,参运者只能微利或靠拼车耗蚀本性经营。这种运价的失真和扭曲,反映不出价值规律的真正调节作用。二是运输经济信息不畅通。由于货运市场的无形化,不规范和市场机制作用不充分,货源市场垄断,闭锁局面还没打破,使运输的供求信息、经营信息、市场运行信息处在分散的零乱的以至虚假状态,加之市场缺乏信息收集、传递与反馈的现代输送手段,经营者难免陷于盲目的被动状态,突出表现如参运者缺乏认真的货源调查论证,随意购车,加剧了运力增长势头,一旦经营受挫,又频繁地报停或转籍卖车,改变经营范围。

4. 市场竞争不充分,行为规范欠力度。

表现在:一是市场主体发育不成熟。供求双方是运输市场的主体。目前公有制运输企业仍处在经营机制的转换中,以市场为导向的经营机制还没有完全建立起来,不具备或不完全具备"四自"条件;非营运性运力单位多数尚没有转向"四自"形式,对其母体依赖性大,其所在单位多属于货源拥有大户,这部分车辆进入市场参运基本不以供求为导向,而以本单位生产忙闲为基础,且不同程度地逃避了税负或将税负转嫁于母体。因而,无论从货源的保障上,还是其经营成本的负担上,较之其它运输业户在市场竞争中都处在不平等的地位。二是部分市场主体经营行为出轨严重。无证经营、偷漏税费、强装抢运、滥用票证、收受回扣、居间盘剥等不正当竞争行为不时反映在运输经营活动中,且隐蔽性强,难于管理。三是运输法规层次低。我们知道,我国的道路运输法规既不健全也不配套,尽管以往各级形成一些规章,由于规格较低,力度不足,以至在市场行为规范中制约性不强。

5. 社会化服务基础差，运输组织化程度低。

近年间在货物运输活动中，单车承包普遍，经营者散兵游勇式的单兵作战是主要形式，既不适应激烈的市场竞争，也相悖于社会大生产和运输专业化的发展要求。运输生产的开放性、统一性，需要社会提供多角度、大范围的保障服务，而围绕运输生产过程的服务基础尚处在初始状态。主要表现如：运输市场的有形化和货运代理业的市场化尚处在起步阶段；服务运输生产的场、站建设不少地方还没有多大进展，原有的一些企业自用站场设施陈旧落后，经营粗放，场站建设存在着明显的欠帐等。这些问题都不同程度地制约着货物运输市场的培育和发展。

二、培育和发展道路货运市场的对策

基于货运市场现状的分析，笔者认为加快货运市场的培育和发展应从以下方面努力：

(一)积极推进建立合理配置资源的市场机制步伐

1. 切实实行优胜劣汰的竞争机制。

竞争是市场的主要特征。这种竞争是在一定规则和遵守法规前提下的公平、合理、有序的竞争。为此，政府和管理部门应该：一是积极鼓励竞争。对于各种经济成分和经营方式，凡是符合开业条件和经营资格的，都应开绿灯，都应一视同仁、平等对待，不歧视，不偏袒，使各个市场主体真正体现出比较性的竞争；二是要促使平等的竞争。进入市场的主体必须具备明确的产权关系及独立的法人资格，必须实行独立核算，自负盈亏，对于厂矿企事业单位自用型车辆进入市场，要坚持与其母体脱勾，达到“四自”条件，同时各种主体应实行相同的税负，消除照顾因素。例如:取消在缴纳养路费、客货运附加费方面的差别。没有同等环境条件的竞争,不是真正的市场竞争;三是维护合理竞争。主要是建立健全市场有关规则,在目前已出台的法规、规章的基础上,做好执法监督工作,赏罚严明,促使竞争行为规范化。

2. 完善供求机制。

没有供求,就没有市场。货运市场供求机制的完善,重点应放在理顺货源进入市场的关系上。开放的、统一的货源供给市场的形成是市场经济的必然趋势。近阶段可在二方面下功夫:一方面要大力发展运输信息服务部、配载服务部、仓储理货站等经营性的货运代理,使这类运输服务中介组织发挥受理货源、联系运力、代办托运、帮签合同、代办结算等服务功能。时机成熟时,可组织其规模经营,组建以货物集散为主要功能的货运服务公司,扩大业务辐射面。另一方面,应努力建立较为高效通畅的运输供求信息网络。利用现代信息联络手段,及时向货主单位提供运力条件、服务形式、质量信誉等信息;向运输单位提供货源流量、流向、质量标准、运输方式以及运价幅度等信息。同时提供信息预测和技术咨询等项服务,发挥供求机制的作用。

3. 进一步完善价格机制。

计划体制下的低运价政策,使得道路货物运价弹性很低,不利于影响供给。当市场运输需求旺盛时不能上扬价格来吸引增加供给或平抑供给,当需求疲软时运价难以到位又不能鼓励供给。价值规律在货运市场上长期处在畸形状态,这样的价格机制,市场功能难以发挥,因此,只有建立以市场价格为主的运价机制,才能发挥价格杠杆的调节作用。郑州市货运价格放开(集装箱、零担运输例外)还是较早的,但运输活动中价格反映不了价值的问题仍是明显的,为此,要深入理顺。一是要支持实行差别运价。对普通货物与特种货物,平原运输与山区运输,保时保质运输与一般运输,鼓励实行差别价格,优质优价,促使价格体现价值;二是应实行有限幅度的上下限价。在当前市场机制尚待完善,调控手段较软的情况下,运价作为经营者重要的竞争手段,反常的压价、抬价,排挤竞争者,损害运输者和供给者利益的问题较严重地充斥于营销活动中,为了不至于失控,应规定货物运输的上下限价,让经营者在价格的浮动范围内展开充分的竞争。

(二)加快社会化运输服务体系建设,促进货运市场发育

根据运输市场的现状,针对近年来运输经营单车化趋势引发的问题,结合运输生产过程对社会服务依附性的特点,建立道路运输社会化服务体系问题明显摆在了我们面前,这是运输市场完善和社会化大生产发展的客观要求。为此:

1. 要加快货物运输社会化服务体系建设。

近年来,河南重视了社会化运输服务体系的建设工作,省厅提出的基本框架为:以中心城市为龙头,以县乡为基础,以厂矿、货源集散地为网点,以经济合同或契约为纽带,建立起一个具有信息功能、技术指导功能于一体的社会化运输服务网络系统。该系统由不同层次、多种结构的子系统组成。货运社会化服务系统作为基础性的子系统,其构建思路与功能在这个框架中作了覆盖性的表述。在近阶段,货运社会化服务体系的目标,应是建立

独立经营的货运代理服务系统。货物集散、信息联系、理货配载是其基本功能。当然,货运服务体系的内容可以更广泛,围绕运输生产的吃、住、行,修理、配件、质量、调解、技术咨询以及组织联营都可以进入市场,纳入服务体系之中。服务体系是一项复杂的系统工程,不可能一蹴而就,可以先从当地经济较发达的地方抓起,对于自然形成的城乡生产资料、生活资料等货源集散地要主动地去占领,逐步拓宽服务体系空间,形成多层次、大范围、上下贯通的服务网络,使运输生产过程得以全方位的保障性服务。

2. 要下功夫抓好货运场、站设施建设。

货运场站建设是运输服务体系建设的重要内容,是培育货运市场的物质基础。要改变市场有形不足、经营无序、服务脱节的局面,实现运输承托交易归站进场,当务之急是加快场站建设步伐。因而,应引起各级主管部门足够重视,统筹安排,合理布局,舍得投资。既要抓好对原有企业内部站场的改建扩建,更新设施,实行对社会开放,又要抓紧对公路枢纽、货物集散地域场站建设项目的上马工作。当然,资金不足是主要障碍,目前,省内有的起步较早的县(市)"多征地、少建房、先建场,后引市"和"交通征地,社会建房,一家管理,利益共享"的作法不失为经验之谈。同时场站建设应同基层交管站建设结合起来,提倡一站多用,功能多种。可以从经济较发达的乡镇抓起,而后扩展,形成区域联网。

3. 要继续创办有形货运交易市场。

市场是市场经济活动的载体,没有发育成熟的市场,就没有实际意义的市场经济。运输商品的无形性和生产消费的同一性,形成了运输商品交换的随机性,加之运输线长面广,交易可以随时随地的发生。但这种交易的随机性不是社会市场经济的要求,而是自发市场的一种产物,是运输市场经济不成熟的反映,这就在客观上要求我们建设更多的有形市场,为择优承托、公开交易提供必须的场所,为监督交易、规范市场行为创造条件。郑州市辖区货运有形市场近年来有些基础,点状居多,由于管理松动,有的形成了自流。面上的无形化和自发性的初始状态仍是明显特征,为此要继续坚持走建立、培育、巩固和完善的路子,搞好有形市场建设。各地的实践表明,建立有形市场,既要解放思想,积极推进,又要实事求是,脚踏实地,既要全面规划,合理布局,又要因地制宜,不搞一刀切。在此要注意做到:要以市设场,运用自发性;因势利导,注意实用性;合理选点,防止盲目性;服务配套,增强功能性。有形市场同货源紧密联系在一起,要制定政策,鼓励零星的分散的货源进入市场。同时,对货源较多或集中的地方可实行派人驻点管理,洛阳偃师市对大宗货源单位设运管办事处和郑州新郑市对重点货源单位成立联合调度组的作法都是有益的启示。另外,为提高货运市场的配套性,在车货进场交易的同时,注意组建搬运装卸劳务市场,使社会对装卸劳力的需求也有一个可取的场所。

(三)加强货运市场的管理

1. 搞好市场调控,促进需求总量平衡。

货运市场调控的重点,是要依据经济发展对运输的需求来控制和调整运输供给的结构与总量。为此,要重视经济性的市场调查,切实掌握本地区资源的流量、流向、流时、流程及变化规律，搞好预测，掌握价格涨落、营运动态与各种市场信息，制订发展规划，使运输总量的调控建立在科学的基础上。在目前行政手段弱化，新的调控方式尚在探索的情况下，对运力投放调控，主要应依靠政策引导和信息引导，同时强化对新开业户经营条件审查以及对原经营业户年度审验的手段。运力投放审批，放开额度限制是需要的，但不等于不要资格条件审查的程序制度。不少单位坚持实行“运力额度不限，审批程序不变”的方法是起到了较好效果的。搞调控，不仅要在“控”上做文章，而且要在“调”上下功夫。要制定相应政策，优化运输工具的配置结构，鼓励发展大吨位、柴油车、集装箱、自卸车和其它专用车辆。政府和主管部门要明文规定，严格车辆报废更新条件，并限制对环境公害性大的车辆投放市场。要进一步搞好经营结构的调整，重视抓好非营运性车辆进入市场以及与母体脱勾工作，促进规模经营，提高运输组织化程度。

2. 转变职能，改善管理，提高货运市场管理水平。

市场越开放，越要加强管理，管理也是生产力。新形势对管理有新的要求、新的内容。对此运管部门要围绕“统筹规划、掌握政策、信息引导、组织协调、提供服务、检查监督”的职能要求，转变职能，改善管理，突破过去旧的思维定势和管理模式，探索货运市场管理的新路子。首先，在管理职能方面，要从以行政手段为主转向以经济和法律手段为主上来；从过去设点检查为主转向下功夫抓源泉管理上来；从单纯监督检查转向既监督检查又保驾护航，既监督经营资格又监督经营行为上来；从过去管车管货为主转向促进运输生产要素合理配置上来；从忙于召集开会，布置任务转向把握市场供需，搞好规划、协调、组织引导上来。其次，在服务职能方面，要从等业户上门办事转向走出门到户送方便的主动服务上来；从局限于办证、收费转向为经营者提供多种服务，发展社会化服务活动上来。

除了上述方面以外，还应抓紧运输法规的立项与制订工作，增强管理人员素质，加强全员培训，不断提高依法治运及科学管理水平，使道路货运市场在开放、统一、竞争、有序的轨道上健康发展。

郝占元

1994 年 6 月

实行客运分流 整顿“窗口”秩序

全国大中城市道路交通运输管理第五次研讨会交流论文

郑州，地处中原，市辖 6 县、6 区、117 个乡镇，人口 521 万，其中市区人口 113 万。郑州是我国重要的交通枢纽之一，京广、陇海两条铁路干线和 107、310 两条公路国道分别在此交汇；省级公路网以此为极点向四周辐射，省道豫 01、豫 03、豫 04、豫 05、郑尉公路均以此为起点，形成我国贯通南北、连接东西的重要的陆上交通枢纽。

党的十一届三中全会后，随着改革、开放的不断深入，带来了经济的大发展，郑州的客运业也日渐兴旺。火车站地区这块不足一平方公里的地盘，自然形成了我市铁路、公路客运的集散地，高峰期日客流量多达 30 万人次，单说进入该地区营运的长途客车就达 1500 余台。由于火车站地区终日人车拥挤，加上管理上的条块分割，出现了管理跟不上，设施跟不上，“脏、乱、差、黑”等问题。作为长途汽车客运是多家办、多头管，长途客车乱停乱放、私拉乱运，处于一片混乱状态。

1998 年元旦，当时的省长程维高同志到火车站地区现场办公，要求对该地区进行综合治理，并把长途汽车客运的整顿治理列为了综合治理的重要内容之一。长途汽车客运的整顿治理列为了综合治理的重要内容之一。长途汽车客运的整顿治理是通过汽车客运分流的方式，在市区设置六个长途汽车分流站，把千余台无“家”可归的长途客车按发车方向分别引入了各站，加以管理。经过综合整顿治理，擦亮了“窗口”，理顺了管理关系，实现了车进站，人归点，净化了火车站广场，方便了广大旅客和车主，提高了经营者的经济效益，收到了较好的社会效果。

一、郑州汽车客运分流的背景

改革、开放的不断深入，带来了客运业的繁荣。郑州的客运从 1984 年开始大发展，国营、集体、个体一起上，仅四年多时间，进入我市经营的各类客车就达 1532 台；其中：国营 708 台、集体 163 台、个体 661 台，营运线路增加到 330 条，其中跨省线路 34 条，通安徽、山东、河北、山西、湖北五省 32 个市县，跨市、地线路 144 条，通省内 117 个市县、矿区，市区线路 152 条；客运量以年 23.12% 的增长速度，增加到日发送旅客近 10 万人次，增长速度之快是惊人的。位于火车站对面郑州唯一的长途汽车站，停车场面积仅有 1800 多平方米，只能停放客车 30 余台。因社会营运客车猛增，由于我们的管理工作没有及时跟上去,造成了汽车客运市场条块分割,多头管理。在经济效益的驱动下,这些客车纷纷涌入火车站广场及附近的一马路、二马路、解放路、福寿街,占地盘,抢客源,乱喊乱叫,乱停乱放,弱肉强食,使本来就拥挤不堪的火车站地区出现了昼夜人车混杂,喇叭声声,吵吵闹闹;一些经营者,不按线路、班点营运,打开车门沿街兜圈揽客等。给交通秩序、社会治安等方面带来了严重问题,有些问题已达到了触目惊心、令人发指的地步。单说这些客车的管理,当时的管理单位就有七家之多。这些所谓管理,大都是占山为王式的,你割据一片,我称霸一方,作为理应该管的交通管理部门又插不进来,形成了谁占地盘谁受益,谁有权力谁收钱的局面。有些车主为求一席之地而不惜重金,为争一个车位,出资几千元者有之,明钱、暗钱一齐上者有之,简直到了无法无天的地步。

火车站地区的拥挤混乱,直接影响了当地市民的正常生活。由于道路窄,人车拥挤,经常堵塞交通,影响了职工上下班。如主要干线解放路上就有两个客车停车场,占去了整个道路。位于该段的医院,急救病人的救护车难以出入,学校的小学生上学、放学不安全,机关无法办公,居民不能安静,交通事故经常发生,各级人大代表多次提案反映。

火车站地区的混乱,使外地旅客意见大,营运车主意见大,当地市场意见大、各种告状信、意见书纷纷飞向省、市政府。

早在 1985 年,市政府就有了汽车客运分流的初步设想。当时想象郑州这样一个人口超百万的城市,无论在城市规划布局还是在方便旅客上,只设一个长途站,让四面八方的旅客都集中到火车站地区的狭小的地段乘车，显然是不合理的。且不说随着经济发展，客流量逐步增多。在这种思想的指导下，我们于 1985 年底和 1986 年初，曾搞过一次分流，终因准备工作不充分，方案制定欠合理等种种原因，使首次分流不到 3 个月就失败了，但它却给人以新的启迪。

1988 年元旦后，省、市政府多次在火车站地区召开现场办公会，研究该地区的综合治理方案，明确指出："要以疏散人流、车流为重点，统筹安排，搞好配套服务"，要把汽车客运分流工作提到重要的议事日程。原省长程维高同志针对客运分流问题指出："客运分流只许成功，不许失败"，强调要由交通部门主管，省交通厅立项目，郑州市拿方案并组织落实，从而拉开了郑州汽车客运分流的序幕。

二、分流的方法

分流方案的制定，市政府及有关部门的领导同志十分审慎，耗费了大量心血，接受了上次分流失败的教训，本着"平等互利，同一起点竞争"的原则，综合考虑，兼顾各方利益。客运分流总的利益关系有三个方面，管理部门要秩序，运输企业(车主)要效益，广大乘客要方便。这三个方面都要兼顾，忽视任何一方，都会对分流工作产生不良影响，甚至导致分流工作的流产。经过大量的调查研究和广泛征求社会各界意见，最后制定了"设立分站、交叉发车、市内设停靠站"的分流方案。落实方案由市政府牵头、交通局主管，其它有关部门积极配合。具体方法是：

1. 选好分流站址，尽快疏散火车站地区的车流和人流，先解决秩序问题。

分流站站址，是由市政府组织交通、公安、规划、城管、公交等部门，经共同协商选择的。我们本着统一规划、单位自愿，谁办谁受益的原则，在市区的四周选择了交通方便，人口集中，场地宽敞，食宿便利，有利于旅客集散、换乘的地方，确定了东站、西站、南站、北站、嵩山站、旅游站等6个站址。提供站址的单位对原有设施进行了改造和扩建，于1988年4月1日各站按时开业，解决了火车站地区人车拥挤、秩序混乱的问题。

2. 发交叉车，设停靠站，方便旅客，解决“广大旅客要方便”的问题。

从方便旅客角度出发，我们在各分站分别安排了部分交叉车，让各站除发主方向客车外，其它方向也发一定量客车，便于旅客就近乘车。同时在市区内较为繁华的公共场所或重要的交叉路口设置了9个长途客车停靠站，使旅客可以就近上下，解决了“广大旅客要方便”的问题。两年多来，广大旅客反映良好。

3. 各分站作为公用型社会汽车站，站本身不准经营营运客车，把全部精力放在提高服务质量，逐步增加服务项目，一视同仁为车主及旅客服务上，以优质服务，为车主创造良好的经济效益，解决“运输企业要效益”的问题。

分站开业后，市交通局根据社会站的特点，明确规定站本身不准经营营运客车，要求各站从一开始提供个别项目服务，逐步过渡到全面服务，提倡对各类车主一视同仁，以优质的服务吸引各类车主到站经营、广大旅客进站乘车。同时规定各站只准收取物价部门审定的适量的劳务费和停车费，争取为车主创造良好的经济效益。6个站开业后，经各站干部、职工的积极工作，各类车主的经济效益都有相应的提高，广大车主反映：“原来我们在火车站地区‘打游击’，经济效益没有保障，现在有了固定经营场所，收入又有保证，进站经营我们很满意”。两年多来的营运情况表明，绝大部分车主的经营效益较好。

4. 划分好国营企业站与各社会站的发车区域，避免争线路，争旅客的矛盾。

为解决企业站与社会站争线路争旅客的矛盾，分流方案专门作了规定。火车站地区的长途汽车站以发120公里以远的长途客车为主，各社会站发120公里以内及长途汽车站容纳不了的120公里以远的客车，避免了企业站与社会站的矛盾，提高了营运收入。

5. 各方通力协作，心往一处想，劲往一处使，携起手来搞分流。

从制定分流方案到全面付诸实施，省、市有关部门在省、市政府的领导下，一切从大局出发，一切为分流着想，尽职尽责，积极工作。市政府秘书长带领交通局有关领导到各县向县长、交通局长、客运公司经理宣传分流的目的和意义，倾听他们的意见；省交通厅先后四次召开全省17个市、地运管处长、运输公司经理会，进行宣传和协调，做工作。公交公司为解决各分站与火车站之间的衔接车及市区内旅客中转问题，增加了三条衔接车线路和两条公共汽车线路，调整了四条公共汽车线路，还专门增加了65台招手即停小公共汽车，形成了市中心通往各个分站的公共汽车大循环；为安排好长途客车在市区的运行线路，市公安局交警支队、城管办会同交通部门，多次进行线路考察，确定长途客车行驶路线和停靠站点，有些路口是其它车辆禁行，专门让长途客车通过；交警支队主动派数十名干警，到各站维持秩序，指挥车辆；开业时各站人手不足，业务生疏，我省的许昌市运输公司、登封县运输公司、郑州客运公司及邻近市、地运管部门都主动支援人员到各站帮助工作；省交通厅领导多次带领有关处、室人员分别到各市、地宣传郑州客运分流方案，征求意见，动员运输企业、运管部门配合好郑州的客运分流；省交通厅运输处还派出工作组帮助各分站加强管理搞好服务工作。分流实施3个月后，省交通厅召开有各市、地运公司经理参加的郑州客运分流对话会议，让大家提意见，一些同志想一场论战是不可避免了，恰恰相反，在发言中没有一家和一个人对分流进行指责，异口同声地恳定分流的成果，表示继续支持、帮助搞好客运分流工作。实践证明，汽车客运分流是一项系统工程，交通部门主管是必要的，有关部门的通力协作是不可少的。

三、分流后的管理

初步实现车进站、人归点后，分流工作的关键转向了对各分站的管理。

——建立健全汽车客运服务中心和分站的领导班子，实行统一领导，统一管理，统一结算，统一收费。

为加强对各站的领导和管理，开业伊始，交通部门首先成立了郑州汽车客运服务中心，又统一任命了各站的站长、副站长；对进市车辆按线路合理安排到各站；对各站的客运业务实行全面管理；对营运收入实行收支两条线，停车费全部及时返给办站单位，站内售票收入集中对车主结算，保证了营运单位的收入。这些管理办法从1988年4月1日开始执行以来，尽管仍有不完善之处，但总的发展还是比较好的，它对强化各站的领导和管理起到了积极作用，效果是明显的。

——加强站务管理，开展“达标”竞赛，全面提高服务质量。

分流一个月后，我们提出各分站管理要向制度化、标准化、规范化迈进，制定了“四统、三定、一全面”的工作要求。即：统一售票、统一收费标准、统一调度车辆、统一结算；定线、定班、定点；为车主和旅客进行全面服务。

新的客运机制运行后，我们发现个突出问题就是职工的政治、业务素质偏低，不能适应客运工作的需要。为此，交通部门组织服务人员认真学习《客规》、《服务质量标准》等有关规章，集中精力狠抓了全员政治、业务培训工作，形成制度，常抓不懈，提高了职工的政治、业务水平，为改善服务质量奠定了基础。

狠抓了规章制度建设。根据社会站特点，我们逐步制定和完善了“客车经营合同书使用及管理办法”、“站务管理办法”、“调度管理办法”、“财务管理办法”、“营运车辆管理办法”、“三品检查制度”、“消防安全管理制度”、“职工考核奖惩制度”、“职工岗位责任制度”、“廉政建设的若干规定”等一系列规章制度。通过这些制度的贯彻和实施，强化了内部管理，使各项工作逐步走向了规范化、条理化。

在抓好内部及外部管理的同时，为使服务质量上等级，交通部门积极组织各站职工开展优质服务达标竞赛活动，并加入了全省“客运服务质量达标竞赛”行列。竞赛活动的开展，使各站好人好事层出不穷，据不完全统计，开业至今，较为突出的好人好事就有1750余件。通过竞赛,提高了服务质量,建站当年年终全省"达标"竞赛评比中,六个社会站有一个被评为一类站,三个被评为二类站,1989 年又有两个站跃入了一类站行列。

——在发挥国营运输企业骨干作用的同时,保证各类参运者都能获得良好的经济效益。

为保证各类车主的经济效益,我们对进入我市社会站经营的 1221 台客车进行了综合分析。国营车辆无论在数量还是在车况方面都占主导地位,在经营方面,他们与集体、个体车主相比各有千秋。个体车况较差,农忙时报停较多,农闲要多拉,具有不稳定的一面。国营及集体性质的运输企业,车况较好,很少出现脱班、报停等现象。根据分析结果,我们在班次安排上采取了扬长避短的办法,使各类车主都能获得较好的经济效益,也发挥了国营运输企业的骨干作用,形成了各类经营者互相补充,协调发展的新局面,为更好地开拓我市的客运市场创造了条件。

四、主要体会和今后设想

我市的客运整顿和治理,解决了火车站地区人满为患和"脏、乱、差"等问题,净化了环境,方便了旅客,也使客运经营者在市内有了"家",所取得的社会效益是不可估量的。在客运分流的实践中,我们常常体会到:

1. 在大城市,实行一市多站和客运分流是必要的,它不仅能缓解市内人车拥挤、交通堵塞及城市交通管理等问题,而且为市民、旅客就近上下车提供了方便,社会效益是显著的。

2. 客运分流涉及面广,矛盾错综复杂,而且又关系到局部和全局利益的调整问题,可以说是一项系统工程,必须政府牵头，各方密切协作和配合，包括市属各部门、全省各市、地及广大车主和旅客。

3. 实践证明，一个城市长途汽车客运的管理，由于受历史的和现实的各种因素的制约，必须由交通部门为主统一管理。

4. 分流的方案必须合理，必须处理好管理部门、车主、旅客的利益关系，否则就可能导致分流的失败。

5. 建立公用型社会站，实行统一管理，是汽车客运发展的必然趋势，是加强客运管理的有力措施，是缓解各方矛盾的重要方法。

我们通过对现有六个公用型社会站的管理，逐步清楚地认识到，各站场地的临时性，设施的简陋性，直接制约了公路客运服务质量的提高。根据交通部计划司计公安(1990)41 号文件精神，市政府下决心，准备用五年时间，规划建设四个大型现代化社会汽车站。作为四站之一的郑州汽车客运总站已动工兴建，预计明年下半年可投入使用。我们相信，随着郑州公路主枢纽工程建设的进展，我市的公路客运业将会有新的发展。

柳荣三

1990 年 8 月

在新的形势面前发展道路运输的思考

全国大中城市道路运输管理第十五次会议交流论文

全国人大对《公路法》修改草案的通过，加快了费改税工作的进程。中美就中国加入世界贸易组织（简称

WTO)双边协议的签署，宣示了我国加入 WTO 时日的临近。面临费改税和我国加入 WTO 后的新形势，道路运输业也面临着新的机遇与挑战。如何驾驭机遇、迎接挑战，发展道路运输，这是各级交通主管部门和运输企业关注的重大课题。本文联系郑州市道路运输实际，就发展道路运输，搞好行业管理问题作些探讨。

一、费改税对道路运输业的影响

费改税是国家财政体制改革的一个切入点。作为财税改革的重要措施涉及到多方面经济关系的调整，它反映了市场经济发展的必然要求，势在必行，迟早要改。它对道路运输的影响是深远的。

1. 对道路运输成本的影响

目前交通部门征收交通规费的方式有两种，即按运输收入比率征收和按车辆吨(座)位定额征收，我市目前实行按车辆吨(座)位定额征收，在费率标准上对专业运输企业和社会运输单位有所差别。根据成本核算，以专业运输企业为例，目前燃油费用约占运输总成本的 25%，交通规费(养路费、运管费、客票附加费)约占运输总成本的 20%。开征燃油税后，改变了交通规费的固定成本特性，变成了随车公里变动的变动成本，车辆行驶公里数越多，缴纳的燃油税越高。据有关抽样调查显示，按目前测算的燃油税税率，改税后的油税支出将至少是目前标准养路费支出的 3 倍以上。营运车辆利用率高，费改税后运输成本将会大幅度增加。对于运输经营者而言，改税后要最大限度地降耗增效，加强组织和管理尤为重要。

2. 费改税对道路运输行业管理的影响

综合来看，费改税影响有两方面：

一个是积极方面，主要有三点。第一，加快运输车辆结构调整。费改税后增大了运输成本，迫使经营者采用先进车型和设备提高车辆技术等级，加快车辆更新换代步伐，降低运输成本，促使行业技术进步；第二，利于经营者之间平等竞争。交通规费转税后，统一了各种经济成份运输规费标准，实现了税额平等，创造了良好竞争的环境，有利于优胜劣汰，发挥市场机制的作用；第三，促使运管工作实行两个转变，即从思想上的固步自封向开放、开拓转变，从重收费轻管理向深化管理，规范市场转变。迫使运管机构改革，分流人员，建立一支高效精干的管理队伍。

不利的方面主要有：一是道路运输成本大幅度增加，对于深化运输企业改革，扭转经济徘徊低谷的局面增大了难度，同时对农村道路运输的发展带来一定的负面影响。二是交通征费人员分流压力大，人员不好安排。与此同时，行业管理难度进一步增大。如车辆如何办证、如何管理，在稽查权限、范围很局限的条件上，如何监督、检查经营行为等，都是困扰的难题。

二、加入 WTO 对道路运输业的影响

为了同国际经济接轨，推动国内经济发展，我国必然要加入 WTO，加入 WTO 对我国道路运输业将产生巨大而深远的影响。

1. 加入 WTO，对发展国内道路运输业是个机遇。

由于我国实行社会主义市场经济体制时间不长，市场经济体系尚处在完善阶段，在道路运输业的发展方面较发达国家在运输结构、组织方式及管理理念方面都存有不小差距。加入 WTO 后，我国承诺开放服务业市场，外国企业进入我国道路运输市场是必然的。按照WTO双边贸易规划，我国开放道路运输市场应完备符合国际惯例的道路运输法律、法规，确立相应的市场规划，这在客观上加快了我国道路运输法制化、市场化的进程，促使道路运输业经济体制改革，有利于国内道路运输业早日融入世界经济一体化。外国企业进入我国道路运输业，将更多地带来资金、技术和先进的管理经验，进一步活跃国内道路运输市场，促使我们政府管理部门和企业更新思想观念、管理方式和方法，无疑，它对于我国道路运输业的发展是个良好机遇。

2. 加入WTO，国内道路运输业将受到有力挑战。

挑战主要反映在两个方面：一方面，我们的道路运输业产业结构不尽合理，不具备与外企竞争的实力。表现在：一是道路运输服务产品数量大、质量低。车辆结构不够合理，客运舒适化程度较低，货运箱式化、机械化装卸作业程度不足。道路运输总体上处在低质量运行状态，没有形成快速、高效、优质的机制。二是道路运输业缺乏竞争力。运输市场放开后，形成了国营、集体、个体的多元化市场格局，服务产品界限的模糊化形成了不良竞争，经营主体过多、过散，组织化程度低。专业运输企业资金短缺、技术落后、包袱沉重。社会运输单位规模过小，经营管理粗放。在一个地区、一个城市挤满了众多的运输经营业户，没有几个具有较强实力能同外企抗衡的经营实体。三是运输市场发展不平衡，培育程度较低。以郑州来说，客货运市场发展失衡现象比较突出，多数运输企业"弃货重客"，逐步放弃了货运市场，个体运输成了货运市场的重要主体，无序的竞争和运价不到位导致货运企业举步维艰。这就在客观上为外企进入具有巨大潜力的货运市场提供了条件。

另一方面,是行业管理不适应 WTO 的要求。主要表现为:市场体系不完善,法制化程度低。从高层说,全国尚没有统一的道路运输法律法规,虽说省(区)级制订了地方性法规,但层次低,地方保护成份大,适用范围、对象各地不能统一,难以形成运输市场统一、开放的大格局;在市场准入制度管理上,行政色彩偏重,经济手段运用不足,对不同经济成份差别明显,引入竞争机制不够,影响市场机制作用的发挥;执法主体的程序化标准不高,适用法规条款时有随意性,影响执法主体的客观、公正形象。

三、及早准备,迎接挑战,加快道路运输业的发展

面对费改税和加入 WTO 后新的形势与特点,联系郑州市的情况,道路运输业的发展同样可以说是机遇与困难同在,问题与希望同存。对此,要有紧迫感,早作准备,以变应变,适应形势的发展。

1. 整顿和重组市场经营主体。

经营主体多而分散,经济实力参差悬殊,竞争行为不规范,以及“弃货重客”,这是郑州市运输市场经营主体的明显特点。客运经营,三千余部郑州籍长途客车,分散在近百家经营单位,虽然说国有单位拥有近半数客车,但挂靠成份比例甚大,承包形式多样,产权界限模糊,挂靠母体不同程度存在重视费用收缴,轻视经营管理的倾向。在利益驱动下多年来企业间内斗严重,强调自我发展,市场整体意识较弱。货运经营,专业企业日见萎缩,受观念和资金影响,投入不足,车辆老、旧,结构单调,市场需求的专用车辆发展迟缓。搬运装卸作业方式落后,机械化程度严重不足。我市运输市场这种状态若不改变,经营主体不仅难以抵御入世后外企进入的冲击,也难免保证经得起省内市场上其他运输主体的挑战。为此,必经走规模化、集约化经营之路。这就要求我市市场主体实行战略性重组,抓紧组建客、货运经营集团,以大、中型运输企业为主体,以资产为纽带,建立股份制客、货运集团公司。

客运集团,建立各分公司,分别以规划批准的汽车站为依托,按发车方向专营某些线路。社会运输单位以合同约束形式挂靠到各分公司。各汽车站组建为站务公司,由集团公司辖属经营管理。各分公司可以在框定的总班次、运力内,根据外部条件变化适当调整运力班次。

货运集团公司,可依现有各专业公司货运车队为基础,通过资产重组,建立货运分公司,分别侧重发展集装箱、零担、危险货物、快件保时等专项运输。货运集团突出运输主业,努力向物流服务业务延伸,利用信息联网手段,提高组货、仓储、输送等服务功能。随着国民经济的持续发展和公路设施的改善,依靠技术进步,道路货运有着广阔的发展前景。

2. 加强场、站基础建设,实行信息联网。

场、站是运输市场的载体,是道路运输业发展的依托阵地。应该看到,我市场站基础设施还比较落后,汽车站布局合理程度不够,现有的规模和设施不少还达不到标准要求。货运场、站设施差距更为明显,就郑州市区而言,确定的十个有形货运交易市场还处在起步阶段,目前仅能发挥停车场的作用,若按其组货、理货、交易、食宿服务功能条件筹建,尚需大量资金和工作投入。分散的运输场、站只有靠信息沟通才能有效地发挥作用。报经市政府立项筹建的郑州市运输信息服务中心将担负这一功能。运输信息是道路运输的纽带，没有快速、广泛的信息支持难以形成合理、高效的道路运输。尤其对于道路货运，发展快速货运和物流业已经显现新的经济增长点趋势。依靠现代通信手段，抓紧信息联网更具有重要的现实意义。

3. 改善行业管理，跟上形势步伐。

加入 WTO 后，道路运输管理仍然照常需要。对于担负政府行业管理职能任务的运管机构来讲，在管理观念、管理方式上肯定会有较大变化。按照 WTO 要求政府管理要公开、公正、透明、规范的原则，目前我们与国际管理惯例存有不小差距。参考有关资料，联系近期高层领导决策意向，今后道路运输除国家加快立法步伐，抓紧完善市场体系外，改善行业管理着重应从以下方面入手：(1)完善市场准入制度。市场准入主要以法规标准为尺度，要将经营者是否达到规定的市场准入条件和资质标准作为准入的主要依据，减少行政干预措施；(2)对符合市场准入资格的经营主体实行不同的管理方法。对关系国计民生和市场供求关系敏感的业务，如旅客运输班线、危货运输经营等，实行审批制，并引入招标竞争机制。对于一般性的经营业务实行登记注册制，只要符合资质条件，均有资格经营；(3)制订相关政策，打破地区封锁和部门保护，消除不公平竞争因素，建立统一的开放的运输市场。对于符合资质条件的经营者，不管其隶属关系如何，实行统一的政策，进行统一的管理；(4)强化运输市场经营行为管理。要加大力度，打击非法营运，制止不正当竞争，建立良好的运输市场秩序。

4. 转变职能，改进方法，加强运输市场监管。

加入 WTO，要求管理部门应严格按经济规律办事。费改税，为管理部门精简机构，集中精力，发挥市场监管职能提供了有利条件。以服务为宗旨，以规范运输秩序为目标，以市场监督管理为中心，由过去收费型管理向管理服务型转变是今后道路运输管理工作的新趋势。在市场监管上，结合我们实际，应考虑从两方面改进管理方法。

一方面，要 坚持放管结合，加大宏观管理力度。要在加强市场调研的基础上适时为主管部门提供决策依据，并根据国家运输方针、政策，制订道路运输发展规划，确定运力发展速度及规模，落实运输结构优化措施。通过开业许可、运力审批、证牌发放、年度审验等措施，运用法规、经济与行政手段不断调控运输市场。

另一方面，要动静结合，加大运输市场动态管理力度。目前，运管机构多数人员主要从事静态管理，如审批、办证、开票、收费、审验等业务活动。直接从事市场动态管理的人员比重较小。对于大面积而又大量的经营行为，需要强有力的监督机制加以约束，过去投入市场检查力量不足也是经营行为规范不够的重要原因。在实施运输市场动态管理中，要注意做到几个转变：一是由重处罚轻教育向以预防为主，处罚与教育结合的方式转变，加强法规宣传，减少违法行为的发生；二是由重执法监督向执法与监督并举转变。推行行政执法责任制，强调执法效果；由重实体轻程序向依法治运、程序规范化转变。提高执法程序意识，准确运用法规条款，增强执法主体形象。

5. 建立运输行业协会，发挥协会桥梁、纽带作用。

九届人大一次会议后，在政府机构改革方案中，把发展中介组织作为转变职能、精简机构、实现政企分开的重要组成部分。培育、发展和建设自主协调与自律性的管理组织，是加强和改善行业管理，建立行业管理新机制的组织保证。我市道路运输行业目前已具备了建立运输专业协会的基础条件，为此，管理部门应积极引导和组织运输经营者参加有关专业协会。按照章程，各成员在享有应有权利的同时，接受行业规定的约束。在协会组织下，引进现代经营理念和模式，推广交流经营管理经验，以进一步促进道路运输业的健康发展。

郝占元

2000 年 8 月

有序发展道路运输　促进城市交通建设

全国交通运输研讨会交流论文

城市是地区政治、经济、文化活动的中心，城市交通是城市社会活动、经济活动的纽带和动脉，对经济发展和人民生活水平的提高起着极其重要的作用。近些年来，随着人口的增长、国民经济的快速发展以及城市化进程的推进，在我国许多大中城市出现了严重的交通拥挤及阻塞现象，严重地影响了城市经济的发展和人民群众的生活。城市道路运输是城市交通的主要构成部分，二者紧密联系、相互促进，统筹规划道路运输并使之协调发展，对于城市交通建设和有序化管理起着举足轻重的作用。

一、道路运输对城市交通的影响

城市交通源于道路运输。交通,是各种运输方式的总称。道路运输历史源远流长,原始社会就已有了简易的道路运输活动,这是当时社会交通的基本形式。城市的形成和社会的发展使交通运输方式逐渐扩展,进入当代社会,以道路、铁路、水路、航空和管道运输诸种方式构成了现代城市交通的综合运输体系。在城市中,各种运输活动及城市人流的有序调节及疏导,是城市交通的基本任务。而在城市交通中,道路作为主要载体,道路运输活动自然成为城市交通的主要活动形式。

道路运输与城市交通有机统一。道路运输包括城市道路运输和农村道路运输,道路运输的整体联系性决定了城乡道路运输的有机统一性。在消灭城乡差别,城乡经济一体化的社会大生产形势下,道路运输与城市交通融为一体的趋势越来越明显。在城市中,道路运输作为交通运输的基础方式,以机动灵活、联系面广、实现门到门运输的特征优势,和特有的联系铁路、水路、航空等运输方式的衔接作用,使之在城市交通中居于基础性重要地位。

城市道路运输是城市交通规范、调节的主要对象。人(客)流、车流、物流集中,是城市的普遍特点,如何使其有序的运行是城市交通管理的主要任务,也是城市道路运输服务行业和职能管理部门的工作要求。合理规划、有效组织城市道路运输对于改善城市交通环境、促进城市建设至关重要。

二、城市交通拥挤原因及道路运输的制约因素

随着经济发展和城市化进程的加快,多数大中城市

交通拥挤严重,交通供给与需求之间的矛盾愈来愈突出,多年来成为政府和人民群众关注的焦点问题。其主要原因是;城市道路容量不足、汽车增长速度过快、公共交通落后、道路运输发展缺乏统筹规划等。

以郑州市情况为例,目前市区人口达180余万,暂住和流动人口70余万;机动车36万余辆,非机动车120万辆;城区道路有180条,其中主干道只有两条达到国家标准,有50条道路被占用为集贸市场,有近百条道路自发形成马路市场,机动车速已由80年代的19公里/小时,下降为现在的13公里/小时;车辆发展盲目性大,机动车年增长率已突破25%,其中城市出租车年增长率35%,现已发展近13000辆。

分析城市交通拥挤成因,多与城市道路运输缺乏统一规划,协调发展不够有关,以至成为城市交通的制约因素。其表现为:

(1)城市道路客运多家管理,部门职能交叉,工作难以协调。

如郑州城市客运,公交车辆由城建委管理,城市出租车由市政委管理(十年间曾更换了四个“婆婆”),长途班车客运由交通局管理。分灶吃饭,产业政策不同,经营者负担税赋不同,使不同隶属关系的经营业户时常发生经营纠纷,出现堵车塞路影响交通和聚众上访现象,也不利于社会的稳定。这种状况在国内不少城市也程度不同地存在着。

(2)运输车辆发展缺乏统一规划,盲目增长。

道路运力增长速度应参照当地国民经济增长速度并适当超前的标准为宜。但当前多数城市运输车辆(包括营运性和非营运性车辆)增长大大高于当地经济发展速度,致使运力与运量比例严重失调。如郑州市出租车发展,十年间先后改换过四家主管部门,每改换一家主管部门出租车猛增长一批,至今市区出租车已达 12000 余辆,加上交通部门管理的 3000 台县(市)出租车,成为全国省会城市中出租车数量最多的城市,不仅给城市交通带来巨大压力,也冲击了其它方式的客运经营。车辆的盲目增长,加剧了供求关系恶化,导致客车实载率下降,货车空驶率上升,运输车辆违章违规行为发生率居高难降,客车在市区违章揽客、兜圈和货车违章占道停车待货等现象屡禁难止,成为政府和管理部门整顿交通秩序中的棘手问题。

(3)运输场、站布局不合理,停车场点设置无序。

城市中道路运输站场和车辆停放场点直接发挥着调节车流、人流、物流的作用,但目前城市中道路运输站场点大多呈现"一多二乱三难管"的状态,即:站场(点)设置数量多,经营无序化情况明显,背景复杂,管理难度大。主要原因在于多头审批、多头管理,该管的难以管,不该管的乱管理。尤其停车场点的随意设置,对城市交通危害更甚。城市中交通容易堵塞的路段,多是运输站、场及停车场点所在的部位。擅自设立运输站点和停车场点管理混乱,是城市运输秩序治理的重点与难点,也是城市"畅通工程"需着力解决的重点问题。

三、改革道路交通管理体制,促进城市交通管理

分析影响城市交通的原因和道路运输的制约因素,透过现象看本质,管理体制不顺是根本性原因,改革城市交通管理体制为治标之本。这是因为:

多家管理、部门职能交叉,使城市客运发展难以统一协调,导致客运车辆盲目增长。负担税费标准不同,形成不公平的竞争,为了争揽客源,不同经营方式的车辆营运矛盾和纠纷不断,政府和相关部门协调极费精力。多家管理、政出多门,导致行业垄断,互设壁垒,使有机联系的城乡客运市场整体被人割裂开来,引发不同部门之间、不同经营主体之间内战不断,既不利于运输市场健康有序地发展,也不利于城市交通建设与管理。

体制不顺,部门"规章打架",加之政府协调不足,导致一些城市运输站场和停车场点多家审批,管理混乱。如在运输车辆停车场点设置上,郑州就存在着交通、公安、城建、工商等部门多家审批多头管理的现象,甚至个别区政府也签发批文。城市中不少宾馆、饭店、外地办事处及拆迁临时闲置场地纷纷成了车辆停放场点,一些批发市场和停车场点变相成了营运车辆的发车场所,时常造成道路阻塞,引发事故危及群众人身安全。

再以城市道路建、养管理渠道来说,目前多数城市存在着以城区划界,城建部门和交通部门分别负责的体制,形成业务上各自立项目、分别上工程,楚河汉界、互不逾越的分割局面。因而,有限的资金无法统筹使用,城市道路建设缓慢,不少"卡脖子"路段长期得不到改造,城市出入口的"瓶颈"状况改变迟缓。

城市交通管理体制不顺的诸多负面影响无须再赘述了,根本的解决办法在于改革管理体制,实行城市交通一体化管理。北京、上海、重庆、深圳、沈阳等大城市在此方面机构改革的模式已足可借鉴。即:以交通部门为基础,将相关部门交叉管理的职能收拢归口,由政府设立交通管理委员会,或组建新的交通局机构,集中担负管理城乡交通运输、道路建养等职能。在政府领导及协调下,城市"交委"(交通局)与公安交通职能机构,明确任务分工,加强协作,共同搞好城市交通管理工作。这种管理模式在国外多数国家已经定型,国内不少城市也已实现,并已收到了良好的效果。

四、协调发展城市道路运输,改善城市交通环境

影响城市交通环境的因素是多方面的,从解决主要矛盾入手,应注重加强对城市道路运输发展的科学规划,实行合理的运输分工。

1. 限量发展城市出租汽车,加快车辆更新换代。

出租汽车发展过快给城市交通带来巨大的压力。出租汽车虽然在城市出现较早,但其始终属于高档消费的一种运输方式。"面的"的出现使出租汽车趋于平民化,逐步进入大众消费行列。然而,由于出租汽车大部分时间处于流动揽客的过程中,驾驶员一方面驾驶车辆,一方面要观察道路上行人上客,职业特点使驾驶员经常"一心二用",影响安全驾驶,加上出租汽车普遍出车时间长、维护不及时等因素造成事故频发。据有关资料,城市交通事故的40%以上发生在出租汽车行业。加之噪音、污染等问题,各地对出租汽车的发展均有不同的限制。管理部门应通过行政、经济的手段,宏观调控出租汽车走出大众消费的行列,鼓励发展高档豪华车,减少数量,提升档次,提高服务质量。

2. 普及大众客运,发展公交大巴。

我国人口众多,城市拥挤严重。同时,从资源和环境条件说也不允许我们象一些发达国家那样充分发展私人汽车，必须立足我们自己的生产能力和条件，大力发展城市公交客运大巴。公交大巴虽然受线路的限制，无法实现“点到点”的服务，但其载客量大、运价低、节约能源，及其适应大众消费的优势，是其他运输方式无法替代的。一辆公交大巴的载客超过 10 辆出租汽车，其节约能源、减少污染及占用道路有限的优点是显而易见的，应鼓励市民出租乘坐公交大巴，必要时城市可以为公交大巴划出专用行车线，以保证公交路线的畅通。目前，一些城市公交客车老旧，车内设施简陋，有些道路还设有开通公交车，公交客车数量不足，乘车条件差，车速缓慢等问题，影响了公交客运的吸引力，应引起政府和管理部门重视。

3. 限制发展公交中巴。

在我国，为便利城市居民出行，公交客运作为一项社会福利事业，各级政府每年都投入资金补贴弥补公交企业亏损。近年间，受出租车的影响，公交车客源分流明显，一些公交企业为扩大创收渠道，致力开展城市公交中巴，借国家发展公交客运的优惠政策，利用延伸城市公交线路等手段吸收社会中巴车参运，使本来不景气的公交大巴雪上加霜，不仅偏离了公交客运的发展方向，同时也增加了与城乡班车客运的矛盾，不断发生经营纠纷，影响城市交通秩序。因此，我国多数城市对中巴车参加公交客运相当慎重，有的已经取缔城市中巴车公交客运方式。

4. 调控发展长途班车客运。

长途班车客运是道路客运市场的基础主体，担负着中转城市旅客、衔接城乡客运的职能任务，发挥着疏散城市客流、缓解交通紧张的主要渠道作用，应加强组织与管理，促使其健康发展。同样，因运量与运力的矛盾，长途客运车辆发展要坚持总量控制,积极优化车辆结构,提高高档豪华车比例,满足不同层次乘客需求。为适应形势要求,要加强快速客运和旅游客运的发展,加强农村客运管理。近年来,由于班车客运实载率下降,管理手段较弱等原因,城市中客车违章率较高,越线串站、站外拉客现象突出,影响城市交通,群众对客车倒客、甩客尤为反感,管理部门加强对此的整顿治理责无旁贷。

5. 坚持实行货运车辆退路进场经营。

城市货运车辆数量很大,加上为数众多的工商业户自用性运输车辆,大部分没有固定停车场所,车辆占道停放或在马路市场上停车待货现象比较普遍,成为城市"创建"和"畅通工程"活动中治理的难点与重点。由于货物交易市场规划建设滞后,单靠行政手段难以解决货运车辆占道停放问题。参照一些地方的成功经验,解决的办法拟应:政府出台相应地政策,引导分散的货物入市交易;因地制宜,在城市建立一定数量的多功能的货运交易市场,加强服务设施配套,引导货运信息、承托交易、技术服务业户进场经营。同时,提倡在城市大、中型商品批发市场设置一定规模的停车场,方便购物运输车辆停放,提高商品货物在城市的疏散、转运速度,减少交通压力。

6. 落实公路枢纽规划,合理布局城市运输场站。

按照全国公路建设总体规划,国家交通部批准在全国七个区域中心城市建立公路主枢纽,当属国家发展道路交通的战略性举措。郑州公路主枢纽总体规划已于1992年经交通部和河南省政府批准,该规划方案依据城市规模的发展走向,结合城市规划部署及其特定的要求和约束条件,在城市区域的主要通道环线上,设置若干个不同性质和服务方向的客货运输场站及附属配套设施，形成公路主枢纽场站网络系统，它与城市和本地区生产力布局、道路网络布局相适应，与城市对外通道主干线相连接。按照规划，公路枢纽运输场站能够充分满足站、场所在区域的工商企事业单位生产、生活物资集散和人民群众的出行需要，是城市道路交通的重要基础设施。然而，由于资金不足等原因，公路主枢纽规划方案还没有有效落实。目前，设置于郑州市区内的不少客货运输站场还属于过渡性质，其站址、规模大多不符合总体规划要求，随着条件成熟，有的需搬迁，有的要合并。尽快实现公路主枢纽规划确定的运输场站布局，对发展城市经济、改善交通环境意义重大。

7. 开发城市快速轨道交通。

快速轨道交通是缓解城市交通紧张的重要途径。按照国务院文件规定"每个人口超过 1000 万的大城市，准许建造地铁和轻轨。"省会等中心城市处于交通枢纽部位，人流密度高、工商业网点集中、旅客周转量大，在道路容量改善困难和经济条件允许的情况下，应该把发展地铁和轻轨交通提上议事日程。当前，郑州市建设城市快速轨道交通的规划工作已经启动，并已加快前期准备工作进程。

五、以科技为先导，积极发展职能化运输系统

21 世纪，社会已进入信息时代。信息技术是改善城市交通环境的主要手段。把电子技术用于城市交通管理国外已有 20 余年的试验和实践。国内外的科技实践证明，建立和使用智能化运输系统是提高交通运输效率和提高交通管理水平的重要途径。

用计算机对路口信号灯进行协调控制还不是职能运输系统。按照智能运输系统的实现条件，根据研究开发，目前智能运输系统包括的范围主要是：先进的交通信息服务系统、先进的交通管理系统、先进的交通信息系统、先进的交通管理系统、先进的公共交通系统、先进的车辆控制系统以及货运管理系统、电子收费系统和紧急救援系统等。智能运输系统对于顺应经济全球化、信息化发展趋势，提高运输效率和效益，保证安全、疏导交通，促进可持续发展具有十分显著的作用。我国已提出将智能运输系统作为未来交通运输领域发展的重要方向，也是推进国民经济信息化的一项重要任务。近年来，我国北京、上海、广州、大连等大城市及经济发达地区在智能运输系统的应用方面已作出了有益的探索，郑州和其他许多城市也都加快了智能运输系统开发利用的步伐。我们相信利用科技手段提高交通运输效率和提升城市交通综合管理水平的路子必将越走越宽广。

郝占元　姚明辉

2001 年 6 月

立足区位优势发展运输信息产业

载于 2001 年 8 月《城乡经济报》

郑州素称“九州腹地，十省通衢”，交通极为便利，陇海、京广两大铁路及 107、310 国道一纵一横高速公路的融合交会，使郑州在西部大开发中具有承东启西、贯穿南北的作用。随着新亚欧大陆桥的开通，郑州将成为大陆桥中段最为重要的中心城市之一。独特的区位优势和商贸城的建设，迫切呼唤着现代化的信息网络与通信技术来建立郑州道路运输信息网络。目前，郑州市有营运车辆3万余辆，长途客车3200多辆，四级以上客运站23个，货运站和货运交易市场28个。建成以公路主枢纽站场为节点，以高速公路为依托，以汽车为运载工具，以信息系统为管理手段的现代化运输系统，朝着“智能运输系统(ITS)”的方向发展已是大势所趋。

据统计，目前全国每年有47.9%的货车空驶，直接经济损失达59亿元，浪费油料达120万吨。其中因车主与货车之间信息不畅、配载不利造成的损失占总经济损失的42.4%。客运方面，郑州市个体车较多，“夫妻车”、“兄弟车”比比皆是，客运市场存在宰客、甩客、倒客和无证、窜线经营等违法违章行为，以及运输途中治安混乱等问题。为了减少空驶，提高运输效率，组织好货物配载，搞好客运热线和冷线的宏观运力布局调控，郑州市交通运输业在目前阶段主要是建设货运信息交易系统和客运联网售票系统。

由郑州市交通局投资，运管处承建的“郑州公路主枢纽信息中心”大楼位于航海中路83号，总占地面积1万平方米，建筑面积6874.25平方米。在货运信息交易方面，信息中心拟采用由华夏交通在线开发的、交通部2000年重点科研成果推广项目“公路货运信息系统”。该系统采用因特网、电信网等，通过数字电视、触摸屏、声讯电话等设施和设备，采用开放式、分布式网络结构及功能强大的数据库，建立一个面向广大车主、货主和中介服务机构的开放式信息交流平台，将目前自发形成的货运市场与分散经营的货运服务业户联成一个整体,集中管理,形成公平、公正、公开的竞争环境,对当前货运市场中出现的“权力寻租”及“黑市交易”行为有明显的遏制作用。同时,还将大型厂矿企业、物资单位的大宗货源吸引进货运信息网络,努力争取社会各界参与网络化的建设、开发,使社会货运信息能在更大范围内得到共享,实现公开、公平、公正交易的目的,并向全国货车会员提供停车给养、食宿、仓储理货等增值服务。其主要功能有:通信服务、客货运信息服务、行业管理辅助服务、共享数据库、本地区公路运输行业的门户性网络、呼叫中心功能。

为及时、准确、全面掌握全市公路客运的动态和信息,郑州市交通局拟在信息中心设立客运调控监控中心,在全市范围内实行微机联网售票、网上实施统计、网上审批线路等。该中心可对各联网汽车站、售票点及营运客车的不正当行为按章进行处理。此客运信息系统主要负责本市客运线路、班次信息、运力信息以及客运营运状况信息的收集、整理、统计分析与预测。所提交信息能充分支持本地市关于客运运力调整、发展规划的决策,并全面支持上一级客运信息系统的信息收集工作。目前,该系统正处于需求调查、详细设计阶段,预计今年底初步完成。

上述两大信息系统的建成运营,将从根本上改变郑州市道路运输传统的经营模式和道路运输系统的功能,实现其发展史上划时代的变革,而且蕴涵着创造新产业和新市场的巨大潜力,是一个引人瞩目的新的经济增长点。以货运来说,如果信息通畅,消除不合理的相向空驶,在完成相同货物运输量的条件下,全市营运货车的数量可减少 1/5 左右。

中心的信息系统方面还包括郑州市交通运输管理处局域网办公、征费、稽查等功能。并将逐步建立救援网络,拓宽维修市场,增强搬运装卸以及其他运输服务等功能。

在做好上述工作的基础上,“十五”期间,郑州市所建系统不仅要具有局域网络功能,还应具有异种网络互联功能,在充分利用现有公用电话交换网(PSIN 网)、数字数据网(DDN 网)等公共广域网络功能的基础上,形成内联省内公路主枢纽子系统,外联交通部及外省交通信息网、INTERNET 的广域通信网络管理系统,具有事务处理、智能决策服务、综合检索查询、公共信息服务、电子邮件服务等功能;完成道路运政管理各种信息的汇集、分析和加工整理,从而为行业管理部门和企业管理部门进行科学决策提供依据,带动整个行业管理的深化。

当然,发展运输信息产业必须统筹规划,科学安排,依据现实,着眼长远。(1)道路运输行业管理部门必须肩负起培育、发展、管理这一产业的重任。当前,要对社会投资兴办的信息服务业进行清理,逐步规范并网,纳入行业管理的范畴。(2)对发展运输信息产业的资金、人员要予以保证。投入一定资金搞交易站场、购配套设备是很必要的,同时,组织好从业人员的培训也不可缺少。(3)搞好规划,防止重复建设。当前,应建立控点联线、拉线成网、联网成片的运行体制,以客货源充足、交通便利、方便交易为原则,建立三级运输信息服务网络。(4)行业管理部门要抽调精兵强将加大检查力度,掌握第一手资料,建立运输信息网点,加强沟通。(5)在整顿现有信息网点、投资建设新的大型、集约化信息网点的同时，可考虑先给其一定的管理职能，在达到一定规模后，再逐步弱化直至取消。(6)不断扩大信息网点的功能，如信息收集、发布等，使其真正成为有利于运输市场健康发展的市场中介机构。

姚明辉

2001 年 8 月

试论物流业

随着信息技术的提高和经济全球化不断深入发展，以及我国加入 WTO，外国与我国之间的贸易往来和技术合作日益频繁，特别是西部大开发战略的实施和欧亚大陆桥的开通以及我国道路运输设施的完善和公路运输网的日益发达，这都将给地处中原交通枢纽的郑州带来异常丰富的物流和信息流。预计 2005 年我市货运量将达 3971 万吨，货运周转量将达 709153 万吨公里；2010 年货运量达 15425 万吨、货运周转量达 80508 万吨公里，这将给我市道路货运行业带来历史性发展机遇。

同时，加入 WTO 以后，大量外资货运行业将涌入国内市场，又加之我国将开放道路货运、仓储、维修、租赁、货运代理等服务行业，这将使国内货运市场的竞争愈演愈烈，定给我市货运行业带来巨大的冲击和严峻的挑战。但是市场是无情的，也是公平的，这就对我国货运行业提出更高的要求，为了生存和发展，当务之急只有发展物流业，才能降低运输成本，全面、及时的获取货运信息，减少车辆空驶现象，提高实载率，从而提高市场竞争能力，才能在激烈的市场竞争中立于不败之地。

所谓物流就是为满足消费者需要进行从起点到终点的原材料,中间过程保存,最后产品和相关信息有效流动和储存的计划、实施和控制管理过程,即以最小的总费用,按用户的要求,将物质资料从供应地向需要地转移的过程,具体包括运输、保管、搬运、包装、加工、信息等活动。其中"用户"包括商品的购买者、需求方、下道工序、货主等,"物质资料"包括商品、货物、原材料、零配件、半成品等。实施物流管理的目的,就是在尽可能最低的总成本条件下,实现既定的客户服务水平。

德国专家分析,通过建立现代物流配送中心,可以减少10%的车流量,运输效率可提高90%;据北京调查,一吨货物常规货运收入14~15元,若物流全方位服务,营业额高达280元。发达国家物流费用约占产品销售总额的10%,中等发达国家为12%~15%,而我国则高达30%左右。

一、目前我国物流业发展的状况。

1. 物流业在我国正处于发展阶段,所以目前,物流业经营主体规模较小,而且从业人员素质较低,服务观念不强,物流业与经济发展和社会需求不匹配。物流、资金流、信息流阻滞不畅,习惯于短期行为,整体的销售网络难以形成,有些经营者,急功近利,甚至有些假冒伪劣产品也充斥市场,对物流业产生不良影响。

2. 物流业还停留在货物大进大出的粗放型的老习惯状态,没有对进入市场的货运品牌,品种进行细化运作,不能满足用户的需要,这是对物流理念认识上的差距。目前物流业的运作中,拖欠货款、运费的现象仍很严重,三角债的恶习难改,影响了物流业方方面面的发展。

3. 目前,我国工商业领域采购、制造、运输、仓储、加工、配送、销售环节,彼此分割,一方面生产企业的原材料和产品成品库存过大,占压资金较多,产品成本较高;另一方面,运输、仓储企业货源不足,现有设施未能充分利用。

4. 物流业相对于第三产业中其它行业和其它产业的发展关系不协调。主要表现在基础设施能力不足,交通运输能力仍不满足运输需求,主要运输通道供需矛盾突出,仓储设施落后,现代化的集装箱,散装运输发展不快,高效专用运输车辆少,装运设备能耗大,效率低,管理分散,社会化服务水平低,又由于条块分割、部门分割,缺乏统一规划,重复建设,市场发育落后,物流企业处于小、散、弱的状态,难以形成有效的社会服务网络,物流行业人才培训和物流信息工作亟待加强。

第三产业领域改革和管理相对滞后,市场竞争机制和市场管理法规不健全,并且大部分商品放开后,流通秩序比较乱,物流企业普遍自身经济效益不佳,从运行机制组织化程度,经济方式等方面都不适应市场经济要求,没有形成骨干和主渠道作用。

5. 缺乏物流意识。主要是对市场经济理解不深,没有脱离旧体制束缚,物流设施数量虽多但质量水平不高,许多旧仓库仍在使用,并且新技术、新装备应用较少,各行业独立发展,相互分割,配套水平低下,各类技术标准,规范不完整,影响物流效率,未在全国范围内形成社会化的高效物流。

二、发展物流业呈必然趋势

物流业是市场经济发展的必然趋势，是市场外部因素和内部因素共同作用的产物。

外部因素：随着我国加入 WTO，国内货运行业的开放，外国物流产业将进入中国市场，他们拥有先进的技术设施、管理模式，雄厚的资金，将给国内货运行业带来巨大冲击。根据中美就中国加入 WTO 达成的协议，我国将不迟于 2001 年元月 1 日允许外商对运输企业控股，不迟于 2002 年元月 1 日对运输企业控股可达 51%，不迟于 2003 年元月 1 日允许外商独资开办物流企业。为了生存和发展，提高市场竞争力，降低运输成本，发展物流产业也将是必然趋势。

内部因素：由于我国加入 WTO，给我国经济及其产业结构带来一个振荡且面临调整和整合的时期。目前，大多数的传统产业已经进入过度竞争状态，多数企业运营维艰，产业竞争的焦点逐渐转向对流通渠道的竞争，这是我国各产业领域中企业存在的一个基本形态。由于流通领域尚待规范，从而造成流通混乱，流通产业分散和流通组织分割的局面，为消除这种混乱现象，国内市场就寄希望于我国物流产业的全面振兴，发展物流业定将成为我国产业整合的切入点，也将是我国经济结构全面调整的支撑条件。

1. 中国的工业企业已经进入过度竞争时期，降低成本最重要的领域是消除采购“黑洞”和流通“陷阱”，迫切呼唤物流业的建立。

实行改革开放和建立市场经济体制以来，我国经济得到持续快速发展，产品生产能力迅速提高，市场形态已由计划经济时期的短缺经济转变为过剩经济，工业企业竞争趋于“白热化”，生产成本和产品价格竞争已经没有太大利润空间。然而，由于流通领域的部门杂乱，环节多，周期长，缺少科学的管理和有效的监督，再加上一些国有企业内部体制改革的滞后，致使企业在采购和供应链上的成本居高不下。因此，当前企业降低成本最重要的领域是解决采购黑洞，加强导致供应链不畅的薄弱环节，在物料配送等供应链中继续降低成本，寻求市场价格和产品生产成本以外的第三利润源，就需要大力发展和扶持物流产业，并制定相关的产业政策。

2. 中国的流通领域十分混乱，需要通过发展物流产业来支撑与整合。

目前不少企业都建立了广泛的业务网络，在国内外设立了一些分支机构，配备了通讯、运输工具，甚至一些企业名称也冠以“物流”二字，但它们大多数只提供运输、仓储或货代服务，不能提供物流咨询，计划及全过程的物流服务，不了解国际物流企业的运作方式，离第三方物流服务的标准有很大差距，算不上真正意义上的物流企业。然而，正是这些流通企业的一轰而上，造成我国流通市场的无序、低水平、低层次上的压价竞争正在开始，这种局面如果得不到及时有效的遏制和正确的引导，无疑将影响我国流通产业的健康发展，最终影响中国各类产业的发展的步伐。因此，我国急需大流通来支撑大产业，而大流通必须要有大型物流企业的支持与扶助，大流通的实现要以专业化的物流业为发展方向。

3. 发展物流业是我国经济结构全面调整和产业整合的必然要求。

我国的经济处在大调整、大振荡时期，产业结构和组织结构是中国产业结构调整的难点。由于流通产业是分散的，流通组织是分割的，造成没有大流通整合大产业的格局，缺少大物流企业来支持全国性的商流、资金流和信息流。另外，中国工业体制的改革与降低成本的压力需要物流企业的扶助，流通系统的重组呼唤物流企业的产生。

4. 物流体系具有本土化、区域性特征，给我国物流产业造就了广阔的发展空间。

物流与信息流、资金流的根本区别在于它的物质性，物流体系运作过程中所需的场地，设施和大量劳动力都不可能靠进口或搬运来实现，外资物流企业进入中国后，也需要依赖中国的物流体系，并适应中国的法律、法规，即国内市场。辽阔的土地，众多的人口，电子商务等资源给我国的物流产业造就了巨大的发展空间。

5. 郑州得天独厚的地理条件适宜发展物流业。

郑州是我国陆上重要的交通枢纽，是京广、陇海两大铁路干线和京珠、连霍高速公路交汇处以及郑洛、郑驻等一批省内高速公路的相继开通，又是107 国道和310 国道的交汇点，地处陇海、兰新经济带的中心地位，客观上起着承东启西、贯通南北、联系沿海、开发西北的重要桥梁作用，天然的交通优势和枢纽地位决定了郑州市是重要的物流节点，以及郑州是中原商贸城，是八方商品的集散地，西有纺织品工业基地、建材市场，北有自行车批发市场及科技市场，南有鞋业、小食品批发市场，东有以小麦为主的粮食交易市场，家电城，汽贸中心等，中有小商品综合批发市场，将为郑州发展物流产业提供丰富的货物资源。

郑州也是信息文化中心。目前,郑州交通信息中心正在加紧建设之中,其功能也将日益扩展,各单位在计算机普及率也达到相当高的程度,软硬件设备基本可以满足发展物流业的需要,电子商务、亚之桥、金干线等信息载体的相继开通,都将为发展提供良好的物流信息平台。

总之,发展物流产业郑州具有得天独厚的优势,但从严格意义上来讲,尚没有一家物流企业。这与郑州作为全国交通主枢纽的地位极不相称。因此,发展物流产业是郑州今后发展现代化城市的战略选择。

6. 郑州市目前的货运行业状况需要发展物流业。

郑州市货运行业目前大都呈现"多、小、弱、散"的状况。主要表现:特种运输滞后,集装箱、零担车、冷藏,大件运输车,土石方工程运输以及鲜活、危险商品特种车辆所占比例较小,形成缺重少轻,运力结构不合理现象。车辆普遍存在技术等级低,车况老化,运输场地设施和信息传递方式落后,各货运行业各自为战,未形成网络,导致货运车辆空驶现象严重,货运生产仍处于单车单干的原始状态。

货运场站多为租赁场地或在老场站基础上改建而成,规模小,布局不合理,整体形象差,多而分散,形成条块分割,以及车辆产权不清,管理比较混乱,协调难度大,无法调控组织运力,市场竞争能力差。

总之,随着市场竞争日益激烈,企业为了生存和发展,强烈呼唤一种能提供充足货源,全面、及时的信息服务,以及承揽对仓储、配载、装卸等过程服务管理,高效低耗的产业,即物流业。按照入世的承诺,将扩大分销、运输、仓储、信息等服务贸易业的对外开放,我国货运业的发展面临着更多的机遇和挑战。只有发展物流业才是企业在降低物资消耗，提高劳动生产率以外的重要利润源泉。加快物流产业的发展，能有效促使企业改革，优化资源配置，促进运输、仓储、信息及生产部门的产业重组，提高经济运行质量等具有十分重要意义。

三、筹建物流业的具体措施

物流业是一个跨行业，跨部门，跨地区的系统工程，涉及到政策、法规、规划、资金、企业管理等诸多方面。筹建物流业企业本身应抓好以下几项具体工作：

1. 选址方面：选货源集中，公铁联运方便地点，根据郑州市"十五"规划，国家和市政府鼓励运输企业筹建运场站，并且给予大力投资，企业要抓住有利时机，争取政府资金投入，或利用目前破产或效益不佳的企业空闲的大量场地，仓库、厂房等技术设施，通过租赁、合资等形式，发展物流产业，既解决投资资金问题，又盘活社会闲置资产。

2. 建立货运信息平台：目前由于信息不畅、功能单一的信息部、中介机构掌握货信息不完整，不确定，导致司机与其合作充满偶然性，不适应网络时代的道路运输需要。为了解决信息不畅、功能单一，保证车主及时、有效捕获货运信息，提高实载率，减少车辆空驶现象，从而降低运输成本，提高经济效益，要充分利用目前信息技术，如：亚之桥、电子商务、金干线，特别是中运网以及56NET作为信息平台，开发一套专用物流管理系统，实现对受托、配送、过程查询管理、结算等环节的全程控制和自动化管理，交易中心引进大屏幕，微机自动查询，自动报价等先进设备，使企业能够最大限度的获取信息，并向全行业发布最全面、最及时、最确定的车货信息，解决物流信息化的问题。

3. 加快车型调整，提高车辆新度系数，为发展物流业提供优质运力。

目前，我国大部分货运行业车况老化、车型单一参差不齐、特种车辆严重滞后，缺少危险品、保鲜、冷藏车辆，并且挂靠车辆较多，产权模糊，导致运输能力低下，调配运力困难，形不成大的品牌效应，应以货运资质评定为契机，以汽车消费信贷为手段，大力调整运力结构，清理挂靠车辆，明确产权关系，发展大吨位、特种车辆，逐渐向集装化、专业化、品牌化方向发展，为物流业的发展提供良好的运力资源。

4. 加快场站置换，为物流业的发展提供服务场所。

目前，我市货运场站大都是租赁场地，或在原有场地基础上改建而成，其地理位置已不符合郑州市"十五"规划的布局，并且条块分割，规模小，不适宜搞物流产业，要加快场站置换，为物流业发展提供理想场所。

5. 提高运输装备。

积极改善运输装备和采用先进的经营管理技术，引进和使用先进的运输设备，加强车辆运行管理力度，推广电子数据传输技术（EDI），积极使用推广全球卫星定位系统（GPS）和移动通信技术（MCS），强化运输生产组织和支持辅助系统，建立一种较大范围内全方位发挥作用的及时、准确、高效的货运信息管理系统，为车、货提供最佳连接点。

目前，由于市场较分割，道路货运业趋向分散化，单车化经营，运输费用居高不下，隐形市场及"黑箱"交易普遍存在，宏观调控难度大，市场无序难规范，因此发展物流业除企业本身以外，还需要政府部门的积极参与和大力扶持。政府部门应做好以下工作：

1. 在选址方面坚持按谁投资，谁受益的原则，多方筹资建设。依据郑州市“十五”规划，市政府要积极对运输场站给予投资，并争取把物流基础设施建设纳入公路建设规划一并征地兴建，避免重复建设造成浪费，货运附加费要尽可能全额投入场站建设。

2. 对大宗货物要实行货物招投标制，打破货源垄断和行业垄断，使货源真正成为市场要素进入市场，交通行业管理部门要通过法律，经济、行政手段建设货运市场框架和准入市场规则，使经营者在既定的框架和秩序内运行，比如：对货运市场实行分层调控，根据企业资质与主干道、支线、车型等要素结合起来，确定企业的经营区域经营路线等，引导普通车型从主干道转向专线，从长途转向短途配载，而主干道将成为先进的车型，先进的运输方式和大宗货物纵横驰骋的主通道，总之要形成企业讲资质、市场讲分类、管理讲规范的货运市场新秩序。清理整顿现有的货运信息交易场所，将其迁入场站经营，挂牌服务，信息服务费严格控制在一定比率以下。

四、大力开展物流业

由于物流业是跨越多部门、多行业的一种产业，技术设施建设需要较长的周期，相关法律、法规需要逐步规范，不可能一开始就保证各个环节全面运作，但要先保证某个环节的有效运行，随着货运市场的逐步规范，再拓展其它服务功能，物流产业全面运作将水到渠成。物流业的有效运作应从以下几方面切入：

1. 通过场地基础设施建设，建立集储存、停车、配货、修理、住宿、加油等功能于一体的配载中心，来吸引配载业户进场经营，承托双方进场交易，配载车辆进场停放，待运货物进场储存，形成以运为全，以配载为依托的物流模式，形成布局合理，功能齐全，向社会开放型的物流集散中心。

2. 通过与大厂家、大商厦、大的物资集散地和三资企业联营、联办、联合发展物流业。因为这些都是物资流通的主要点位，具有物资流通量大，市场好，管理比较集中的特点，具备服务的基础，并且可以拥有这些厂家运输业务的经营权，从下线产品运输、装卸、配货、发送到仓库管理等，提供全方位多功能的物流服务。对于商贸广场等地组织配备中、小型厢式货车实行门到门的货物配送，为客户提高方便、快捷、及时的货运服务。在市场经济条件下，市场物资大流通的格局为运输企业开展代购、代销、代加工配送等一条龙物流服务提供了有利条件，要积极拓展代购、代销、代办服务。

3. 加强联运服务

联运服务经营的性质决定了其发展多功能物流服务具有特殊的优势，以联运货代为依托，延长服务链，发展物流服务，坚持取货上门，送货到家，全程服务，一票到家的经营宗旨。要进一步完善联运服务功能，加强与铁路、水路、航空等服务的连接，并与海关 EDI 电子通关系统联网，为进口商品提供报关、报检、换单、集装箱运输等一系列服务，为发展国际物流业奠定基础。

4. 积极参与第三方物流产业

第三方物流是由货主企业以外的专业企业代替其进

行物流系统设计并以系统运营承担责任的物流形态,随着物流业的发展而发展,是物流专业化的重要形式,反映和体现着一个国家物流业发展的整体水平。

随着市场经济的快速发展和人们生活节奏的加快,传统物流服务能力定将面临新的问题:物流时间延长,物流过程的复杂,物流成本的增加,库存的管理,风险的不确定性。而第三方物流拥有更好的物流解决方案,能在成本,质量和时间等方面做得更出色,第三方物流业依赖internet 和 EDI、GPS 等相关的先进技术建立物流网络,将公司总部与所有配送中心连接起来,将整个供应链中的客户和供应商综合到物流网络中,从而具有信息采集与传输,结算处理、客户查询和业务跟踪等功能。利用自身的物流信息网络,能更好地为客户提供高效率,低成本的全面物流服务,设计更合理的运行路线和配送方案,同时,改善客户企业的仓库管理和加强仓储系统高效益,提高资金周转率和更合理地使用企业的资源等,有效解决传统物流业面临的低效,高成本的问题。

5. 促使物流网络化、现代化,并建设公共信息平台。

随着加入 WTO,我国分销行业的对外开放,国外的一些大的现代物流企业必然会率先进入中国市场,抢走国内物流企业的市场份额,国内的物流企业只有引入先进的经营理念,加大科技投入,强化内部管理,彼此形成网络,构建战略联盟,才能参与加入 WTO 后经济一体化的国内市场竞争。

利用现代化信息技术,建立物流行业的公共信息平台,充分发挥现代社会信息流对物质流与资金流的引导作用,是有效提高我国物流行业的运作效率的有效途径。

如在对 GPS 技术与 IT 技术整合基础上建立专业物流网站。

总之,随着经济全球化的发展和信息技术的不断提高,货运市场的竞争将日趋激烈,物流业定是道路货运发展的必然趋势。发展物流业要以代理为龙头,以网络为基础,以场站为依托,以运力为配套,以多种方式联运为方向的指导思想,提供全方位的服务,才能降低运输成本,提高运率,增强市场竞争能力,才能在激烈的市场竞争中立于不败之地,进而推动郑州商贸城建设和我国经济健康稳步的发展。

李纪亭

2001 年 12 月

附录二　河南省道路运输条例

（1994年12月27日河南省第八届人民代表大会常务委员会第十一次会议通过）

第一章　总　　则

第一条　为了发展道路运输事业，建立统一、开放、竞争、有序的道路运输市场，保护运输经营者及其服务对象的合法权益，促进本省经济发展，根据国家有关规定，结合本省实际，制定本条例。

第二条　本条例适用于机动车和非机动车在道路上从事营业性旅客运输、货物运输、运输车辆维修和搬运装卸、运输辅助业。

城市公共客运交通、按有关法律、法规的规定执行，不适用本条例。

第三条　道路运输实行多种经济成份并存，协调发展、保护正当竞争、禁止非法经营。

第四条　道路运输经营者应当履行法定义务，提供优质服务，其合法权益受法律保护。

第五条　县级以上人民政府的交通行政主管部门主管本行政区域内道路运输事业。

县级以上交通行政主管部门的道路运政管理机构，具体履行本条例规定的管理职责。

第六条　公安、城建、农机管理、工商行政管理、物价等部门,按照职责分工,各司其职,协同交行政主管部门做好道路运输管理工作。

第七条 交通行政主管部门的工作人员,应尽职尽责,秉公执法,严格依法办事。

第八条 凡在本省行政区域内从事营业性道路运输活动的单位和个人,必须遵守本条例。

第二章 运 输 管 理

第九条 本条例所称的营业性道路运输,是指以营利为目的,为社会提供运输劳务,向服务对象收取费用的道路运输。

申请从事营业性道路运输的单位和个人,应当符合国家规定的道路运输业户开业技术经济等条件。

第十条 从事营业性道路旅客运输、货物运输和客货运站(场)经营,实行许可证制度。

申请从事营业性道路旅客运输、货物运输和客货运站(场)经营的单位和个人,应向当地市(地)、县(市)交通行政主管部门提交开业申请书。

受理申请的交通行政主管部门根据下列规定进行审查,在15日内做出许可或者不许可的决定:

(一)符合同级人民政府批准的道路运输规划;

(二)符合道路运输市场需要,便利公众;

(三)具备与其经营种类、项目和范围相适应的设备、设施、资金、专业人员,并有独立承担民事责任的能力。

经审查符合规定的,发给《道路运输经营许可证》。申请人凭《道路运输经营许可证》向当地工商行政管理部门申领《营业执照》,并按规定办理税务登记和保险事宜。

从事涉外营业性道路运输的,按国家规定办理审批手续。

第十一条 从事营业性道路旅客、货物运输的单位和个人,应当将其拥有的运输车辆向车籍所在地交通行政主管部门注册登记,办理营运手续。

第十二条 非营业性车辆从事营业性道路运输不超过3个月的,须经市(地)、县(市)交通行政主管部门办理临时营业性道路运输手续。

第十三条 从事道路运输的经营者办理过户,变更经营范围,应经交通行政主管部门批准。

从事道路运输的经营者停业,应向当地交通行政主管部门交回营运证牌,交通行政主管部门发给报停证明。

从事道路运输的经营者歇业,应当提前30日向交通行政主管部门提出申请,对不妨碍社会公共利益的,交通行政主管部门应予批准,并在客货运站(场)公告。歇业者应交回营运证牌和经营票据。

第十四条 交通行政主管部门对道路运输经营者的经营资格、经营行为实行年度审验,审验合格者,方可继续经营。

第十五条 道路运输经营者应按照国家颁发的技术规范使用、维修运输车辆,并按规定接受车辆综合性能检测,不得使用技术性能不符合国家标准和行业标准的运输车辆从事道路运输。

第十六条 对于县级以上人民政府下达的抢险、救灾、军事等紧急道路运输任务,车属单位和个人必须服从统一调度和安排。对因执行紧急道路运输任务而受到经济损失的车属单位和个人，由当地人民政府给予适当补偿。

第十七条 道路运输经营者应当依法经营，不得以不正当手段揽客、揽货、垄断货源、不得欺行霸市、干扰他人正常经营。

第十八条 道路运输经营者有权拒绝摊派、非法扣押运输车辆和证件。

非法扣押运输车辆给车主造成经济损失的，比照计时包车价格标准补偿。法律、法规另有规定的除外。

第十九条 交通行政主管部门负责对道路运输经营活动中的违法、违章行为进行监督检查。

交通行政主管部门的工作人员执行检查任务时，应当佩戴和出示国家或省人民政府规定的标志、检查证。

在保证道路畅通、安全和有利于交通运输生产的前提下，经省人民政府批准，交通行政主管部门可以在必要的道路路口、桥头、渡口、隧道口设立征费稽查站。

经批准设置的征费稽查站，应公布设站的批准证件、工作范围、征费标准和监督电话。在征费稽查站执行运政管理的工作人员，不得违反规定拦截车辆和收费、罚款。

第二十条 运输车辆维修由交通行政主管部门实行行业管理，按省人民政府规定执行。

第二十一条 一切从事道路运输的单位和个人，应当向当地交通行政主管部门报送运输统计资料。

第三章 旅客运输

第二十二条 交通行政主管部门对道路旅客运输线

路、班次、站点及经营区域实行统一管理、分级审批。涉及设置或调整停车站的，应征得有关部门同意。

第二十三条 交通行政主管部门应当根据客运市场需求，按照公开、公正、公平竞争的原则，加强对客运市场和热点营运线路的管理。

第二十四条 道路旅客运输车辆应按规定悬挂营运线路牌和价目表。

客运包车、旅游包车应当装置营业标志牌。

出租汽车应当装置营业标志牌、张贴租价标准和投诉电话号码，配置并使用计程计费器。

第二十五条 道路旅客运输车辆应当在交通行政主管部门核准的站、点载客，并按公布的时间发车。未经批准，不得变更线路、班次、时间和站、点。

道路旅客运输车辆不得违反规定超载运行。

出租汽车应按乘客指定的目的地，选择合理的线路行驶，不得故意绕行；显示“空车”标志的出租汽车，不得拒载乘客。

第二十六条 客运车票是道路旅客运输合同成立的凭证。道路旅客运输经营者应当根据旅客支付的票款，即时交付旅客相应的车票。

乘运人对无票乘车，持无效车票或者超程乘车者，除令其补足票款外，还可以按照规定加收票款。

道路旅客运输经营者应按客票标明的车次、时间、地点运送旅客。中途不得随意更换车辆或者将旅客交他人运送。道路旅客运输经营者由于自身的过错造成旅客漏乘、误乘，应退还全部票款或者安排其改乘。

因行车事故和其他营运事故造成旅客人身伤害或托

运人行李灭失、损坏、错运的，承运人应依照法律、法规的规定承担赔偿责任。

第二十七条 旅客进站、乘车，不得携带易燃、易爆、危险品，并接受公安机关、交通行政主管部门及站（乘）务人员对易燃、易爆、危险品的检查。对查获的易燃、易爆、危险品，应予没收，由公安机关负责处理。

旅客由于自己的过错，造成他人人身伤害或者损坏车辆设施的，应承担赔偿责任。

第二十八条 从事道路旅客运输的司乘人员应当维护车内秩序，积极与各种犯罪行为作斗争，保护旅客人身财产安全。

第二十九条 城市公共交通车辆超出市郊经营长途客运的，按本条例规定执行。

拖拉机和货运车辆不得从事道路旅客运输。

第四章 货物运输

第三十条 道路货物运输经营者应当根据拥有车辆的车型和技术条件，承运适合装载的货物，不得超载运输货物。

道路货物运输经营者应当根据合同规定或双方约定运输货物。

营业性道路货物运输车辆，应有营运标志。

第三十一条 零担货物运输班车实行定线、定点运输，按照公布的班期运行，其线路、站点的确定，参照本条例第二十二条的规定执行。

第三十二条 从事危险货物、大型物件等特别货物运输的车辆，必须符合国家有关特种货物运输的规定，并装置特种运输标志，方可投入运输。

第三十三条 交通行政主管部门应对车站、货场的集疏货物和大宗、重点物资的运输组织协调。

承托双方应签订运输合同。

第三十四条 法律、法规规定的限运和凭证运输物资，必须办理准运手续、方可运输。

第三十五条 由于承运人或者托运人的责任给对方或他人造成损失的，应当赔偿损失。

在道路货物运输中发生纠纷的，按照有关法律、法规的规定处理。

第五章 搬运装卸

第三十六条 凡在车站、码头、库场、厂矿等货物集疏地从事道路运输搬运装卸的单位和个人，必须按当地交通行政主管部门核准的作业范围进行作业，执行物价部门和交通行政主管部门核定的费目和费率。

货主和承运人可以自行搬运装卸。企事业单位的自有搬运装卸力量，对外从事搬运装卸经营活动的，应纳入当地交通行政主管部门的行业管理。

禁止强装强卸、野蛮装卸或者以不正当手段干扰他人的搬运装卸作业。

第三十七条 从事危险货物和大型物件等特种货物搬运装卸的作业人员，必须经过专门培训，并取得县级以上交通行政主管部门核发的特种货物搬运装卸作业证后，方可上岗作业。

第三十八条 人事搬运装卸作业，必须按照国家有关安全操作规程进行；搬运装卸的货物有特殊要求的，必须按照货物包装上标明的要求作业。

因搬运装卸经营者的过错,造成货物灭失、损坏的,经营者应当承担赔偿责任。

第三十九条 托运人匿报错报货物重量、性质,在货物中夹带危险物品,致使搬运装卸机具、设备损坏或者人身伤害的,应当依照法律、法规有关规定承担赔偿责任,由此而造成的货物损失,搬运装卸经营者不承担赔偿责任。

第六章 运输辅助业

第四十条 道路运输辅助业是指为道路运输提供辅助性服务的各项业务。包括:道路运输客货运站服务、客货运代理、联运服务、货物运输信息服务、仓储理货、营运性客货运输停车场、道路运输车辆综合性能检测、开办汽车驾驶学校和驾驶员培训班及其他技术业务人员培训。

经营道路运输辅助业,必须具备同所经营的范围和项目相适应的站场库房、师资,场地、机具设备、资金和技术业务条件等。

第四十一条 从事货运代理、联运服务的经营者,应当以承运人身份对搬运人承担民事责任,发生货运质量事故需要赔偿的,应承担连带赔偿责任。

从事货运代理,联运服务的经营者或承运人,在向搬运人履行赔偿责任后,有权向有过错的一方追偿。

第四十二条 从事货物运输信息服务的经营者,应当向服务对象提供准确的信息,对因信息误差而造成的车辆空驶、货物延滞运输等经济损失,按照约定承担赔偿责任。

第四十三条 客、货运站(场)的设置应当符合道路运输网络规划、城市规划和国务院交通行政主管部门规定的站级标准。

从事站务服务的经营者应当在购票、候车、托运行李货物等方面为旅客、托运人提供方便的服务,为承运人提供配客、配货、停车、发车等经营条件。

第四十四条 从事仓储理货的经营者,应当按照货物的性质、保管条件和有效期限,对货物分类存放,保证货物完好无损。

第四十五条 营运性客货运输停车场的设置必须符合道路运输网络规划和城市规划的要求,方便车辆出入。

第四十六条 汽车性能检测站是独立的、社会化的技术服务机构,应当与行政机关在经济上脱钩,按照统筹规划、合理布局的原则设立,由交通行政主管部门实行行业管理。

汽车性能检测站的布局规划、设备配置、标准,由省交通行政主管部门会同省公安机关,按照国家有关规定制定。

汽车性能检测站应根据国家和行业标准进行检测,保证检测结果准确;可以接受交通、公安、技术监督、环保、商检、保险等部门的委托,进行有关项目的检测,提供检测结果。

第四十七条 开办汽车驾驶学校,举办面向社会的汽车驾驶员培训班,应符合国家规定的师资、场地;设备等条件,经省交通行政主管部门批准,并领取资格证书后,方可进行汽车驾驶员培训。

汽车驾驶员培训,应按国家或省交通行政主管部门制定的教学大纲进行。

第四十八条 汽车驾驶员须经专门培训合格，由公安交警部门按照国家规定的标准和程序考试合格，领取驾驶证后，方准驾驶车辆。

第七章 价格、规费和票证

第四十九条 道路运输业价格，国家和省有规定的，按规定执行；国家和省允许自行定价的，由经营者自行定价，报当地交通行政主管部门备案。

经营道路运输业应明码标价，挂牌经营。

第五十条 汽车性能检测站应按省定的收费标准收费。汽车性能检测站的收费标准，由省物价部门会同省交通行政主管部门、省公安机关制定。

第五十一条 道路运输经营者应向车籍所在地交通行政主管部门按时足额缴纳道路运输管理费和省人民政府规定的客、货运附加费。

交通行政主管部门征收规费，应严格执行国家和省有关征收规费的规定。

征收规费的票据，由省财政部门和交通行政主管部门制定统一格式，省财政部门监制，由省交通行政主管部门统一管理、发放。

第五十二条 《道路运输经营许可证》按照国务院交通行政主管部门制定的统一格式，由省交通行政主管部门印制；客运线路牌等营业标志，由省交通行政主管部门制统一格式，由省、市(地)、县(市)交通行政主管部门制发。

第五十三条 客票、货票由省税务部门和省交通行政主管部门制定统一格式，市（地）税务部门印制，由市（地）交通行政主管部门统一管理、发放。

道路运输经营者必须使用规定的客票、货票及其他结算凭证。禁止涂改、伪造、倒卖和转让客票、货票及其他结算凭证。

道路运输经营者收取费用，应当即时给付有效票据。不使用规定票据或不给付有效票据的，旅客、托运人或其他服务对象可以拒付费用。

第八章 法律责任

第五十四条 违反本条例规定，有下列行为之一的，由交通行政主管部门视其情节轻重，按下列规定处罚；构成犯罪的，由司法机关依法追究刑事责任：

（一）未按本条例规定申领营运证牌或持无效营运证牌从事营业性道路运输的，责令停业，没收非法收入，可以并处非法收入一至三倍罚款。

（二）未按规定随车携带营运证牌的，给予警告，责令改正，并处五十元以上，一百元以下的罚款。

（三）涂改、伪造、变造、非法买卖、转让营运证牌的，收缴或吊销其营运证牌，没收非法收入，并处以非法收入二至五倍的罚款。

（四）使用技术性能不符合国家标准和行业标准的运输车辆从事营业性道路运输的，责令停止营运，限期改正，吊扣营运证牌；情节严重的，吊销营运证牌。

（五）私自印制、伪造、变造、倒买、倒卖道路运输客票、货票和规费票据的，收缴全部票据，没收非法收入和作案工具，可以并处三千元以上，一万元以下的罚款。

（六）汽车性能检测站不按国家有关规定和技术规范检测车辆或出具虚假检测结果的，给予警告，限期改正，没收非法收入，责令停业整顿，可以并处以非法收入20%至50%的罚款。

（七）客车司乘人员应当履行而不履行维护车内治安责任或对犯罪行为采取放任态度，致使旅客人身财产遭受损失的，给予吊扣营运证牌六至十二个月的处罚，并由其所在单位给予行政处分。

（八）承运限运和凭证运输物资，无有效运输凭证的，责令补办手续，并处以每车次一百元以上，三百元以下的罚款。

（九）违反国家道路危险货物运输管理规定运输危险货物的，责令更换车辆，完善标志，设备、设施，并处以每车次二百元以上，五百元以下的罚款。

（十）不按规定缴纳道路运输管理费和省人民政府规定的客、货运附加费的，责令限期缴纳，每逾一日，加收应缴款额5‰的滞纳金；拒不缴纳的，吊销道路营运证牌，并处以应缴款额二倍的罚款。

（十一）擅自设客运站点的，予以取缔，并处以五千元以上，二万元以下的罚款。

（十二）旅客运输车辆不在规定的站点发车的，给予警告，责令改正，并处以二百元以上，五百元以下的罚款；一年内受到三次警告处罚的，吊销道路营运证牌。

（十三）不按规定悬挂营运标志牌、票价表的，给予警告，责令改正，并处以一百元以上，三百元以下的罚款。

（十四）汽车驾驶学校或汽车驾驶员培训班不按教学计划和教学大纲培训驾驶员、发放培训合格证的，责令收回培训合格证，并对发证单位按违法发证数量，每证处以四千元罚款；拒不改正的，取消培训资格。

第五十五条 出租汽车不按规定装置并使用计程计费器，拒载乘客或故意绕路行驶的，由主管部门给予警告，责令改正，并处以二百元以上，一千元以下的罚款。

第五十六条 违反国家规定，擅自发放驾驶证的，由发证机关吊销驾驶证，对主管人员和直接责任人员，由公安机关或者监察机关给予行政处分。

第五十七条 违反本条例的行为，同时又违反其他法律、法规的，有关主管部门还应按照有关法律、法规的规定处罚。但不得重复罚款和没收非法所得。

罚款收入一律缴同级财政。

第五十八条 未经批准，擅自设立征费稽查站的，由其上级主管机关撤销、没收非法所得；对主要负责人和直接责任人员，由其主管机关或者监察机关给予行政处分。

第五十九条 交通行政主管部门的工作人员，有下列行为之一的，视情节轻重，由其所在单位或者上级主管机关、监察机关给予行政处分；构成犯罪的，由司法机关依法追究刑事责任：

（一）滥用职权，徇私舞弊的；

（二）以权谋私，索贿受贿的；

（三）玩忽职守，严重失职的；

（四）违反规定拦截车辆、收费、罚款的；

（五）非法扣车的；

（六）非法扣押证件的；

（七）侵犯驾驶人员人身权利的；

（八）危害公私财务安全的。

第六十条 以暴力、威胁方法阻碍交通行政主管部门的工作人员依法执行职务的,依法追究刑事责任;拒绝、阻碍交通行政主管部门的工作人员执行职务未使用暴力、威胁方法的,由公安机关依照《治安管理处罚条例》的规定处罚。

第六十一条 道路运输经营者对交通行政主管部门所作的具体行政行为不服的,可在接到处理决定书之日起十五日内,向上一级交通行政主管部门或同级人民政府申请复议,也可以直接向人民法院起诉。当事人逾期不申请复议、不起诉、又不执行处理决定的,交通行政主管部门可以申请人民法院强制执行。

附录三　道路运输行政处罚规定

（1998 年 3 月 9 日中华人民共和国交通部令第 3 号发布
根据 2001 年 8 月 20 日中华人民共和国交通部令第 5 号公布的
《关于修改〈道路运输行政处罚规定〉的决定》修正）

第一章　总　　则

第一条　为规范道路运输行政处罚行为，维护道路运输市场秩序，保障道路运输经营者、旅客、货主和其他当事人的合法权益，根据《中华人民共和国行政处罚法》和国务院“关于贯彻实施《中华人民共和国行政处罚法》的通知”的精神，制定本规定。

第二条　本规定适用于对违反交通部和交通部与其他部（委）联合颁布的规章规定的道路运输行政管理的行为的处罚。

第三条　县级以上人民政府交通行政主管部门负责本规定的实施。

县级以上人民政府交通行政主管部门可以委托其所属的道路运输管理机构（以下简称“道路运政机构”）行使本规定的道路运输行政处罚权。

地方性法规授权的道路运政机构可以在授权的范围内行使本规定的处罚权。

第四条　道路运输行政处罚应遵循法定、公正、公开、保护当事人合法权益、处罚与教育相结合的原则。

第五条 对违反道路运输行政管理的行为，按照本规定可以给予警告或罚款的行政处罚。

第六条 道路运政人员执行公务时，应当佩戴标志，持证上岗，在道路运输经营单位、经营活动场站（点）和经省级人民政府批准设立的公路规费稽查站内进行监督检查。

第二章 违法行为与处罚

第七条 对违反道路运输行政管理的行为，按本章各条的规定处罚。

第八条 对违反经营许可管理的行为，按下列规定予以处罚：

（一）无道路运输经营许可证擅自从事道路运输经营活动的，处以5000元以上10000元以下的罚款。

（二）道路运输经营者超越道路运输经营许可证上核定的经营范围从事经营活动的，处以1000元以上3000元以下的罚款。

（三）客、货运车辆无道路运输证或使用无效道路运输证擅自从事营业性客、货运输的，没收无效道路运输证，汽车每辆处以500元以上2000元以下的罚款，其他机动车每辆处以100元以上500元以下的罚款，但罚款总额最高不得超过10000元。

（四）营运车辆在运行中未随车携带道路运输证的，汽车每辆处以100元以上300元以下的罚款，其他机动车每辆处以100元以下的罚款。

（五）营运车辆超越道路运输证上核定的经营范围从事经营活动的，处以300元以上1000元以下的罚款。

（六）伪造、倒卖道路运输经营许可证的，处以5000元以上10000元以下的罚款。使用者按本条第（一）、（三）项的规定予以处罚。

（七）用不正当手段向道路运政机构骗取道路运输证的，处以500元以上1000元以下的罚款。

（八）未经县级以上道路运政机构核准擅自购置营运车辆的，每车处以购车价3%以上5%以下的罚款，但罚款总额不得超过10000元。

（九）营运车辆易主未按规定办理营运过户手续，并继续从事营运的，对原经营者处以1000元的罚款，对新经营者分别情况按本条第（一）或第（三）项处罚。

（十）道路运输经营者未在规定的期限内到道路运政机构办理年度审验手续的，处以1000元以上3000元以下的罚款。

客、货运输经营者所持道路运输证未加盖有效年度审验章的，从年审的最后期限算起，每逾期一个月（不足一个月按一个月计），汽车每辆处以100元的罚款，其他机动车每辆处以50元的罚款，但最高不得超过1000元。

（十一）道路运输经营者不按规定办理变更、停业、歇业手续的，处以500元以上1000元以下的罚款。

第九条　对违反客、货运输管理的行为，按下列规定予以处罚：

（一）客运经营者未经县级以上道路运政机构批准擅自开行客运班线的，处以500元以上1000元以下的罚款。

（二）客运经营者无故不按核定的线路、区域从事经营活动的，处以500元以上1000元以下的罚款。

（三）客运经营者擅自增加、减少班次以及停止运行的，处以500元以上1000元以下的罚款。

（四）客运经营者无故不在核定的客运站停靠、上下旅客、装卸行包的，处以300元以上500元以下的罚款。

（五）客运经营者无故不按核定的时间发车的，处以100元以上300元以下的罚款。

（六）客运经营者无故在途中更换车辆、停止运行、途中甩客或将旅客移交他人运送的，处以2000元以上5000元以下的罚款。

（七）客运经营者采取欺骗手段招揽旅客的，处以1000元以上3000元以下的罚款。

（八）客运经营者不在规定的售票场所售票或强揽旅客的，处以300元以上500元以下的罚款。

客运经营者或司乘人员收取票款后不给旅客车票或给予的车票与票款不符的，每人次处以100元的罚款。

（九）出租汽车不安装或不使用计程、计价器的，处以1000元的罚款。

（十）出租客运经营者异地经营的（送客到异地返程的除外），按第八条第（二）项规定处罚。

（十一）出租客运经营者拒载或中途无故中断运输的，每次处以500元以上1000元以下的罚款。出租客运经营者在营运中未经乘客同意擅自招揽他人同乘或故意绕道的，每次处以500元以上1000元以下的罚款。

（十二）包车客运经营者沿途招揽乘客的，每次处以200元以上500元以下的罚款。出租客运、旅游客运经营者在机构、车站、港口等客源点不在规定的场所、不按规定秩序排队承运乘客的，处以100元以上300元以下的罚款。

（十三）道路运输经营者使用报废汽车从事客、货运输的，处以3000元的罚款。使用未按规定检测或检测不合格的车辆从事客、货运输经营活动的，每辆车处以500元以上2000元以下的罚款，但罚款总额最高不得超过10000元。未使用相应车型、等级要求的车辆从事客、货运输经营活动的，每辆车处以500元以上1000元以下的罚款，但罚款总额最高不得超过10000元。

（十四）客运经营者不按核定的营运车辆载客定额载客造成超载的，按超载旅客人数每人处以50元的罚款，但罚款总额最高不得超过2000元。不按核定的行包装载定额装运行包造成超载的，按超载行包重量每千克处以5元的罚款，但罚款总额最高不得超过5000元。

（十五）客运经营者不服从道路运政机构安排，不进站营运，扰乱客运秩序的，每辆车处以500元以上1000以下的罚款。

（十六）使用货车、拖拉机及其他禁止载客车辆经营旅客运输的，按装载旅客人数每人处以50元的罚款，但罚款总额最高不得超过3000元。

（十七）未经道路运政机构批准，擅自开行零担货运班线的，按本条第（一）项的规定处罚。

擅自延伸或缩短零担班线，改变停靠站点，增加或减少班次的，按本条第（一）项的规定处罚。

（十八）从事危险货物、零担货物、大型物件货物、集装箱、冷藏保温货物等运输的车辆和设备不符合国家规定技术条件的，处以500元以上1000元以下的罚款。

（十九）货运经营者使用全挂汽车列车、自卸汽车、拖拉机、三轮机动车、非机动车（含畜力车）运输危险货物的，处以1000元以上3000元以下的罚款。

（二十）无“道路危险货物非营业运输证”非营业性运输车辆从事危险货物运输的，处以1000元以上3000元以下的罚款。

（二十一）道路危险货物运输经营者，不按《汽车危险货物运输、装卸作业规程》作业，造成重大事故的，处以5000元以上10000元以下的罚款。

（二十二）道路运输经营者拒绝接受县级以上人民政府下达的抢险救灾运输任务的，对单位处以5000元以上10000元以下的罚款，对个体经营者和其他组织处以2000元以上5000元以下的罚款。

（二十三）道路运输经营者未凭准运证承运国家规定必须凭准运证运输的货物的，处以500元以上1000元以下的罚款。

（二十四）营业性客、货运输车辆，不按规定悬挂、装置运输标志的处以200元以上500元以下的罚款。

（二十五）伪造、倒卖、转借和租让客、货运输标志、出入境汽车运输标志的，收缴其非法标志，并处以2000元以上5000元以下的罚款；对使用者处以1000元以上2000元以下的罚款。

使用超期的临时加班和包车客运线路牌的，每次处以200元以上500元以下的罚款。

（二十六）出入境客货运输经营者不随车携带国际汽车运输行车许可证、出入境汽车运输统一标志、出入境汽车旅客运输行车路单或国际汽车货物运单的，处以500元以上1000元以下的罚款。

（二十七）外国籍汽车擅自在我国境内自行揽货、揽客的，处以 3000 元以上 5000 元以下的罚款。

第十条 搬运装卸经营者强装强卸，欺行霸市，以不正当手段干扰他人从事合法搬运装卸活动的，处以 1000 元以上 3000 元以下的罚款。

第十一条 对违反运输服务业管理的行为，按下列规定予以处罚：

（一）客运站擅自接纳未经道路运政机构批准的客运车辆进站经营或不按核定的营运方式、区域、线路、班次（时间）安排客运车辆的，每车次处以 1000 元以上 3000 元以下的罚款，但罚款总额最高不得超过 10000 元。

（二）客运站不公布有效班次时刻表的，予以警告；警告后仍不改进的，处以 200 元的罚款。

（三）客运站给营运车辆超额配载旅客的，按超载旅客人数每人处以 50 元的罚款，但罚款总额最高不得超过 2000 元。不按核定的行包装载定额装运行包造成超载的，按超载行包重量每千克处以 5 元的罚款，但罚款总额最高不得超过 5000 元。

（四）客运站不按规定装卸行包而交由旅客自行装卸的，予以警告；警告后仍不改正的，处以 300 元以上 500 元以下的罚款。

（五）客货运代理、配载服务经营者将受理的业务交给无合法经营资格的单位或个人承运的，处以 500 元以上 1000 元以下的罚款。将受理特种货物交给无特种货物运输资格的单位或个人承运的，处以 1000 元以上 5000 元以下的罚款。

（六）客运站、货运站不按规定标准收取代理费、站务费的,处以3000元以上5000元以下的罚款。

(七)货运代理、联运服务、配载信息服务经营者倒卖货源的,处以500元以上2000元以下的罚款。

(八)单位和个人强行代理道路运输业务、强行指定道路运输经营者的,处以1000元以上3000元以下的罚款。

(九)商品汽车发送驾驶员不使用、或使用无效、或不随车携带《道路商品汽车发送证》发送商品汽车的,处以100元以上200元以下的罚款。

(十)伪造、倒卖的《道路商品汽车发送证》的,收缴其非法证件,并处以2000元以上5000元以下的罚款;使用伪造、倒卖的《道路商品汽车发送证》发送商品汽车的,按本条第(九)项的规定予以处罚。

(十一)驾驶员培训学校(班)不按统一的教学计划、教学大纲和规定的教材培训或对未持学员证人员进行驾驶员培训的,处以5000元以上10000元以下的罚款。

(十二)使用未按规定进行年审的教练车从事驾驶员培训的,按第八条第(十)项的规定处罚。

(十三)使用无标志牌或教练车证的教练车从事驾驶员培训的,处以500元以上2000元以下的罚款。

(十四)驾驶员培训学校(班)对未经培训或未完成培训计划要求的学员发给《培训结业证》的,按发证人员每人处以2000元的罚款,但最高不得超过10000元。

第十二条 对违反汽车维修管理的行为,按下列规定进行处罚:

(一)维修经营者承修报废车辆、擅自改装或利用配件拼装车辆的,处以5000元以上10000元以下的罚款。

（二）维修经营者故意使用假冒、伪劣配件承修车辆的，处以1000元以上2000元以下的罚款，屡次发生的或情节严重并造成重大事故的，处以5000元以上10000元以下的罚款。

（三）维修经营者采取给回扣或变相给回扣等不正当手段，故意虚报修理项目的，处以2000元以上5000元以下的罚款。

（四）维修经营者非法占用道路、公共场所等进行维修作业的，处以500元以上1000元以下的罚款。

（五）维修经营者只收费不维护或伪造、倒卖车辆维修竣工出厂合格证、结算凭证的，收缴其非法证件，并处以2000元以上5000元以下的罚款。

（六）维修经营者不按技术标准进行维修作业或维修作业缺项漏项的，责令补做相应维修作业项目，每车次处以500元以上1000元以下的罚款，但罚款总额最高不得超过10000元。同时对质量检验员处以警告或50元以下的罚款。

（七）维修经营者不按规定填写维修检验记录的，每车次处以300元以上500元以下的罚款，但罚款总额最高不得超过5000元。

（八）维修经营者承修的车辆在质量保证期内因维修质量发生停车故障的，处以200元以上1000元以下的罚款；造成重大事故的，处以2000元以上5000元以下的罚款。

维修经营者的二级维护质量低劣，返修率超过5%，质量监督抽查上线检测一次合格率低于85%的，处以1000元罚款，并限期整改。

（九）维修经营者对车辆进行二级维护、总成修理、整车大修作业后，不按规定填写、签发汽车维修竣工出厂合格证的，每辆车处以500元的罚款，但罚款总额最高不得超过5000元。

（十）维修经营者未按竣工出厂的技术要求，对二级维护、总成修理、整车大修车辆进行竣工出厂前的维修质量综合性能检测的，每辆车处以500元以上1000元以下的罚款，但罚款总额最高不得超过10000元。

（十一）维修经营者不按规定与托修方签订合同或不使用统一维修合同文本的，处以100元以上300元以下的罚款。

（十二）维修经营者不按规定悬挂统一的"汽车维修企业标志牌"的，予以警告；后仍不改正的，处以300元以上500元以下的罚款。

第十三条　对违反车辆技术管理和汽车综合性能检测管理的行为，按下列规定处罚：

（一）未按规定对车辆进行二级维护的，在道路运输证违章记录栏上作记录，并处以500元的罚款。累计两次以上（含两次）未做车辆二级维护的，从第二次起，每次处以2000元以上3000元以下的罚款。

不按规定进行技术等级评定的，处以300元的罚款。

（二）汽车综合性能检测站使用不合格或达不到标准要求的仪器、设备和计量器具进行检测的，处以5000元以上10000元以下的罚款。

（三）汽车综合性能检测站不按技术标准进行检测或不如实提供检测结果证明的，处以2000元以上5000元以下的罚款。

（四）汽车综合性能检测站未建立车辆检测技术档案的，予以警告；警告后仍不改进的，按每车次处以 100 元的罚款，但最高不得超过 10000 元。

第十四条 对违反价格和票证管理的行为，按以下规定予以处罚：

（一）道路运输经营者不按规定明码标价的，予以警告；警告后仍不改进的，处以 100 元的罚款。

（二）道路运输经营者违反有关规定擅自抬价、压价的，处以 500 元以上 1000 元以下的罚款。

（三）道路运输经营者不使用道路运输业专用票证的，处以 1000 元以上 2000 元以下的罚款；不按规定使用道路运输业专用票证的，处以 100 元以上 200 元以下的罚款。

（四）道路运输经营者不按规定填写道路运输业专用票证的，处以 100 元的罚款。

（五）道路运输经营者不按规定填写道路货物运单的，予以警告；不使用道路货物运单的，每次处以 50 元的罚款。

（六）道路运输经营者转让道路运输业专用票证的，收缴其非法票证，并处以 1000 元以上 3000 元以下的罚款；倒卖、伪造道路运输专用票证的，处以 2000 元以上 5000 元以下的罚款。

（七）道路运输经营者不按规定领取、缴销票证的，予以警告；警告后仍不改正的，处以 200 元以上 500 元以下的罚款。

（八）维修经营者擅自提高车辆维修结算工时定额的，处以 2000 元以上 5000 元以下的罚款。

（九）汽车综合性能检测站不按实际检测项目计收检测费的，处以 500 元以上 1000 元以下的罚款。

第十五条 对不按规定缴纳道路运输管理费的行为，按下列的规定处罚：

（一）道路运输经营者未按规定期限缴纳道路运输管理费的，除责令补交外，还应按日收取道路运输管理费 1% 的滞纳金，并予以警告。

（二）道路运输经营者偷漏道路运输管理费时间达 30 天以上的，除责令补交外，还应按日收取道路运输管理费 1% 的滞纳金，并处以 500 元以上 1000 元以下的罚款。

（三）使用伪造、转让、涂改道路运输管理费专用收据或缴讫证的，收缴其非法收据和缴讫证，处以 500 元以上 1000 元以下的罚款。

第十六条 道路运输经营者不按规定报送统计资料的，责令其限期补报，并予以警告；警告后仍不按时报送的，处以 300 元以上 500 元以下的罚款。不如实填报的，处以 100 元以上 300 元以下的罚款。

第十七条 对违反上岗证管理的行为，按下列规定处罚：

（一）道路运输经营者安排未按有关规定取得有效资格证件的人员从事有相应资格要求道路运输经营活动的，每人次处以 100 元以上 300 元以下的罚款，但罚款总额最高不得超过 1000 元。

（二）道路运输从业人员持无效上岗证件上岗的，处以 200 元的罚款。

（三）驾驶员培训学校（班）聘请无教员准教证的人员从事教学工作的，处以 5000 元以上 10000 元以下的罚款。

对无准教证的教员,每人次处以200元的罚款。

(四)教员准教证未经年审的,处以100元以上300元以下的罚款。

第三章　行政处罚运用与执行

第十八条　道路运输违法行为的当事人发生两项以上违法行为的,应分别处罚。

第十九条　对当事人在同一运输过程中的同一个违法行为,不得给予两次以上罚款的行政处罚。

第二十条　道路运政机构对道路运输违法行为作出行政处罚时,应责令违法行为当事人立即改正或限期改正。限期改正的,道路运政机构必要时可以暂扣道路运输牌证,签发待理证,允许车辆继续营运,并指定违法行为当事人在规定的期限内改正,并接受道路运政机构的检查。

第二十一条　道路运输违法行为在两年内未被发现的,不再给予行政处罚。

前款规定的期限,从违法行为发生之日起计算,违法行为有连续或者继续状态的,从行为终了之日起计算。

第二十二条　道路运政机构实行行政处罚的程序和文书按《交通行政处罚程序规定》执行。

第二十三条　违法行为当事人对道路运政机构作出的行政处罚决定不服的,可依法申请行政复议或提出行政诉讼。

违法行为当事人申请行政复议或提起行政诉讼的,行政处罚不停止执行。当事人自接到行政处罚决定书十五天内不履行行政处罚决定的,道路运政机构可每日按罚款额的3%加处罚款或申请人民法院依法强制执行。

第四章　附　　则

第二十四条　在本规定发布之前交通部规定的道路运输行政处罚与本规定相抵触的,按本规定执行。

第二十五条　本规定解释权属中华人民共和国交通部。

第二十六条　本规定自一九九八年四月一日起施行。交通部一九九〇年九月二十四日发布的《道路运输违章处罚规定(试行)》同时废止。

附录四　郑州市交通运输管理处文明用语

一、窗口岗位

1. 您好，请问您办理什么业务？
2. 请您按这个程序办理手续；
3. 同志，您还有什么不清楚的地方，请讲；
4. 请您按顺序排队办理手续；
5. 对不起，您的证件不全，麻烦您再找一找；
6. 您漏交了交通规费，请补缴；
7. 请您不要误会，这是我们的规定；
8. 好，我帮您再查一查；
9. 请原谅，是我搞错了，我重新给您办；
10. 感谢您的表扬，这是我应该做的；
11. 请您不要发脾气，我的工作有误您可以批评；
12. 欢迎您留下宝贵的意见；
13. 钱款请您点清楚；
14. 手续办妥请收好；
15. 请您走好；
16. 欢迎您再来；

二、接电话文明用语

1. 您好，这是 * * 科室；
2. 请问，我能帮您什么？
3. 您反映的情况我记下了，请您放心；
4. 对不起，* * * 现在不在，您有什么事需要我转达吗？

5. 您打错电话了,请您核对后再拨;

6. 这件事我不熟悉,请您稍等,我给您找＊＊＊来回答;

7. 对不起,这件事我不熟悉,请您拨打＊＊＊＊＊＊＊;

8. 不用客气,这是我应该做的;

9. 再见;

三、稽查岗位

1. 同志,请配合我们的稽查工作,出示您的道路运输证照;

2. 对不起,耽误了您的时间;

3. 谢谢您的合作;

4. 祝您一路平安;

5. 同志,您违反了……的规定,车辆要中止运行,请把车开到……停车场,请您合作;

6. 同志,您违反了……的规定,要暂扣……证,请您合作;

7. 同志,您违反了……规定,要补缴交通规费;

8. 同志,请您自觉缴纳交通规费;

9. 同志,您违反了……规定,罚款＊元,请您合作;

10. 同志,您违反了……规定,要停业整顿,请您合作;

11. 您要有时间,我给您详尽的解释清楚;

12. 同志,请耐心听我讲明政策规定;

13. 同志,请理解我们,这是我们的职责;

14. 对不起,我们的工作失误,使您受委屈了,请原谅。

后　记

《郑州道路运输》是一部道路运输史、志结合性的读物。根据《郑州道路运输》编纂委员会的部署，由郑州市交通运输管理处组织编写，在此之前，尚没有专门系统地记述郑州区域内道路运输的书籍。

编写《郑州道路运输》的目的，是通过反映郑州地区道路运输事业的发展变化，总结经验教训，推古验今，策励将来，为进一步发展道路运输，更好地服务于社会主义现代化建设，发挥好"先行官"的作用。

这本书本着略古详今、重在现代的原则，根据资料收集情况，在内容编排上分为大事记、道路客运、道路货运、企业发展、运输辅助业、运输市场管理等篇章，力求客观地、较系统地记述郑州道路运输的发展过程，反映道路运输在不同时期对经济发展和人民群众生活所起的作用，讴歌改革开放后道路运输战线上广大干部职工的精神风貌。此书辑存了较丰富的运输经营与管理的业务资料，配以若干图片和相关图表，可供道路运输管理及经营者借鉴和参考，也可以作为运输从业人员的学习资料。

《郑州道路运输》编写酝酿于2000年8月份，在郑州市交通局领导及郑州公路学会的支持下，市运管处邀请辖区运输管理机构及运输企业负责同志商定了编书事宜。该书编写过程中，郝占元同志负责策划，拟制了编写提纲，并组织材料收集和编写工作。其中，道路客运、货运、企业、市场管理及绪论篇章由谭笑风同志负责编撰，